智能建筑设施管理专业系列丛书

建筑节能与建筑能效管理

龙惟定 编著

中国建筑工业出版社

图书在版编目（CIP）数据

建筑节能与建筑能效管理/龙惟定编著. —北京：中国建筑工业出版社，2005
（智能建筑设施管理专业系列丛书）
ISBN 978-7-112-05797-9

Ⅰ.建… Ⅱ.龙… Ⅲ.智能建筑-节能 Ⅳ.TU111.4

中国版本图书馆 CIP 数据核字（2005）第 046159 号

本书系统介绍建筑节能与建筑能效管理的有关知识，包括能源、环境、建筑；建筑节能；影响建筑能耗的因素；建筑能耗分析；建筑能效管理中的技术经济分析方法；建筑能效的评价指标；建筑能耗的计量与测定；建筑能源审计；建筑能源管理的实施，建筑节能措施；热电冷联产和分布式能源；蓄冷空调；绿色建筑；建筑能效管理的智能系统等内容。

适合高等院校师生及专业人员学习使用。

* * *

责任编辑：姚荣华
责任设计：刘向阳
责任校对：李志瑛 张 虹

智能建筑设施管理专业系列丛书
建筑节能与建筑能效管理
龙惟定 编著

*

中国建筑工业出版社出版、发行（北京西郊百万庄）
各地新华书店、建筑书店经销
廊坊市海涛印刷有限公司印刷

*

开本：787×1092毫米 1/16 印张：19 字数：460千字
2005年7月第一版 2015年2月第六次印刷
定价：30.00元
ISBN 978-7-112-05797-9
（11436）

版权所有 翻印必究
如有印装质量问题，可寄本社退换
（邮政编码 100037）

前 言

我开始编写本书已是五年之前的事了。那时建筑节能的受关注程度还没有被提高到今天这样的位置。由于亚洲金融危机,一度使我国的电力出现了富裕,电力增长弹性系数出现了负值。那时的"需求侧管理"成了市场营销,千方百计鼓励多用电、滥用电。政府出面,导向投资高资源消耗型的钢铁、冶金、建材等工业;普及不合理用能的电力直接加热采暖;"光彩工程"、"内光外透"营造出一个个流光溢彩的不夜城。因此,尽管建筑节能似乎成了社会的时髦话题,但除了少数公共建筑示范工程和北方地区住宅工程外,真正重视建筑节能的政府官员、愿意投资建筑节能的开发商以及愿意为建筑节能花费精力的设计师少之又少。建筑节能似乎只能限于学者和研究生的论文的话题,很多研究成果只能被深埋在书斋之中。

2002年温家宝同志对政府办公建筑节能做出了重要批示,是建筑节能开始"热"起来的一个起点。而2003年和2004年夏季严重缺电的形势,则是建筑节能"热"起来的助推剂。而更加关键的是胡锦涛同志提出的"树立和落实科学发展观,实现全面协调可持续发展"的重要思想。这就意味着,今后不再以GDP增长作为干部政绩考核的惟一指标,从而迫使政府官员们把一部分精力转向节能环保,使建筑节能工作能够逐步落到实处。正是在这段时期,我也有幸参与了公共建筑节能设计标准的编制工作。通过这一历时两年的编制过程,使我对建筑节能的理念和技术有了更加深入和更加全面的理解,也促使我在非常繁忙的教学、科研工作之余,挤出时间编写本书。

本书侧重从管理的视角看建筑节能。过去,国内这方面的书籍和资料不多,仅有的一些也限于技术和操作的层面。即使在美、日等国,尽管有这类书籍,但建筑能效管理也还没有形成体系。有人说有60%的节能潜力是通过管理来实现的,我一直没有找到这样说的依据在哪里。如果从建筑物全寿命周期看,似乎还不止60%。姑且不论具体百分比是多少,管理是建筑节能的重要环节却是不争的事实。过去我们恰恰比较忽视甚至比较轻视管理环节。长期以来形成"节能即不用能"的管理模式和"最好的设施管理就是不使用这些设施"的思维方式。因此,本书的一个主要目的,就是推行"能源管理是一种服务"和"节能的目标不是限制用能,而是提高能源转换和利用效率"的理念。这也是本书书名不叫"建筑能源管理"而叫做"建筑能效管理"的原因。

本书在编写过程中,参阅了大量资料,有很多来自纸质媒体,更多的来自互联网。资料的比较、选取、消化、吸收和整合是一个艰苦的过程。建筑节能本身是多种技术的集成、建筑能效管理则是多学科的综合,由于我本人的知识面的局限,使所收集的资料不一定合适、看问题的视角不一定准确,还有待于读者的批评和指教。本书有一些内容融合了我本人和我的研究生们的研究成果,由于本书的性质,只能非常肤浅的介绍这些成果。有兴趣的读者也可以同我或我的研究生们进一步探讨和交流。在此要向所有被引用资料的原创作(译)者们,尤其是张永铨教授和胡仰耆总工表示感谢。同时,我也要非常感谢我的所有研究生,特别是周辉博士、白玮博士、张蓓红博士,以及王超群、董涛等对本书的贡献。在本书写作过程中,作者自始至终得到了范存养教授的指点和帮助。

　　写本书的初衷是为设施管理专业的本科生编写专业课教材。这几年里我一直在用本书的草稿进行教学。教学对象从本科生一直到博士生都有。这使我感到更愿意把它当作一本参考书(reference)或讲义(teaching materials),而不是教科书(textbook),对本科生来说,有的内容需要讲一讲,更多的内容可以自己看;对博士生来说,大部分内容是"一点即通"的,其余的可以用讲座或研讨会(seminar)形式,大家一起讲。循着这样的思路,就使这本书成了现在这种"四不像"的样子。可能有的内容粗、有的内容细,已经不是纯粹意义上的教材了。希望读者把它当成参考书或国外大学里教授发下的讲义。本书的内容不是什么"颠扑不破"的真理,而是都是可以讨论的、都是可以做进一步研究的。

　　另外,我国经济发展的高速度和世界能源形势的剧烈变化,使得本书引用的很多数据会很快过时。本书大部分数据以 2005 年初为时间节点。如果您是在 2006 年才打开这本书,就得请您注意数据的时效性。

　　最后,再一次诚恳地希望读者对本书提出意见和建议,以便能形成适合中国国情的建筑能效管理学。

龙惟定
2005 年 4 月于上海同济大学
　电子邮箱:weidinglong@mail.tongji.edu.cn

目 录

第一章 能源、环境、建筑 ... 1
第一节 能源与环境概论 ... 1
第二节 我国能源与环境的形势 ... 7
第三节 建筑能耗及其对环境的影响 ... 16

第二章 建筑节能 ... 21
第一节 建筑节能与可持续发展 ... 21
第二节 建筑物中各部分能耗 ... 26

第三章 影响建筑能耗的因素 ... 31
第一节 中国气候 ... 31
第二节 太阳辐射 ... 34
第三节 建筑热过程 ... 43

第四章 建筑能耗分析 ... 49
第一节 建筑能源装机容量估算 ... 49
第二节 用温度频率法(BIN方法)做建筑能耗分析 ... 61
第三节 用计算机模拟方法做建筑物能耗分析 ... 67
第四节 用度-日法做建筑能耗分析 ... 77

第五章 建筑能效管理中的技术经济分析方法 ... 80
第一节 建筑能效管理中的经济分析 ... 80
第二节 建筑能效管理中的能量分析方法 ... 87
第三节 建筑能效管理中的㶲分析 ... 93
第四节 建筑能效管理中的能源价格因素 ... 98

第六章 建筑能效的评价指标 ... 104
第一节 围护结构总传热值(OTTV) ... 105
第二节 制冷机和热泵的性能系数 ... 106
第三节 空调冷水机组的综合部分负荷值 IPLV ... 111
第四节 全年负荷系数 PAL 和能源消费系数 CEC ... 116

第七章 建筑能耗的计量与测定 ... 124
第一节 测试技术 ... 124
第二节 建筑能量平衡 ... 126

第三节　制冷机能效比测定 …………………………………………………………… 131
　　第四节　能耗计量 ………………………………………………………………………… 133
　　第五节　公共建筑集中空调的冷量计量 ………………………………………………… 137
　　第六节　远程抄表 ………………………………………………………………………… 140

第八章　建筑能源审计 142
　　第一节　能源审计的基本概念 …………………………………………………………… 142
　　第二节　建筑能源审计的实施 …………………………………………………………… 144
　　第三节　建筑能耗比较 …………………………………………………………………… 152

第九章　建筑能源管理的实施 154
　　第一节　建筑能源管理的现状 …………………………………………………………… 154
　　第二节　建筑能源管理的组织 …………………………………………………………… 156
　　第三节　政府率先垂范——政府设施的能源管理 ……………………………………… 161
　　第四节　合同能源管理（CEM，Contracting Energy Management）………………… 168

第十章　建筑节能措施 178
　　第一节　建筑围护结构——窗的节能 …………………………………………………… 179
　　第二节　风机水泵节能 …………………………………………………………………… 189

第十一章　热电冷联产和分布式能源 199
　　第一节　热电冷联产和分布式能源 ……………………………………………………… 199
　　第二节　热电冷联产的系统形式 ………………………………………………………… 214
　　第三节　电力负荷和热负荷 ……………………………………………………………… 222
　　第四节　排热量和排热利用量 …………………………………………………………… 226
　　第五节　建筑热电冷联产方案的确定 …………………………………………………… 227
　　第六节　建筑热电冷联产系统的运行策略 ……………………………………………… 233
　　第七节　建筑热电冷联产系统的评价 …………………………………………………… 238

第十二章　蓄冷空调 243
　　第一节　蓄冷空调的基本概念 …………………………………………………………… 243
　　第二节　蓄冰空调 ………………………………………………………………………… 244
　　第三节　水蓄冷空调 ……………………………………………………………………… 255
　　第四节　蓄冷空调的运行管理 …………………………………………………………… 259

第十三章　绿色建筑 261
　　第一节　绿色建筑的概念 ………………………………………………………………… 261
　　第二节　绿色建筑的建设 ………………………………………………………………… 266

第十四章　建筑能效管理的智能系统 294

第一章 能源、环境、建筑

第一节 能源与环境概论

人类的一切活动,包括人类的生存,都离不开能量。人类历史上对科学的探索,在很大程度上是对新的能量形式和新的能源的探索。按目前人类的认识水平,能量有以下六种形式:

(1) 机械能:包括固体和流体的动能、势能、弹性能和表面张力能。

(2) 热能:分子运动所产生的能量。其他形式的能量,最终都可以转换成热能。而热能转换为其他形式的能量要遵循热力学第二定律。热能的表现形式有显热和潜热两种。显热可以用温度来度量,而潜热则是在物质相变过程中释放或吸收。

(3) 辐射能:以电磁波形式传递的能量。太阳辐射就是辐射能的一种形式。地球上的所有能量,除了核能外,都是来源于太阳辐射。

(4) 化学能:物质在化学反应过程中以热能形式释放出的能量。现代人类利用能量最普遍的方式是燃料的燃烧。燃料中的碳元素和氢元素在燃烧过程中释放出化学能。由于氢在燃烧过程中与空气中的氧反应产生水,因此氢能源是一种无污染的清洁能源。人类目前对氢燃料的开发利用还处于初级阶段。氢燃料在新世纪里将有很广阔的应用前景。

(5) 电能:以电子的流动传递的能量。电能是一种高品位能量,可以很方便地转换成其他形式的能量。

(6) 核能:是原子核内部粒子相互作用所释放的能量。核能要通过核反应释放能量。核反应有三种形式:1)放射性衰变;2)核裂变;3)核聚变。裂变和聚变所释放的能量是由裂变或聚变物质的一部分质量转化而来的。

可以直接获取能量或经过加工转换获取能量的自然资源称为能源。在自然界天然存在的、可以直接获得而不改变其基本形态的能源是一次能源。将一次能源经加工改变其形态的能源产品是二次能源(见表1-1)。

一次能源和二次能源　　　　表1-1

一 次 能 源	二 次 能 源
煤炭、石油、天然气、水力、核能、太阳能、地热能、生物质能、风能、潮汐能、海洋能	电力、城市煤气、各种石油制品、蒸汽、氢能、沼气

在现代社会里,二次能源是直接面对能源终端用户的。它有使用方便和清洁无污染的特点。但在一次能源向二次能源的转换过程中,由于使用的设备不同,其转换效率有很大的差别。我们考虑节能,主要是终端节能,也就是节约二次能源。但节能的最终目的,是保护自然资源。因此,要始终将一次能源的使用是否合理纳入视野。有的时候,二次能源利用效率高的节能措施,会由于一次能源转换率过低而使其节能效果大打折扣。评价一项技术是

否节能,也不能把一次、二次能源割裂开来。

从资源的角度出发,还可以将能源分为可再生能源和不可再生能源。国际公认的可再生能源有六大类:

(1)太阳能;

(2)风能;

(3)地热能;

(4)现代生物质能;

(5)海洋能;

(6)小水电。

而不可再生能源由于在地球上的蕴藏量有限,再生速度需要几十万年甚至上亿年,如果无节制地使用,终有枯竭的一天。如煤炭、石油和天然气,按人类目前的消耗速度,已探明的储量最多仅够使用几百年。

人类的发展史,就是一部利用能源的历史。原始人钻木取火,利用热能御寒和煮熟食物,是人类进化的重要环节。到第一次工业革命时期,蒸汽机使得热能转化为机械能,使人类能够完成体力所不及的劳动,又进一步大规模地开采含碳的矿物燃料(煤和石油),利用这些能源创造出远古时代人类所无法企及的财富,完成人类发展中的重大飞跃。2002年,根据国际能源机构(IEA)的统计,全世界能源消费达到61.9566亿t油当量。当年全世界创造的国内生产总值(GDP)约35.318万亿美元。图1-1、图1-2所示为2003年世界能源消费比例及构成。

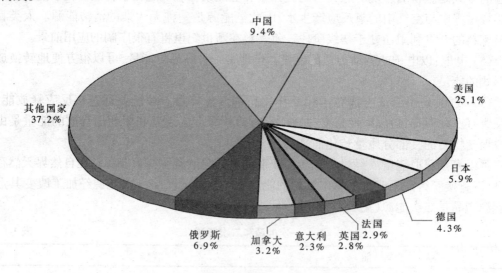

图1-1　2003年世界各国的能源消费比例

当前世界能源消耗显现出如下的特点:

(1)消耗的能源主要来自不可再生的矿物燃料,特别是石油。

按照现有已探明的能源储量和现在的开采强度,全球矿物能源将在几十年至数百年间消耗殆尽。

(2)能源消费的不平等。占世界人口1/4的工业化发达国家,消耗世界能源的3/4。其中,美国的人口占世界总人口的4.5%,消耗的能源占世界能源消费总量的1/4,创造的产值

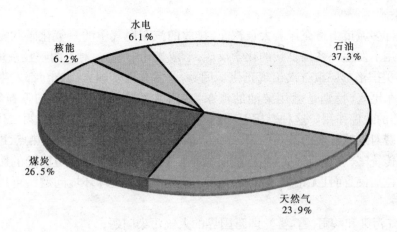

图 1-2　2003 年世界一次能源消费量构成

占世界 GDP 总和的 29%。而发展中国家能源消耗普遍较低,创造的财富和享有的生活质量也远低于发达国家。

(3) 更为严酷的现实是,由于含碳矿物燃料的燃烧,已经严重破坏了地球环境。

能源消耗对地球环境的破坏,可以分为两个层面:

第一是传统意义上的"公害"问题,即大气污染、水污染和固体废弃物污染。在一次能源利用过程中,产生大量的 CO、SO_2、NO_x、烟尘、灰渣和芳烃化合物,对环境造成严重的区域性污染。工业革命最早的国家英国就饱受能源消耗所带来的大气污染之苦。由于当时大批工厂集中在伦敦,而居民又以燃煤取暖,致使伦敦上空终日烟雾弥漫。老舍先生曾经把伦敦雾描绘为:"乌黑的、浑黄的、绛紫的,以致辛辣的、呛人的。"1952 年 12 月 4 日,伦敦风力微弱、湿度高,使污染物难以扩散。呛人的浓厚烟雾弥漫全城达 5 天之久,几天内死亡人数比平时增加了 4000 人,这就是著名的"伦敦大雾"事件。

一般来说,传统公害还只是限制在局部地区,在一个城市或一国范围内。但近年来屡屡出现跨国污染,甚至引发国家间的矛盾冲突。煤燃烧产生大量飞灰和各种有害气体(图 1-3)。燃煤产生的 SO_2 在大气中被氧化成为 SO_3,进而与空气中的水蒸气反应,形成酸雾或酸雨。雨云随风飘荡,就可能越过国界。酸雨会造成土壤酸化、河流湖泊 pH 值降低,使水生物无法生存、农作物和植物枯萎、侵蚀建筑物表面、加速金属构筑物腐蚀。形成缓慢的、大面积的灾害。这种由燃煤引起的大气污染称为"煤烟型"污染,或称为"第一

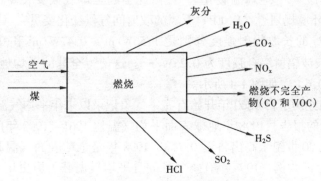

图 1-3　燃煤是多种污染物的主要来源

代"大气污染。

近年来许多城市街道充斥着大量汽车,排放的汽车尾气中的一氧化碳和氮氧化物在太阳紫外线作用下发生一系列复杂的化学反应,形成光化学烟雾,对人的呼吸系统有很强的危害。1940年美国洛杉矶市首次出现光化学烟雾,此后在许多国家(城市)都发生过光化学烟雾污染。汽车尾气(特别是燃用柴油的汽车)中所含的粒径小于 $5\mu m$ 的颗粒物(属可吸入尘)具有强烈的致癌作用。这种燃用石油制品所引起的大气污染是所谓"第二代污染"。

能源消费对地球环境的破坏的第二个方面,也是当今国际上关注的热点,即全球环境问题。如果说传统"公害"问题的影响范围还属有限的话,那么全球环境问题的影响则波及地球村的每一位居民,而且无论穷国富国,概莫能外。所谓"全球环境问题",可以归结为以下十类:

(1) 大气污染和酸雨(雪、雾),即跨国界的大气污染问题;
(2) 温室气体排放问题;
(3) 臭氧层破坏问题;
(4) 土地退化和荒漠化问题;
(5) 水资源短缺和水污染问题;
(6) 热带雨林的迅速减少;
(7) 生物多样性(包括基因、物种和生态系统)的破坏;
(8) 有害废弃物的越境转移;
(9) 海洋污染;
(10) 人口增长过快。

这十大问题或多或少都与人类消耗能量有关,也或多或少与人类大规模的建设活动有关。其中最直接的,也是影响最大的问题是温室气体排放、酸雨和臭氧层破坏。

所谓温室气体,按照联合国气候变化框架公约的定义,主要指二氧化碳(CO_2)、甲烷(CH_4)、氧化亚氮(N_2O)、全氟碳(Perfluorocarbons, PFCs)、氟代烃(Hydrofluorocarbons, HFCs)和六氟化硫(SF_6)等六种气体。

各种气体都具有一定的辐射吸收能力。上述六种温室气体对太阳的短波辐射是透明的,而对地面的长波辐射却是不透明的。这就意味着携带热量的太阳辐射可以通过大气层长驱直入,到达地球表面,而地表热量却难以向地球外逃逸。大气中由燃料燃烧排放的 CO_2 等气体起到了给地球"保温"的作用,从而导致全球气温升高。这种现象被称为"温室效应"、"全球变暖"、"地球温暖化",并由此引起全球气候变化。根据世界气象组织(WMO)和联合国环境规划署(UNEP)下属的政府间气候变化委员会(IPCC)的分析,来自 CO_2、CH_4 和 N_2O 的长波辐射强度分别是 $1.56W/m^2$、$0.47W/m^2$ 和 $0.14W/m^2$,而来自 CFCs 和 HCFCs 的长波辐射综合强度为 $0.25W/m^2$。这使得全球的平均地面温度在过去100年中升高了 $0.3\sim0.6℃$。如图1-4所示。

1998年,人们经历了自1860年开始有完整气象记录以来年平均气温最高的一个年份。根据世界气象组织的报告,1998年地球表面平均气温比 $1961\sim1990$ 年间基准时期平均气温高 $0.58℃$,而比20世纪末高出将近 $0.7℃$。1998年是全球表面气温超出正常值的连续第20个年度。以上海为例,1998年有4个月的月平均气温破了历史记录,夏季高温持续27天之久,创1953年以来的最高记录。夏季极端最高气温达 $39.4℃$,创1942年以来的最高记录。7~8月的平均气温29.9℃，更是刷新1873年以来的历史记录。联合国世界气象组织（UN WMO）在一份声明中指出，2001年是有气象记录以来第二暖的年份，全球地面平均温度比1961~1990年的平均温度高出0.42℃，仅次于1998年。1860年以来10个最暖的年份中有9个出现在20世纪90年代及2000年，全球平均温度的居高不下是"全球温暖化"引起的。全球温暖化的趋势已经越来越清晰地显现在世人面前，成为不争的事实。

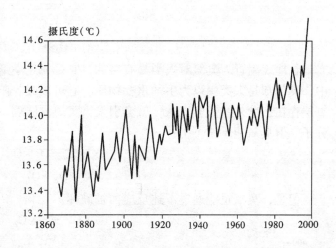

图1-4　100多年间地球表面平均温度的升高

全球温暖化最直接的后果是引起海平面升高。一个世纪以来全球海平面已经升高了近15~20cm，其中2~5cm是由于冰川融化引起，另2~7cm是由于海水温度升高而膨胀所引起，余下的则是由于两极冰盖的融化造成的。如果温室气体按照现在的强度排放，到2100年，全球气温将升高1~3℃，海平面将升高达15~100cm，那时我国东部沿海将有40000km^{2}的土地被淹没，受影响的人口达3000万。全球温暖化还将造成地下水的盐化、地表水蒸发加剧，从而进一步减少本已十分紧缺的淡水资源，造成粮食减产甚至绝收、土地荒漠化和人口的大量迁移。而另一方面，全球温暖化会造成全球气候异常、厄尔尼诺现象频繁、全球自然灾害不断。1998年夏季我国遭遇长江、松花江和嫩江流域的特大洪水，便付出了3000多条生命的惨重代价。据估算，全球温暖化的经济成本将是全球经济总产值（GWP）的1%~2%，是发展中国家GDP的2%~6%。有人估计，由于全球温暖化每年将新增300万环境难民，到21世纪中叶将达1亿5千万人，将会引发世界政治和社会的不稳定。

为了评价各种温室气体对全球温暖化影响的相对能力大小，可以用"全球变暖潜势（global warming potential，GWP）"的指标参数：

$$\text{GWP} = \frac{\text{给定时间段内某温室气体的累积辐射强迫}}{\text{同一时间段内 } CO_2 \text{ 的累积辐射强迫}}$$

所谓辐射强迫（radiative forcing）是指由于大气中某种因素改变所引起的对流层从顶向下的净辐射通量的变化（W/m^2）。

与人类使用能源和建筑有关的另一重要全球环境问题是臭氧层破坏。

人类生活的地球大气层分成若干层。接近地面的，也就是人们生存、活动在其中的是对流层。对流层上面是同温层。地球温暖化问题、臭氧层空洞问题都发生在同温层。臭氧在同温层中形成一个薄层，即臭氧层。地球表面某一点上方臭氧的量可以用Dobson单位来量测，记做DU。臭氧层在赤道附近最薄（大约260DU）。当太阳辐射中的紫外线成分（波长在240~320nm之间）到达同温层时，会使氧分子分解成氧原子。原子氧迅即与氧分子反应形成臭氧：

$$O_2 + h_v \rightarrow O + O$$
$$O + O_2 \rightarrow O_3$$

在地表附近，臭氧对人类是有害的，它是光化学烟雾的主要组成成分。然而在同温层中，臭氧却是人类赖以为生的重要物质。它可以吸收阳光中大部分的紫外线。如果没有臭氧层存在，紫外线长驱直入，就会引发人类患皮肤癌、破坏地表植物。紫外线能分解臭氧分子，但臭氧能迅速再生：

$$O_3 + h_v \rightarrow O_2 + O$$
$$O + O_2 \rightarrow O_3$$

但是，臭氧也能通过下述反应而被破坏：

$$O + O_3 \rightarrow O_2 + O_2$$

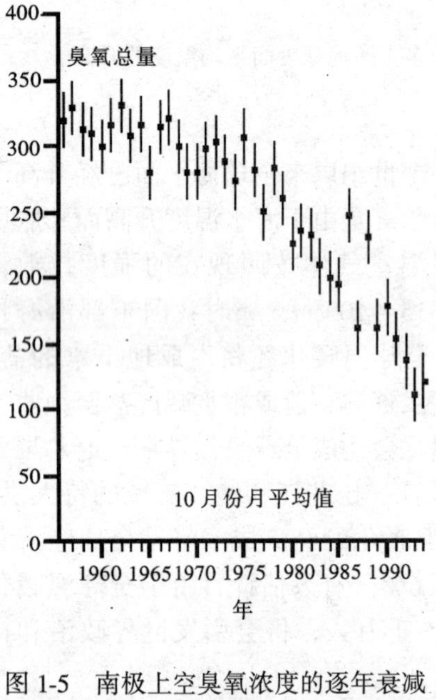

1974 年，美国加利福尼亚大学两位学者 Molina 和 Rowland 提出，人工合成的化学物质如氯氟烃（CFCs，Chlorofluorocarbons）扩散到同温层后，在紫外线辐射下会分解出自由的氯原子，对臭氧催化而使臭氧层遭到破坏和减薄。以后的观察证明了这一假设。图 1-5 是在南极哈雷站观测到的大气同温层臭氧浓度的变化。

20 世纪 70 年代末开始，科学家们开始每年春天在南极考察臭氧层。1994 年，人们首次观察到了至今为止最大的臭氧空洞，它的面积相当于一个欧洲，有 2400 万 km^2。2000 年，美国航空航天局的科学家发现南极上空的臭氧层空洞面积达到了 2830 万 km^2，相当于美国领土面积的 3 倍。这是迄今观测到的最大的臭氧层空洞。

图 1-5 南极上空臭氧浓度的逐年衰减

20 世纪 30 年代，美国首先证明了饱和碳氢化合物（饱和烃）的卤族衍生物（商标名为"氟利昂 Freon"）可以作为制冷机中的制冷剂（冷媒）。氯氟烃（CFC）是氟利昂中的一种。如大型离心式制冷机用的 R11 和小型制冷机用的 R12 都是 CFC。氯氟烃物质极为稳定，扩散到大气层中以后，生存期可长达几十年甚至上百年。但在同温层中如果受到紫外线照射会对臭氧层起到严重的破坏作用：

$$CCl_3F + h_v \rightarrow CCl_2F + Cl$$
$$Cl + O_3 \rightarrow CClO + O_2$$
$$ClO + O \rightarrow Cl + O_2$$

因此，一个氯原子通过连锁反应可以破坏上万个臭氧分子。

1987 年，联合国环境计划署在加拿大蒙特利尔（Montreal）举行臭氧层保护国际会议，有 55 个国家参加，6 个国家列席。会议通过了"限制破坏臭氧层物质的蒙特利尔议定书"，限制氟利昂中 CFC 和 HCFC 的生产和使用。后来又在一系列会议上将 CFC 和 HCFC 停产和禁用的期限一再提前。

我们同样可以用一个"臭氧损耗潜势（ozone depletion potential，ODP）"参数来评价某物质对臭氧层的破坏程度：

$$ODP = \frac{单位质量某物质引起的全球臭氧减少}{单位质量 CFC-11 引起的全球臭氧减少}$$

另一类氟利昂 HFC 氟代烃（如 R134a）尽管因为对臭氧层破坏作用极小而被广泛采用作为空调制冷的替代冷媒，但它仍是一种温室气体。因此并不是理想的替代冷媒。表 1-2 为几种物质的环境特性。

几种物质的环境特性　　　　表 1-2

温室气体	大气中寿命（年）	GWP			ODP	备 注
		20 年值	100 年值	500 年值		
CO_2	50~200	1	1	1	—	—
CH_4	10	63	21	9	—	—
CO	150	270	290	190	—	—
CFC-11	60	4500	3500	1500	1.0	1996 年起禁用
CFC-12	130	7100	7300	4500	1.0	
HCFC-22	15	4100	1500	510	0.055	2030 年起禁用
HCFC-123	1.6	310	85	29	0.020	
HFC-134a	16	3200	1200	420	0.0	替代氟利昂
R141b	9.4	1800	630	200	0.11	2030 年起禁用
N_2O	120	290	320	180		
Halon-1301	110	5800	5800	3200	10.0	1994 年起禁用

第二节　我国能源与环境的形势

改革开放以来，我国能源建设有了长足的发展。2003 年，我国一次能源总产量 16.03 亿 t 标准煤，约占全球能源生产总量的 11%。

我国的煤炭生产量自 20 世纪 90 年代以来一直稳居世界第一位，1996 年曾达到历史最高值 13.967 亿 t，以后国家采取限产措施，产量逐年下降，2000 年达到最低点 9.5 亿 t。但此后由于煤炭需求增长，产量重新走高，2002 年重又提高到 13.933 亿 t，而 2003 年更是达到创纪录的 16.67 亿 t。

从 20 世纪 90 年代以来，由于我国陆上油田资源日渐枯竭，原油生产一直维持在 1.6~1.7 亿 t。2003 年原油产量 1.7 亿 t，是世界第五大石油生产国。

我国 2003 年天然气产量是 341.28 亿 m^3，居世界第 18 位。

近年来，中国电力工业不断实现跨越式发展。1987~1995 年，中国发电装机容量和发电量先后超过法国、英国、加拿大、德国、俄罗斯和日本，跃居世界第二位（仅次于美国）。2000 年 4 月，中国装机容量突破 3 亿 kW。在此后的 4 年时间，又净增发电装机 1 亿 kW，截至 2004 年底，我国发电设备容量达到 44070 万 kW，发电量突破 21870 亿 kWh。成为新中国成立以来电源建设发展最快的时期。

我国的能源生产总量仅次于美国，居世界第二位（见图 1-6）。

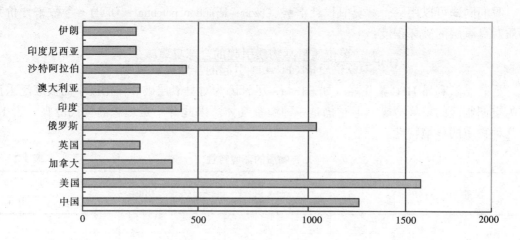

图1-6　2002年世界主要能源生产国能源产量（百万吨油当量）

我国可再生能源也十分丰富，水能的可开发装机容量为3.78亿kW，可提供年发电量1.92万亿kWh，居世界首位；2003年，全国水电装机已经突破1亿kW，跃居世界第一位。在2/3的国土上，太阳能年辐射量超过60万J/cm^2。全国陆地每年接受的太阳辐射能相当于24000亿t标准煤。如果按陆地面积的1%、转换效率平均按20%计，一年可提供的能量达48亿t标准煤，远高于全国商品能源的消费量。我国10m高度层的风能总储量为32亿kW，实际可开发的风能为2.53亿kW，加上近海（1~15m水深）风力资源，装机容量总共可达10亿kW。2002年我国风力发电装机量已达到57万kW，正在开发的风能发电装机量超过180万kW，还有很大的发展潜力。

我国地热资源的远景储量为13711亿t标准煤，探明储量为3283万t标准煤（可供高温发电的约5800MW以上，可供中低温直接利用的约2000亿t标准煤以上。现已开发利用地热只折合200万t标准煤）。我国生物质能资源也十分丰富，秸秆等农业废弃物资源量每年约有3.0亿t标准煤，薪柴资源为1.3亿t标准煤，加上城市有机垃圾等，资源总量近7亿t标准煤。我国可供开发的海洋能就有4.4亿kW。

能源建设为我国经济腾飞打下坚实的基础。20年中我国GDP年均增长9.7%，在世界各国中一枝独秀。2003年，中国的国民生产总值GDP位居世界第七位（见图1-7）。

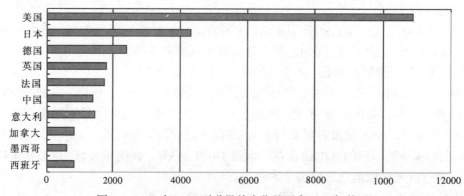

图1-7　2003年GDP列世界前十位的国家（10亿美元）

但是，中国是世界上最大的发展中国家。中国的经济发展有着与其他国家不同的特点：

(1) 中国有着庞大的人口。根据2000年第五次人口普查的结果，中国人口已达12.9533亿。因此，中国经济发展的首要任务，便是为13亿人口解决吃饭、穿衣和居住问题。尽管我国的能源消费总量在世界各国中已占第二位（见图1-8），但巨大的人口基数，使得我国的人均能源消费量低于世界平均水平（见图1-9）。2002年我国人均能源消费量只有世界人均水平的59%。同年美国人均能源消费量是中国的8.2倍，日本是4.18倍。2003年我国人均发电装机容量仅有0.303kW，人均发电量1474.3kWh，人均净用电量1205.5kWh，只有2000年世界人均水平的58%、经济合作与发展组织（OECD）国家的17%，相当于世界主要工业国家20世纪50~70年代水平。这些都说明我国经济发展和人民生活都还处在较低的水平。

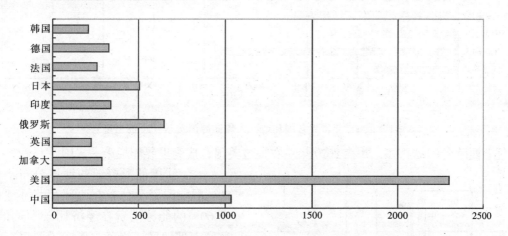

图1-8 2002年一次能源消耗量居世界前十位的国家（百万吨油当量）

我国的人均资源拥有量也远低于世界平均水平，2003年我国人均石油可采储量只有2.48t，人均天然气可采储量1408m³，人均煤炭可采储量89t，分别为世界平均值的10.0%、5.0%和57%。到2003年底，我国还有29000个村庄，近700万个农村家庭，约占全国3.55%的人口还没有用上电。

值得注意的是，我国沿海经济比较发达的城市，如北京、上海和深圳，已经达到甚至超过中等发达国家的经济水平。2003年我国人均GDP超过1000美元，而2004年上海按户籍人口平均的GDP达到约6690美元，深圳市更高达7162美元，广州市也超过6000美元。如果按购买力平价（purchasing power parity, PPP）计算，1999年，上海人均PPP就已高达15516美元，北京为9996美元，均已高于中等收入国家PPP的平均水平（8320美元），分别为高收入国家PPP平均水平（24430美元）的63.5%和40.9%。经济发达地区的人均耗能量与经济落后地区的人均耗能量有相当大的差距。如，2002年上海人均耗能量已经超过世界平均水平，甚至超过香港特别行政区的水平。

如果2050年我国人均能耗达到当时的世界平均水平（大约相当于我国上海市20世纪末的人均能耗水平），而2050年我国人口为14.5~15.8亿，则一次能源需求总量为2.9~3.95Gt标准油当量。图1-10显示，如果我国维持在8%以上的高经济增长率，则将在2010

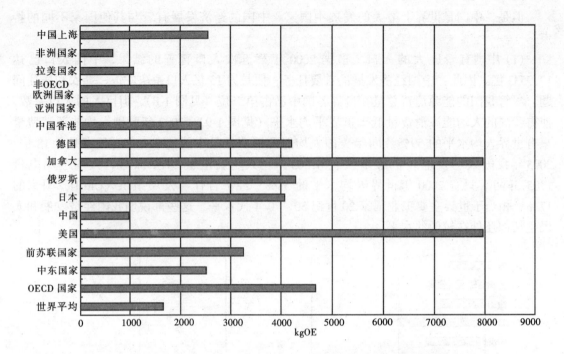

图 1-9 2002 年世界各国和地区人均能源消费量（kg 油当量）

年赶上西欧各国的总和，并在 2020 年左右超过美国，成为世界能耗第一大国。

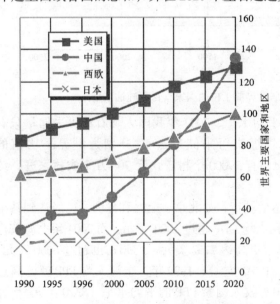

图 1-10 1990~2020 年世界主要国家和地区能耗增长情况（高经济增长模式）

(2) 我国能源资源的地域分布不均，80% 的能源资源分布在西部和北部地区，而 60% 的能源消费在经济比较发达的东部和南部地区。因此，形成了西煤东运、北煤南运的巨大运输压力。煤炭运量占铁路运量的 40%。在煤炭运输过程中也会造成沿线的环境污染。

(3) 我国的能源资源有限。从表 1-3 中可以看出，中国主要能源的证实储量占世界总量的比例少得可怜，但中国的能源消费量占世界总量的比例，都高于储量所占比例。留给我们寻找接替能源的缓冲时间十分有限。尤其是石油资源匮乏，如果维持现在的原油产量，到本世纪的二三十年代就将开采殆尽。从 1993 年起，我国已从石油出口国变为石油进口国。给我国经济发展，甚至国家安全，都带来极为不利的影响。中国人均能源可采储量远低于世界平均水平，2003 年人均石油可采储量只有 2.48t、人均天然气可采储量 1408m^3、人均煤炭可采储量 89t，分别为世界人均值的 10.0%、5.0% 和 57%。

我国主要能源概况及在世界能源中的份额（2003年）　　　　表1-3

石油	证实储量	3.2×10^9 t	煤炭	占世界总产量份额	33.5%
	占世界总量份额	2.1%		消费量	799.7×10^6 toe
	储采比	19.1		占世界消费量份额	31.0%
	产量	169.3×10^6 t	天然气	证实储量	1.82×10^{16} m³
	占世界总产量份额	4.6%		占世界总量份额	1.0%
	消费量	275.2×10^6 t		储采比	53.4
	占世界消费量份额	7.6%		产量	34.1×10^9 m³
煤炭	证实储量	114.5×10^9 t		占世界总产量份额	1.3%
	占世界总量份额	11.6%		消费量	32.8×10^9 m³
	储采比	69		占世界消费量份额	1.3%
	产量	842.6×10^6 toe			

（4）我国能源利用率不高，能源平均利用率只有30%左右。每吨标准煤的产出效率仅相当于日本的10.3%、欧盟的16.8%、美国的28.6%，每一美元GDP的耗能量是世界平均水平的3倍，是所有发展中国家平均水平的2倍，节能潜力很大，图1-11为2000年世界各国每千美元GDP的能耗。2003年，中国的GDP不到世界总量的4%，却消耗了世界总量中近10%的能源，以及相当于全球总产量30%的主要资源和原材料。其中石油为7.4%，原煤为31%，钢材27%，氧化铝25%，水泥40%。以全球30%的能源和原材料完成全球4%的GDP产值，不仅是中国不能承受之重，也是世界不能承受之重。

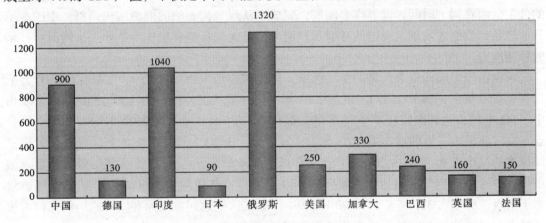

图1-11　2002年世界各国每千美元GDP的能耗（kg油当量）

（5）能源转换效率低下，我国每单位面积的采暖能耗量是同样气候条件的发达国家的3倍；2003年我国供电平均耗能量为381gSCE/kWh，平均供电效率为32.2%。比日本低了近7个百分点。供电煤耗与世界先进水平仍然相差约60g/kWh，也就是说，按世界先进水平，目前我国一年发电多耗标准煤约1.1亿t。

（6）我国能源结构不合理，长期以来能源消费以煤为主，是世界上少数几个（还包括南非、印度、朝鲜等国）主要依赖煤炭资源的国家之一。2003年中国的一次能源消费结构中，煤炭占了67.1%，比世界平均水平高了41.5个百分点，比经合组织（OECD）国家高了46.5个百分点。从世界特别是发达国家的能源发展历程看，已完成了两次能源变革（由煤炭替代薪柴，由石油替代煤炭），目前正处在以氢能源替代碳能源、以可再生能源替代化石能源的第三次变革之中。而我国仅仅是完成了第一次能源变革，刚刚进入石油、天然气快速发展的阶段，能源的多元化结构远未形成。

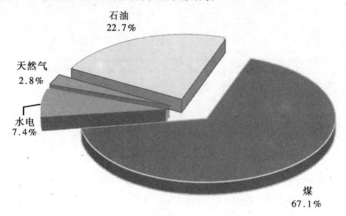

图 1-12　2003 年我国能源消费结构

对我国以煤为主的能源结构要有一个正确的、客观的认识。我国解放之初，为了将新生的人民政权扼杀在摇篮里，以美国为首的西方国家对中国实行经济封锁，将石油作为战略能源物资对我国实行禁运。因此，煤炭成为我国发展经济的惟一选择。20 世纪 60 年代，我国发现了大庆等一批大油田。我们又用这些宝贵的石油出口去换取经济发展所急需的外汇。而在同一时间，世界许多国家，完成了从煤炭到石油的能源结构调整。中国改革开放之后，我们才发现，我国的环境承载能力已经无法负担煤炭作为主要一次能源所带来的环境压力。

我国由于燃煤而带来严重的空气污染，每年排放烟尘约 2100 万 t、二氧化硫 2300 万 t、二氧化碳及氮氧化物 1500 万 t。根据 2003 年中国环境状况公报，在我国监测的 340 个城市中，142 个城市达到国家环境空气质量二级标准，占 41.7%，比 2002 年增加 7.9 个百分点；空气质量为三级的城市有 107 个，占 31.5%，比 2002 年减少 3.5 个百分点；劣于三级标准的城市有 91 个，占 26.8%，比上年减少 4.4 个百分点。113 个大气污染防治重点城市中，37 个城市空气质量达到二级标准，40 个城市空气质量为三级，36 个城市空气质量劣于三级，分别占 32.7%、35.4% 和 31.9%。空气质量达到二级标准城市的居住人口占统计城市人口总数的 36.4%，比上年增加 10.3 个百分点。

2003 年，在 487 个市（县）的降水监测结果显示，出现酸雨的城市 265 个，占总数的 54.4%；年均 pH 值小于和等于 5.6 的城市 182 个，占总数的 37.4%。与 2002 年相比，出现酸雨的城市比例增加了 4.1 个百分点；降水年均 pH 值小于和等于 5.6 的城市比例上升了 4.7 个百分点，酸雨污染更加严重。

实际上，我国的国家标准《环境空气质量标准》（GB 3095—1996）中规定的污染物浓度限值要比世界卫生组织（WHO）的标准高，如表 1-4 所示。我国要成功举办 2008 年奥运会，就必须在 2008 年前使北京和其他主要城市的大气环境质量主要指标达到 WHO 的标准，也就是我国环境空气质量的一级标准。

我国环境空气质量标准与世界卫生组织标准的比较 表1-4

污染物	平均周期	中国国家标准			WHO
		一级	二级	三级	
CO_2	年	20	60	100	40～60
TSP	天	150	300	500	15～230
PM10	天	75	150	250	70
CO	天	4	4	6	10（8小时）
NO_x	天	50	100	150	150

中国的温室气体排放量目前也居世界第二位。

1997年12月1日至11日，《联合国气候变化框架公约》的第三次缔约方会议（简称COP3）在日本京都举行。经过与会150个国家代表激烈的辩论，达成了一份《京都议定书》。明确了发达国家和"经济转轨国家"减少CO_2排放量的具体目标，而没有对发展中国家规定新的义务。我国是京都议定书的签字国。中国一直强调，中国的人均CO_2排放量仅是美国的1/8，我们有限的财力首先要解决更为迫切的由于贫困造成的环境问题（例如，江河流域植被的乱砍乱伐问题）和影响人民生存的局部地区公害问题（例如，淮河和太湖流域的环境治理）。中国虽然作为一个发展中国家没有承担减排义务，但中国已经做出巨大的努力。1998年5月30日，中国驻联合国大使秦华孙代表中国政府在纽约签署了《京都议定书》。这充分表示了中国政府认真对待气候变化问题的诚意与决心。2002年9月3日，朱镕基总理在南非约翰内斯堡由联合国召开的可持续发展世界首脑会议上全面阐述了中国政府的立场和主张，正式宣布中国已核准《京都议定书》，充分展示了中国作为一个发展中大国，对解决全球性问题的积极态度和重要影响。从20世纪90年代中期以来，中国在国内生产总值增加36%的同时，二氧化碳的排放量却减少了17%。中国在减少温室气体方面的成就是通过大力发展清洁能源、减少煤在能源结构中的比例以及减少生产中的能耗等方式取得的。图1-13为2002年各国CO_2排放量份额。

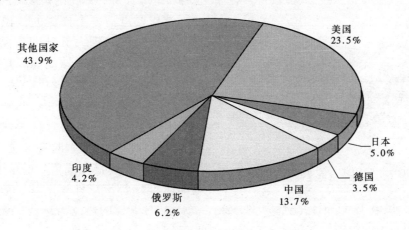

图1-13 2002年各国CO_2排放量份额

进入21世纪，我国人口将持续增长，预测高峰人口数将达到16亿。按GDP年均增长率为7%、能源消费弹性系数为0.4计算，到2015年，我国能源消费量将达到21.7亿t标煤，是现在的1.6倍；到2040年比2015年又翻了一番，将达43.4亿t标煤，是现在的3.2倍；人均2.71t标煤，超过世界人均水平。与此同时，预计到2015年我国的温室气体和CO_2的排放总量将超过美国，成为世界第一大排放国；预计到2020年我国人均排放量便会超过世界人均水平。根据我国一直倡导的人人享有同等生存权和发展权的人权观来看，CO_2排放量的世界人均水平是一道道义临界线。那时，中国所面对的国际压力会越来越大，将在国际环境与发展的论坛上成为众矢之的。发达国家往往对自己造成的环境问题显出足够的耐心和宽容，却有可能联手对付中国。例如，建立"绿色"贸易壁垒、对中国实行环境制裁。

所以，中国的发展将是艰难的。一方面，我们要保持经济的高速增长，争取在2050年进入中等发达国家行列，使16亿人口都能达到"小康"生活水平。另一方面，我们的资源是有限的，我们的环境承载能力已经达到极限。占世界1/5人口的中国人应当对全人类、对地球家园、对子孙后代承担自己应尽的义务。

我国政府正从两个方面克服由于能源结构不合理所带来的环境问题：

(1) 我国的国情决定了我国在今后很长时期内的能源结构仍然会立足国内资源、以煤为主。从能源安全和地缘政治的角度考虑，如果21世纪内从中亚、中东大量进口油气，中国就将不得不卷入该地区复杂的政治格局之中。中国的发展将受制于人，甚至引发国内的民族问题。解决燃煤污染的措施是：

1) 尽量将所消耗的煤转化为电能。我国生产的煤只有不足33%用于发电，而先进产煤国则达80%。在煤产地就地发电，建设坑口电站，将输煤转为输电。

2) 提高发电效率，采用超临界或超超临界机组，使供电煤耗降低到330g/kWh以下。并采取除尘、脱硫和脱氮等措施。

3) 发展煤的液化、气化技术，实现煤的清洁燃烧。

(2) 在我国各中心城市逐步改变能源结构，降低煤在能源供应中的份额，增加天然气、水电和核电的比重。在我国村镇和偏远地区则着重发展太阳能、生物质能和地热能等可再生能源。这主要是从我国实现可持续发展战略和全球经济一体化的角度考虑。

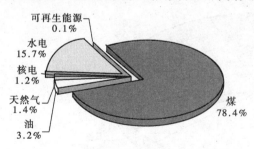

图1-14 2001年我国各种能源的发电量比例

这里要澄清一个模糊的认识。有许多人，甚至许多管理人员和决策者，一直把二次能源电力作为清洁能源。其实在中国发电的燃料结构也是以煤为主（见图1-14），尤其是东部沿海城市，几乎全是依靠燃煤火力发电供应电力。我国总体供电效率不高。计算供电效率时要考虑发电损失、电厂自用电率和输电线损。如果按供1kWh电消耗381g标准煤计算，每千克标煤发热量为29270kJ，供电1kWh消耗能量为11152kJ，每千瓦时电力的热电当量是3596kJ，从而可以计算得到我国的供电效率仅为32.2%。因此产生的污染是很严重的（见表1-5）。同发达国家相比，日本的火力发电供电效率是35%。因此，在中国目前现状下，以煤为燃料的火力发电不能算是清洁能源。1993年，我国大气污染物排放总量中，29%的颗粒物、50%的二氧化硫是由发电厂排放的。

各种燃料每发电 1 度所产生的污染　　　　　　　　　　　表 1-5

燃　　料	SO_2 (g/kWh)	NO_2 (g/kWh)	TSP (g/kWh)	CO_2 (kg/kWh)	灰　渣 (g/kWh)
燃　煤	9.14	3.32	0.57	1.586	63.01
燃　油	6.75	0.68	0.30	0.860	0
燃　气	0	0.40	0.06	0.605	0

预计到 2030 年，我国能源结构中煤炭比重将下降到 60% 左右，石油比重基本维持不变，而天然气比重将提高到 8% 左右。在有条件的地方可以充分利用风能、生物质能、太阳能和水力发电等可再生能源；引进技术实现煤的气化、液化和煤层气利用，努力降低其成本，使其能与常规能源相媲美。因此，到 2030 年，我国的能源消费中煤直接燃烧的比例实际将下降到 40.65%，而天然气和代用天然气（煤气甲烷化）的比重将上升到 22.35%。

为了优化东部地区能源结构，国家决定在 21 世纪初的十年中实施两项重大能源工程：

(1) 西气东输工程：建设一条西起塔里木北部的轮南油田，向东经库尔勒、吐鲁番、鄯善、哈密、柳园、酒泉、张掖、武威、兰州、定西、西安、洛阳、信阳、合肥、南京、常州至上海，全长 4200km，年供气 240 亿 m³ 的天然气输气管线。这一工程包括平行的两条直径 1.5m 的管线，预计投资 1200 亿元。预计到 2004 年，西部优质天然气将源源不断地输送到上海和沿线各省市。

此外，我国目前还在计划另两大天然气项目，一是与中亚地区的天然气合作项目，计划建设横穿中国到日本、韩国的长达 6500km 的输气管线，从哈萨克斯坦、土库曼斯坦引进利用 250 亿 m³ 天然气；二是与俄罗斯的天然气合作项目，将俄罗斯伊尔库兹克天然气输送到中国，输气管线全长 3334km，输气总量为 200 亿 m³/年，从气源到北京为 2600km，总投资为 68 亿美元。广东省已开始试点从国外船运进口液化天然气（LNG），估计到 2005 年将形成 500 万 t/年的 LNG 市场规模。

再加上现已建成的陕气进京工程和东海天然气进上海工程，我国东部北京、上海等中心城市将彻底改变以煤为主的能源结构格局。

(2) 西电东送工程：开发贵州、云南、广西、四川、内蒙古、山西、陕西等西部省区的电力资源，将其输送到电力紧缺的广东、上海、江苏、浙江和京、津、唐地区。我国西北、西南地区水力资源可开发量占全国总量的 79%。其中西南占 68%，西北占 11%。因此，把西部地区的电力资源输送到东部发达地区，能够把西部丰富的资源优势转化为经济优势，是西部大开发的标志性工程。

西电东送将形成三大通道：将贵州乌江、云南澜沧江和桂、滇、黔三省区交界处的南盘江、北盘江、红水河的水电资源以及黔、滇两省坑口火电厂的电能送往广东，形成南部通道；将三峡和金沙江干支流水电送往华东地区，形成中部通道；将黄河上游水电和山西、内蒙古坑口火电送往京津唐地区，形成北部通道。

如果再加上东部正在兴建和扩建的核电工程，将彻底改变东部省市以煤为主的发电燃料结构格局。也为我国电力体制改革、电力实现市场化奠定了基础。

从事建筑能源管理的决策者和管理者，应当对国家能源和环境的宏观现状和未来发展趋势有清晰的认识,以便审时度势,指导我们建筑能源的微观管理工作。

第三节 建筑能耗及其对环境的影响

建筑能耗有两种定义方法:广义建筑能耗是指从建筑材料制造、建筑施工,一直到建筑使用的全过程能耗。而狭义建筑能耗或建筑使用能耗则是指维持建筑功能和建筑物在运行过程中所消耗的能量,包括照明、采暖、空调、电梯、热水供应、烹调、家用电器以及办公设备等的能耗。除非特别指明,现在一般提及的"建筑能耗"都是指使用能耗。

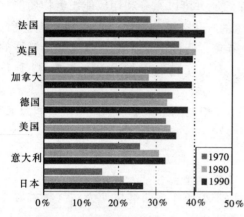

图1-15 经合发展组织(OECD)国家建筑能耗在总能耗中的比例

一个国家或地区建筑能耗在总能耗中的比例,反映了这个国家或地区的经济发展水平、气候条件、生活质量,以及建筑技术水准。发达国家在进行能源统计时,一般按照四个部门分别统计:即工业(或产业,因为在发达国家农业已经产业化)、交通(在发达国家航空、城市轨道交通和私人汽车都十分发达)、商用(办公楼、旅馆、商场、医院、学校等)和居民(住宅等)。一般可以把商用和居民两项作为建筑耗能看待。因此,发达国家的耗能部门实际上就是产业、交通和建筑三大家。它们各自在总能耗中所占有的比例基本上也是"三分天下",各占1/3。

从图1-15可以看出,除了日本外,欧美发达国家建筑能耗比例都占到30%以上。在采暖需求比较大的国家(如英、法),这一比例更是占到40%左右。建筑能耗比例基本上是随时间的推移而增长的,也可以认为是随经济的发展而增长。

从图1-16可以看出,美国1996年能耗比例中,建筑能耗超过交通能耗,几乎与产业能耗持平。说明经济越发达,第三产业在经济中的比重越大,建筑能耗比例越高。以美国经济最发达的加利福尼亚州为例,著名的硅谷、好莱坞等领导当今世界新经济潮流的产业集中在加州。加州的国民生产总值(GDP)占全美13%,高科技就业人口占全美11%。加州的电力消费结构中,建筑耗电已占到60%以上的比例。

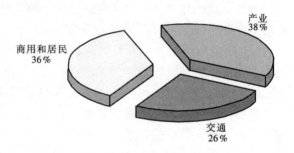

图1-16 美国1996年各部分能耗比例

加州建筑耗电的增加,一方面是因为加州居民追求较高的生活质量。高耗电的家用电器(如背投式大屏幕电视机等),电采暖和电炊具十分普及。根据美国能源部的统计,1997年加州有25%的家庭用电力采暖,采暖能耗量占家庭总能耗量的31%;加州有40%家庭拥有空调,其中28%家庭是集中式空调(所谓户式空调),12%家庭用窗式或分体式

16

空调，平均每个家庭用在空调上的电量是 1172kWh。另一方面，硅谷的高科技产业在用电高峰期间需求量的增长率是洛杉矶的六倍，是整个北加州地区的两倍。自从 1994 年以来，硅谷的用电需求以每年 6%的速度增加。人们把互联网中心和门户网站戏称为"服务器农庄（Server Farm）"。其昼夜不间断运行的密集的电脑服务器和起到保障作用的全年供冷的空调（室温比舒适性空调要低），使这类建筑每平方米耗电量达到 1kW，是普通办公楼的 10 倍。高峰时期，硅谷附近圣何塞的互联网中心用电需求高达 12 万 kW，相当于三个钢铁厂。图 1-17 为 1999 年美国加州电耗比例。

由于加州建筑耗电的剧增，加上加州在能源产业体制改革中的失误，导致 2001 年初的电力危机。在气候出现异常时，加州电网几近崩溃，不得不三次大范围分区停电。加州居民经受了二战以来从未有过的灯火管制。

加州的事实说明：

(1) 高科技 IT 产业是"环境依赖型"产业。有一种观点认为，高科技产业是高投入、低能耗、高产出产业。如果仅从 IT 生产工艺的角度来看，这种观点无可非议。但如果我们注意到互

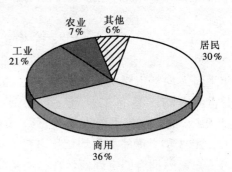

图 1-17　1999 年美国加州电耗比例

联网中心每平方米耗电 1kW、大规模集成电路净化生产车间每平方米空调负荷达 500W、IT 产品装配车间则需要大面积空气净化和恒温恒湿，我们就不难体会到，IT 产业是将传统工业工艺过程的能耗转变成建筑环境能耗。而 IT 产品的质量乃至成品率完全靠建筑环境来保证。从图 1-18 可以看出，在一个典型的半导体芯片厂中，厂房设施的能耗已占到总能耗的一半以上。

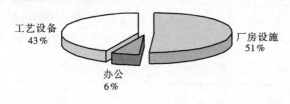

图 1-18　典型半导体工厂的电耗分布

(2) 随着经济发展和生活质量的提高，建筑能耗在总能耗中的比例将越来越高。这其中主要是第三产业为提高生产率而在建筑环境上所消耗的能量，以及居民用在采暖、空调、通风、热水供应和家用电器的能耗。而这类能源消费负荷又具有很大的不稳定性。它会随气候、时间、经济，甚至社会形态而波动，对无论哪一种能源供给形式都会形成压力。

我国是一个处于工业化前期的发展中国家，城市化水平很低。2003 年，我国城镇化率达到 40.53%，而 1998 年世界平均城镇化水平为 47%。我国第三产业增加值占 GDP 的比重为 33%左右，低于国际上同收入组别国家近 20 个百分点。因此，工业耗能在总能耗中还占了最大比例。随着我国经济的高速发展和人民生活水平的不断提高，建筑能耗比例也在不断上升。尤其是在 20 世纪 90 年代末的几年里，上升势头很快，如图 1-19 所示。已经逐步接近了发达国家（特别是日本）。在我国沿海经济比较发达的城市中，第三产业在 GDP 中的贡献率已经达到或接近 50%，居民的住房条件也有很大的改善。建筑能耗成为不可忽视的能源消费成分。虽然我国人均能耗和生活质量远低于发达国家，但建筑能耗在总能耗中的比例却与日本比较接近，这就从一个侧面说明了我国建筑用能的转换效率很低。

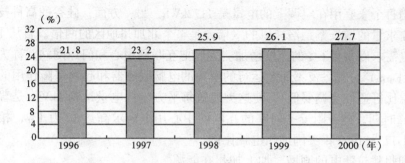

图1-19 我国建筑能耗在总能耗中的比例逐年提高

另一方面，我国建筑用能还处在很低的水平，但增长潜力很大。以上海为例，2003年上海人均耗电量为5245kWh，是2002年经合组织（OECD）国家人均水平的65.2%，是世界人均水平的2.21倍。但上海人均生活耗电量只有617.62kWh，占总耗电量的11.8%，约为同年香港人均生活（住宅）耗电量的44%。上海家庭平均人口数为2.8人，2003年上海家庭平均年用电量应为1730kWh。根据国家统计局的统计，2003年上海每百户家庭拥有的空调器台数已经达到135.8台。而根据随机调查，2001年，上海城区家用空调器的普及率达97.2%。拥有率和普及率是两个不同的概念。"拥有率"是指在100户家庭中，有多少"台"；而"普及率"是指在100户家庭中，有多少户"有"。前者是有量纲单位，后者是无量纲的百分比。如果单从住宅空调的普及率来看，上海已经超过了美国的任何一个地区。但上海很多家庭还仅限于全家只有一个房间安装空调器，刚刚解决了"有"和"无"的问题，还谈不上追求更舒适的室内环境品质。同样根据随机调查，可以估算出上海住宅空调的全年平均使用小时数为800~900小时。也就是说，很多家庭虽然"有"了空调，但一年中只有10%左右的时间用空调。如果每台家用空调平均功率为0.8kW，启停系数为0.7，可估算出上海每个家庭每年空调耗电量为450kWh，为家庭总耗电的40%。每个家庭花在空调上的电费为275元。上海的空调虽然普及率高，但应用并不广泛。

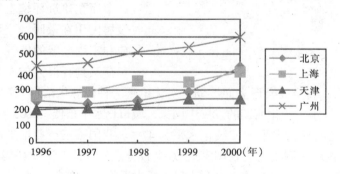

图1-20 国内四城市人均居民用电量比较

国内各城市的情况相差不大。人均生活耗电量以广州最大。这与广州气候炎热、空调使用频繁有关。而北京的居民用电量后来居上，2000年超过上海。这可能是由于近年来北京夏季多次出现持续高温，同时北京的居民电价要明显低于上海（0.39元/kWh对0.61元/kWh），北京居民在用电时要比上海人多一份潇洒。从图1-20也可以看出，居民耗电的总体趋势是增加的。

建筑耗能对环境的影响应从两方面来分析,即直接影响和间接影响。

直接影响是就地的,比如我国北方城市的集中采暖或分散采暖,利用区域锅炉房甚至一家一户的采暖炉供热,由于主要燃料是煤,造成很多城市空气污染遍地开花。据统计,我国华北、东北和西北地区的采暖耗能约占全国全年总商品能源消费量的13%。

以北京市为例,北京地区全年消耗标准煤约2700万t,仅冬季采暖用煤就达600万t左右,约占全年总能耗的20%~23%。600万t煤炭集中在四个月内燃尽,而且大量小型采暖锅炉的热效率仅在55%左右,标准煤耗55~62kg/GJ。这种高密度的、多点的低空污染物排放,造成北京地区的大气环境污染相当严重。冬季空气中的二氧化硫与飘尘浓度是非采暖期的六倍以上,严重超过国家大气质量标准。

北京市历年大气中二氧化硫和烟尘浓度($\mu g/m^3$)

(资料来源:北京市环保局;赵以忻)　　　　　　　表 1-6

年 份	二氧化硫			总悬浮颗粒物		
	采暖期	非采暖期	国家标准	采暖期	非采暖期	国家标准
1988	208	38		488	342	
1989	203	39		506	322	
1990	255	35		514	332	
1991	268	42		404	221	
1992	288	42	二级 150 一级 50	433	336	二级 300 一级 120
1993	232	39		395	323	
1994	221	45		454	355	
1995	196	30		454	319	
1996	207	33		445	314	
1997	269	40		441	340	

北京市1999和2000年全年大气环境质量

(资料来源:2000年北京市环境状况公报)　　　　　　　表 1-7

项目年份	二氧化硫	二氧化氮	一氧化碳	可吸入颗粒物	总悬浮颗粒物
2000年	0.071	0.071	2.7	0.162	0.353
1999年	0.080	0.077	2.9	0.180	0.364
国家二级标准	0.15	0.08	4.0	0.15	0.30
国家一级标准	0.05	0.08	4.0	0.05	0.12

从表1-6和表1-7中可以看出,北京全年大气二氧化硫平均浓度符合国家二级标准,但采暖季却严重超标,而如果没有采暖带来的污染的话,北京的二氧化硫指标应该可以达到国家一级标准。同样可以看到,如果没有采暖季散发的悬浮颗粒物的话,北京治理大气环境的压力会更轻一些。

所谓间接影响,是指使用二次能源(如煤发电和城市煤制气),尽管在用户侧是清洁无污染的,但就整个城市或某个地区来说,却会造成大范围的环境污染。

以上海为例，上海自有发电能力约为 900 万 kW，全部是火力发电。以上海市家庭现有的家用空调器拥有量估算，其装机总功率已占上海自有发电能力的 37%。如果这些空调器按年平均满负荷运行 1000 小时计算，则将产生 3 万 t 二氧化硫，占 2000 年上海全年排放总量的 6.4%，几乎是 1997 年海南全省一年排放量的一倍；并将排放 510 万 t CO_2，相当于格鲁吉亚或波黑一个国家 1998 年全年排放量。家用空调器成为家庭中最大的温室气体排放源。

　　需要指出，有的城市如北京，尽管没有很大的自有发电能力，主要靠京津唐电网和华北电网供电。但因为大气环境是动态的，处于一个地区间的几个城市大气环境会相互影响。北京也很难独善其身。北京市地形基本呈簸箕形，容易受到外来气流的影响，而北京自身的污染又难以迅速扩散，这就加大了北京大气污染治理的难度。

　　由上述分析，读者不难得出这样的结论：

　　(1) 在我国经济比较发达的中心城市中，建筑耗能还会有很大的增长空间。它将逐步取代工业耗能而成为这些城市中能源消费的主体。

　　(2) 在我国以煤为主的能源结构条件下，建筑耗能会直接地或间接地带来大气环境污染，并成为城市中重要的温室气体排放源。

第二章 建筑节能

第一节 建筑节能与可持续发展

一部人类建筑技术的发展史,实际上就是人类的文明史。远古时代的人类,就已经有了用天然材料(竹木、泥沙、石块,甚至在极地地区用冰雪)建造的建筑。那时的建筑,只能起到为人类遮风避雨和防止野兽侵扰的掩蔽所的作用。尽管在人类5000年历史中,有许多载入史册的著名建筑,但它们作为掩蔽所的本质并没有改变。那时的建筑基本上是不耗能的。人类生存和生活所必需的能源,也是取之于自然。例如,人类用薪柴或经过一定加工的木炭煮饭取暖、用植物油点灯照明,到后来用窖存的天然冰或用人力水车洒水降温。由于当时人类所掌握的技术手段十分有限,因此自然生态没有被破坏。天然能源再生的速度远远高于人类消耗的速度。人类在自然界面前显得很渺小,因而只能对大自然顶礼膜拜。在长期的农业社会里,人类仅有的一些改造自然的壮举(如中国古代的都江堰工程)也只限于保护自己、趋利避害。

到17世纪工业革命之后,人与自然的关系发生了根本的变化。掌握了以不可再生的能源为基础的现代动力机械,人类开始向自然界攫取资源。新材料(混凝土、玻璃、钢铁)和新技术(电气照明、电梯、锅炉、空调)使人类建筑从掩蔽所逐渐走向追求舒适、方便的舒适建筑阶段。例如,从20世纪初开始的对建筑物室内舒适性的研究,历时百年,迄今没有得出像物理学定律那样的十分肯定的结论。现代建筑越来越像一个个封闭的、与世隔绝的人造生物圈。"躲进小楼成一统,管它冬夏与春秋",在空调和电气照明所维持的人工环境中,寒暑和昼夜这类自然规律已经完全不起作用了。

20世纪60年代末和70年代初的两次中东战争,导致石油输出国对美国、日本等国家实行石油禁运,使发达国家经历了严重的石油危机。美、日等国不得不严格限制用能。由于发达国家的建筑能耗占其总能耗的1/3,因此建筑成了限制用能的首当其冲的受害者。建筑节能(Energy Saving)也从此提上各国政府和学者的议事日程。在资源紧缺的条件下,建筑节能的目标被锁定为节约用能、限制用能。美国由白宫带头,降低室内采暖设定温度。美国采暖制冷空调工程师学会(ASHRAE)标准也把办公楼空调新风量标准从 $25.5m^3/$(h·人)降低到 $8.5m^3/$(h·人)。同时建筑师加强了建筑物的气密性,门窗的渗透风量降低到每小时0.5次换气以下。舒服惯了的美国人不得不忍受寒冷和气闷。这种限制用能的建筑节能措施确实帮助美、日等发达国家渡过了危机,却也带来了此前闻所未闻的健康问题,引出一系列现代建筑病。世界卫生组织(WHO)已经定义了其中三种病症,即病态建筑综合症(Sick Building Syndrome,SBS)、建筑物并发症(Building Related Illness,BRI)和多种化学物过敏症(Multi Chemical Sensitivity,MCS)。应该说室内空气品质(Indoor Air Quality,IAQ)问题的根源是现代建筑采用的一系列人工合成材料以及人员的高度密集,而限制用能的建筑节能措施特别是减少新风量则使IAQ问题凸显出来。

1984年，第一幢智能化大楼City Place在美国康涅狄格州（Connecticut）的哈特福德市（Hartford）建成。标志着以信息技术为代表的"第三次浪潮"波及传统的建筑领域。高新技术，尤其是电子、通信和自动化技术给有着"重厚长大"的骨骼和肌肉的传统建筑加上"聪明"的头脑和"灵敏"的神经系统。智能建筑的大量兴建，为第三产业的迅速发展和知识资本的迅速扩张创造了条件。为了保证智能生产和白领工人的高生产率，智能建筑中舒适、健康、安全的室内环境（软环境）占有与OA、BA、CA等硬件环境同等重要的位置。人们更希望智能建筑是"健康建筑"。于是，换气量增加了，夏季室内设定温度降低了，冬季室内设定温度提高了。知识经济的高回报以建筑环境的高能耗为代价。这时的建筑节能目标就演变成为"能量守恒"（Energy Conservation），试图在建筑总能耗不增加的情况下满足需求。比如，加强建筑围护结构的保温隔热性能、减少负荷计算中的高估冒算、采用热回收设备等，将省下来的能量用来处理增加的新风量以改善室内空气品质。

信息技术的高速发展，刺激了一些国家的经济"泡沫"。生活在混凝土森林之中渴望接触自然的城市居民，甚至不惜重金在智能办公楼里营造"森林浴"环境，用空调来实现森林浴的效果，藉以保护健康，提高工作效率。所谓"森林浴"，就是在人工的空调系统中加上天然森林的主要保健因素，因此也称为"保健空调"。

进入20世纪90年代，全球温暖化问题成为世人瞩目的焦点。人们开始对自己为了追求舒适和效益而无节制地消耗地球资源和破坏地球环境的行为进行反思。保护地球资源和环境的可持续发展理论成为许多国家的基本国策。建筑节能上升到前所未有的地位。人们认识到，仅有能量的"守恒"（conservation）是不够的，更要研究提高能量转换的效率，用最小代价和最小能耗来满足人们的合理需求，实现建筑合理用能（Energy Efficiency）。

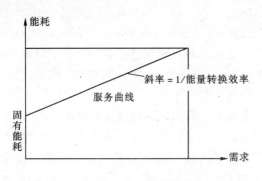

图2-1 建筑能耗与需求的关系

图2-1很形象地说明了建筑合理用能的思想。图中的横坐标表示用户需求，纵坐标表示建筑能耗，斜线称为服务曲线。很明显，需求越大，提供的服务越多，能耗量也就越大。而斜线的斜率的倒数，就是能量转换效率。例如，20世纪90年代，随着人们对室内空气品质的关注，ASHRAE标准62—1989将办公楼新风量提高到$34m^3/(h \cdot 人)$。如果试图用较小的能耗量来满足新的新风量标准，办法之一是减小服务曲线的斜率，即提高能量转换效率。建筑节能的重要任务就是提高能量转换效率，尽量使服务线平坦一些，而不是去抑制需求，降低服务质量。从图2-1中还可以看出，服务曲线的起点并不是原点。这一段能耗量叫做"固有（Standby）能耗"。它主要由三部分能耗构成：1) 通过建筑围护结构的冷热损失；2) 建筑设备或管道的"跑冒滴漏"和冷热损失；3) 某些设备（例如电脑或电梯）在"待机"即非运行状态下的耗能。这一部分的耗能是无谓的耗能，是需要尽量减少或消除的（即energy saving）。例如房间里没有人而所有的灯却亮着、电脑在无操作时进入休眠状态却仍然耗电、电视机用遥控器关闭之后也需耗用一部分电力。人们传统的"随手关灯"习惯是降低固有能耗最有效的节能措施。

根据合理用能的思想，联合国环境计划署（UNEP）提出综合资源规划方法（Integrated Resource Planning，IRP）和需求侧管理技术（Demand Side Management，DSM），如图 2-2 所示。IRP 方法和 DSM 技术的核心，是改变过去单纯以增加资源供给来满足日益增长的需求，将提高需求侧的能源利用率从而节约的资源统一作为一种替代资源。

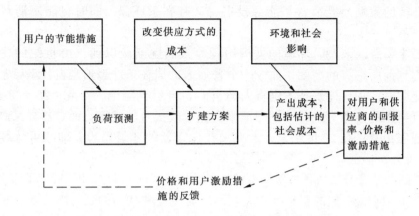

图 2-2　综合资源规划方法和需求测管理技术的示意图

在需求侧管理中有四个重要的思想：

（1）能源服务的思想。将建筑节能的目标设定为提高能源终端利用效率。因此，节能决不是单从数量上限制用户，而是应向用户提供恰当的能源品种、合理的能源价格、高效的用能设备，以及节能技术、工艺和管理方式。按照传统思维模式，用能需求增加了便扩大能源生产，能源供应跟不上了便限制用能。能源供应者和用户始终处于矛盾对立地位。而能源终端需求战略是"服务"的观念，它把节能也看成是一种服务。我国目前正在经历能源工业从垄断性行业向服务性行业转变的改革过程。

（2）系统优化的思想。节能不是"头痛医头，脚痛医脚"的权宜之计，应从能源政策、能源价格、供需平衡、成本费用、技术水平、环境影响等多方面进行投入产出分析，选择社会成本最低、能源效率较高、又能满足需求的节能方案。

（3）采用先进节能技术的思想。将有限的资金投入节能所产生的效益要远远高于投资能源生产的效益。实践表明，节能与生产等量的能源其投入之比为 1:5～1:10。因此，从最小社会成本的角度来看，采用经济上合理、技术上可行的节能技术提高终端能源利用效率是实现能源终端需求战略的关键所在。这一思想对像中国这样的发展中国家特别有意义。根据联合国的专家估计，发展中国家如果采用目前发达国家成熟的节能技术，或采用今后 10 年中商品化的节能技术，便可利用与目前等量的能源满足今后的需求，或者在人均能耗只增加 30% 的条件下，使生活水平达到西欧国家现在的标准。

（4）动态节能的思想。节能技术是有时效性的。随着技术进步、体制转换和社会发展，原来有效的节能技术可能会落后甚至被淘汰。因此要不断开发新的节能技术，跟上形势的发展。

可以举一个简单的例子来说明需求侧管理的经济和社会效益：

一只 15W 的节能灯的亮度与一只 75W 的白炽灯相同。假定节能灯的市场价为 61 元，白炽灯的市场价只有 1 元。用一只节能灯来替换白炽灯，花 60 元钱可以节电 60W，用户的节能投资是1元/W。花1元钱可以减少供电1W。而供电1W要花多大代价呢？我国目前建设一座30万kW的火力发电厂约需要25亿人民币，也就是说，多发1W的电就要多投资8元多钱。节约与生产的投入比为1:8。如果能源部门在规划供电时就把节能因素考虑进去，并且通过让利和优惠的办法对用户购买节能灯进行鼓励和补贴，实际上是一种"多赢"的策略。既节省了能源投资、又有利于环保，同时也能使消费者得到实惠。

回首工业革命以来人居环境的发展历程，人们逐渐认识到，20世纪的建筑发展使人类文明达到前所未有的高度，如今一个普通人的居住条件恐怕是古代皇帝都无法企及的。但与此同时，现代建筑技术也将人类引向与自然界隔绝、对立，甚至抗衡的境地。人类以不可再生的能源为武器，试图征服自然、改变自然规律。而自然界又越来越频繁地向人类施以报复。在20世纪末，人类又在探索新的建筑思想，即"可持续建筑"的思想。

世界各国的学者分别从各自所从事的学科角度出发，对可持续发展作了定义，据说有98种之多。其中在最一般的意义上为世人所广泛接受和认同的是由挪威前首相布伦特兰夫人（Gro Harlem Brundtland）主持的联合国世界环境与发展委员会（WCED）提出的可持续发展的概念，即在联合国环境规划署第15届理事会通过的《关于可持续发展的声明》中所指出的："可持续的发展，系指满足当前需要而又不削弱子孙后代满足其需要之能力的发展，而且绝不包含侵犯国家主权的含义。联合国环境规划署理事会认为，要达到可持续的发展，涉及国内合作和跨越国界的合作。可持续发展意味着走向国家和国际的公平，包括按照发展中国家的国家发展计划的轻重缓急及发展目的，向发展中国家提供援助。此外，可持续发展意味着要有一种支援性的国际经济环境，从而导致各国特别是发展中国家的持续经济增长与发展，这对于环境的良好管理也是具有很大的重要性的。可持续发展还意味着维护、合理使用并且提高自然资源基础，这种基础支撑着生态抗压力及经济的增长。再者，可持续的发展还意味着在发展计划和政策中纳入对环境的关注与考虑，而不代表在援助或发展资助方面的一种新形式的附加条件。"江泽民主席将其概括为："所谓可持续发展，就是既要考虑当前发展的需要，又要考虑未来发展的需要，不要以牺牲后代人的利益为代价来满足当代人的利益。"

基于可持续发展理论提出的可持续建筑思想内涵是：

（1）公平性。首先是代间公平，即同代人中应该人人享有居住和追求更好的生活环境的权利。建筑首先应满足所有人的基本需求。其次是代际公平，即自然资源和环境容量都是有限的，现代人不能为满足自己的舒适健康要求而损害后代人满足需求的条件。

（2）人与自然的和谐统一。一方面，可持续建筑应该应用人类在科学、技术、人文和艺术方面所创造的各种手段利用和改造自然，使之适合人的生存条件、提高人的生活质量和工作效率。另一方面，可持续建筑必须在维护自然生态、保护地球环境的基础上去利用自然和改造自然，努力创造"天人和谐"即可持续的环境。

（3）可持续建筑的标志是资源的有效利用和永续利用（包括能源、材料）和良好的生态环境（包括室内的和室外的、物质的和人文的）。因此，可持续建筑又被称为"绿色建筑"或"生态建筑"。而建筑节能则是可持续建筑永恒的主题。在人类建筑发展到绿色建筑阶段时，建筑节能又被赋予"减少地球负荷"的更重要的目标。

因此，建筑节能是随着建筑的发展和经济、社会的发展而不断地修正自己的目标（见图 2-3，图 2-4）。

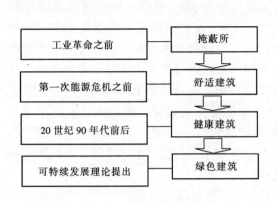

图 2-3　建筑思想的发展　　　　　　图 2-4　建筑节能目标的四个阶段

建筑节能进入到减少地球环境负荷的阶段，着眼于从建筑的整个寿命周期来考虑减少资源消耗、使用可再生能源和降低废弃物排放，上升到更高的层次。

1998 年，我国八届人大第 28 次常委会通过了《中华人民共和国节约能源法》。我国节能法中有许多条款（如第 11 条，第 12 条，第 13 条，第 14 条，第 37 条等）与建筑节能有关，尤其是第 37 条明确规定："建筑物的设计和建造应当依照有关法律、行政法规的规定，采用节能型的建筑结构、材料、器具和产品，提高保温隔热性能，减少采暖、制冷、照明的能耗。"我国又相应制定了一系列建筑节能的行政法规、技术标准和设计规范。2000 年出台了《民用建筑节能管理规定》，2001 年组织起草了《中国生态住宅技术评估手册》。我国的建筑节能工作得到政府的高度重视，尤其是在建筑节能标准化建设方面，中国是世界各国中开展得比较好的国家之一。据不完全统计，世界上约有 60 多个国家和地区有不同程度的适用于新建筑的强制性节能标准，中国则是其中比较完备的国家之一。

总体上，我国建筑节能工作有如下特点：

（1）20 世纪内建筑节能的重点是北方地区的采暖居住建筑。建设部在 1996 年颁布的《建筑节能技术政策》中制定的节能目标是：从 1996 年起到 2000 年，新设计的采暖居住建筑应在 1980～1981 年当地通用设计能耗水平基础上节能 50%；从 2005 年起新建采暖居住建筑应在此基础上再节能 30%。由于我国建筑能耗中占比重最大的是采暖能耗（占全国总能耗的 13%），而且住宅室内热环境质量普遍较低，因此以采暖居住建筑作为建筑节能的突破口无疑是正确的决策。但近几年商用和公共空调建筑以及住宅空调的使用量迅速增加，相应的节能标准和节能措施显得有些滞后。

（2）主要针对新建建筑。因此，出台的建筑节能标准大部分是设计标准或设计规范，对机电、建材产品规定的节能指标多是在设计工况下的指标，缺乏对已建建筑的节能措施，也缺乏产品设备在运行工况下的节能标准，尤其缺乏建筑运行管理中合理用能的方法和措施。

（3）主要技术措施集中在改善围护结构的热工性能方面。各地也因此建立了"墙改办"等相应机构。近几年又发展到采暖系统的热计量和供热管网的调节特性方面。用通俗的语言说，我国建筑节能工作基本上是在建筑物外围做文章。对于建筑系统，尤其是空调系统，由于比较复杂，因此很少涉及。但建筑节能如果仅仅局限于减少固有能耗是不够的。举例来说，如果我们将建筑围护结构的保温性能提高一倍，大约能减少采暖负荷35W/m^2，而采暖系统的效率降低一个百分点，每燃烧1kg标准煤就要多损失81W。如果室内温度高出标准1℃，就会增加12%的能耗，在北方城市中因为房间过热而开窗睡觉的现象并不少见。因此，提高围护结构热工性能和提高系统效率这两方面是不可偏废的。而提高系统效率并不能完全依赖设计，在很大程度上要依靠运行管理来实现。

(4) 尽管我国已经有了初步的建筑节能法规标准的框架体系，但"执法"却十分不力。由于缺乏配套的节能评价指标体系，因此对建筑设计和产品的节能评审往往流于形式，也无法正确地评估建筑节能的目标是否实现。更由于没有经济制约手段，在市场经济条件下很难形成建筑节能的内在驱动力和自觉性。

(5) 建筑节能的普遍原则对世界各国都是适用的，但各国有不同的气候条件、经济水平、生活习惯，这些都是不可替代的。比如室内热舒适标准，我国基本上是完全参照发达国家的标准制定。而发达国家热舒适的研究成果（反映在美国ASHRAE-55标准和ISO7730标准中），是以白种人为试验对象得出的。对饮食结构、衣着习惯和身体素质有很大差别的中国人是否完全适用，并没有经过验证。又如，我国的制冷机标准中制冷机的综合部分负荷值（Integrated Partial Load Value，IPLV）基本沿用了美国空调与制冷学会（ARI）标准。即使对美国的不同气候区，这一IPLV都不能完全适用。因此，在别国、在其他地区被证明是行之有效的建筑节能措施，在本国、在当地却不一定适用。甚至不同建筑物之间由于功能、性质和设计的不同，在节能技术的采用上也会有差别。一个高明的建筑能源管理者应该根据自己管理对象的特点，因地制宜地采用适用的技术。

第二节 建筑物中各部分能耗

在现代建筑中，除了建筑物本体之外的其他设施都是为实现建筑功能所必需的。在英文中将这些设施统称为"Building Services"，中文翻译成"建筑设备"。建筑能耗最终是由建筑设备来体现的。保障建筑室内声、光、热和空气环境的建筑设备（采暖、通风、空调、照明、音响等）可以称为建筑环境系统；而建筑的基础设施（供电、通信、消防、给排水、电梯等）可以称为建筑公用设施。为了对这些建筑设备进行协调、有效和优化的管理，在智能建筑中构筑了建筑自动化（Building Automation，BA）平台。BA系统的重要职能之一就是实现建筑设备系统的合理用能（或称能效）管理。

由于建筑物功能的不同，因此实现功能的各系统的能耗比例是不一样的。又由于建筑物所处的地区（气候带）不同，建筑设备各系统能耗的比例也会有差别。一般而言，建筑物中占能耗比例最大的是采暖、通风、空调（HVAC）系统，照明系统，有时还要加上热水供应系统。

图2-5~图2-9是日本建筑环境·省能机构统计得到的各类建筑中分项能耗比例。即把各种能源的全年消耗量统一按热当量或低位热值换算成一次能源。可以看出，空调能耗比例在各类建筑中以办公楼为最大（49.7%），医院为最小（30.3%）。

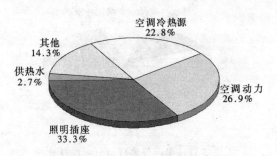

图 2-5 办公楼能耗比例

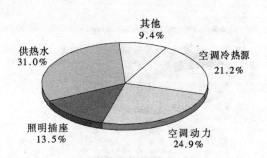

图 2-6 旅馆酒店能耗比例

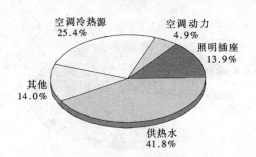

图 2-7 医院能耗比例

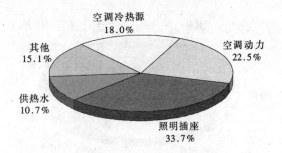

图 2-8 百货商店能耗比例

表 2-1 是美国能源部统计得到的各类建筑中分项电耗比例。图 2-10~图 2-11 是美国能源部统计的商用建筑和住宅建筑中分项能耗比例。我们可以发现，HVAC 是各类建筑中电力消耗最大的部分，平均为 45.6%。而由于美国广泛采用电炊具，因此用于烹调的电耗比例也很高。这种情况与中国是很不一样的。

从能耗比例来看（图 2-12~图 2-15，资料来源：美国 EIA），HVAC 也是最大的。而在 HVAC 中，采暖能耗最大。在建筑节能中，节能的重点在 HVAC、供热水和照明。

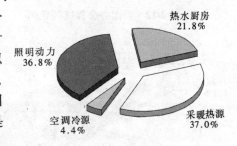

图 2-9 学校能耗比例

美国各类建筑分项电力消耗比例（%）　　　　表 2-1

	照明	冷藏	炊事	热水	采暖	空调	通风	其他
学　校	19	7	7	14	26	18	6	3
医　院	18	3	4	8	26	25	10	6
餐　饮	13	16	21	11	11	18	5	5
食品杂货店	23	38	5	2	13	11	4	3
多功能综合建筑	13	20	3	4	29	19	7	5

我国的建筑能耗统计调查工作开展得不尽如人意，这方面的数据比较缺乏。图 2-16 给出的是上海某超高层建筑全年能耗分布比例。这一超高层建筑中有高级酒店和办公楼。

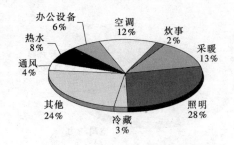
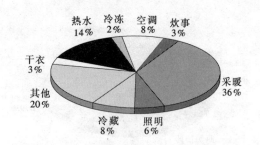

图 2-10　美国商用建筑分项能耗比例　　　　　图 2-11　美国住宅建筑分项能耗比例

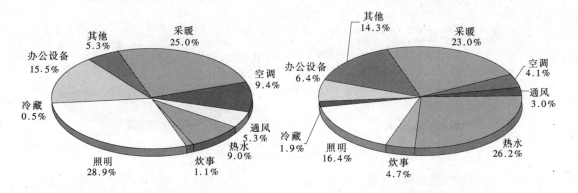

图 2-12　美国办公楼能耗比例　　　　　　　　图 2-13　美国医院建筑能耗比例

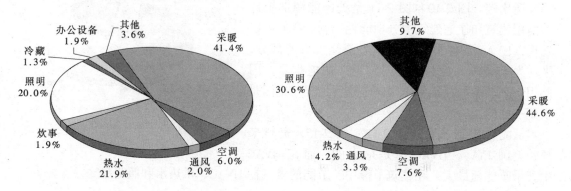

图 2-14　美国学校建筑能耗比例　　　　　　　图 2-15　美国零售商店能耗比例

从图 2-16 中可以看出，在上海这样的冬冷夏热地区，在大型商用建筑中，空调耗能是最大的。即使在冬季，采暖需求也不大，却仍然有供冷的需求。

而在美国南部地区统计，空调耗能却只占总能耗的 11.9%，相反，采暖耗能占了 19.3%。这说明，在地区之间，建筑能耗不具可比性。美国南部虽然夏季也很炎热，但很少出现像上海常有的高温（35℃以上）天气。而且大陆性气候昼夜温差（日较差）很大，全天空调负荷较小。另外，即使在同一地区，不同功能和不同服务对象的建筑的能耗的绝对量也不具可比性。例如，一间五星级豪华酒店与一间汽车旅馆之间，虽然都是旅馆类建筑，但它们的能耗量就没有可比性。但同一地区同一类型的建筑，其各部分能耗的比例却可以作为相互比较的参考。如果自己所管理的楼宇有哪一部分能耗的比例明显高于其他同

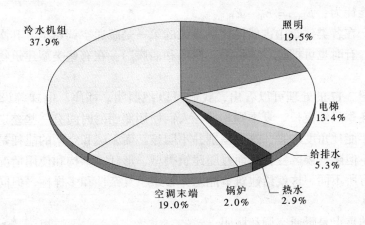

图 2-16 上海某超高层建筑全年分项能耗比例

类型建筑,那就需要找找原因,需要对这一部分耗能设施做诊断,对症下药。

在美国,上述能耗统计是由政府进行的,在日本,则是由专业学会和学术团体完成的。但在中国,还没有像美、日等发达国家那样大规模地进行建筑能耗调查。因此,大多数节能政策制定者和从事建筑节能的研究者都不能像发达国家那样对全国或一个城市的建筑能耗情况了如指掌。而由于缺乏必要的检测计量手段,许多建筑楼宇的物业管理人员对自己所管理的建筑各部分能耗情况也是心中无数。因此,尽管我国有了建筑节能的规划和标准,却无法实施和评判。建筑节能也要提倡"从我做起"、从计量做起。

在暂时不可能配置分项的能耗计量仪表的条件下,物业管理人员可以用下面的办法对主要耗能项目做一个粗略的判断。

根据本大楼全年各月的能源费账单计算出每月的能耗。注意须将各种能耗的单位均换算成相同的能量单位(例如,kWh 或 GJ)。然后将每个月的能耗总量标在一张坐标图上。坐标图的横坐标是月份,纵坐标是能量单位。再将每月的能耗量值连成一条平滑曲线,就得到本建筑物的全年总能耗曲线。图 2-17 是上海某高层办公楼全年的总能耗曲线。

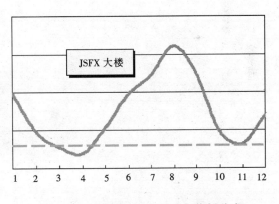

图 2-17 某高层办公大楼全年能耗分布

我们可以发现,图 2-17 的能耗曲线有两个最低点,分别出现在 4 月和 11 月。在上海地区,这两个月是气候最宜人的时期,一般来说建筑物既不需要采暖,也不需要供冷。取这两个月能耗量的平均值,在曲线图上划一道水平线(图 2-17 中的虚线)。可以认为,这道水平线以上由曲线所围成的面积就是该大楼采暖空调所消耗的能量;水平线以下的矩形面积则是照明和其他动力设备(如电梯)所消耗的能量。

假定某大楼全年总能耗为 E_T,能耗最小的两个月的平均值是 E_{min},则有:

照明动力能耗为:$E_{light} = E_{min} \times 12$

采暖空调能耗为：$E_{hvac} = E_T - E_{light}$

综上所述，在各类建筑中占能耗比例最大的第一是暖通空调系统，其次是照明（包括楼内低压用电，有时也可把这一项称为"照明和插座"）。在有些类型建筑物中还要加上热水供应。

从我们对图 2-17 的处理可以看出，我们可以把照明、插座、电梯等设备能耗当作稳定能耗。尽管冬季昼短夜长，夏季则相反，人们使用照明的时间有一些差别，但在现代商用建筑中从全年能耗角度来看，这种差别并不明显。而采暖和空调的能耗是变动的、不稳定的能耗，它不但随气候区变化，而且随建筑类型、形状、结构和使用情况变化，甚至今天和明天都会有所不同。这就给建筑节能工作带来了复杂性和多样性，但同时也是节能潜力最大的部分。

建筑节能的重点是暖通空调和照明。

第三章 影响建筑能耗的因素

影响建筑能耗的因素主要有三方面：外扰、内扰和建筑环境系统的运行方式。建筑环境系统消耗能量，抵御或克服外扰和内扰对建筑室内环境的影响，保持舒适、健康、有效率的室内环境。建筑物的整个寿命周期就是一个干扰和反干扰的过程。如何用最小的能源代价，使外扰和内扰对室内环境的影响降至最小，就是建筑能效管理面对的最大课题。本章介绍外扰和内扰对室内环境的影响。

(1) 外扰：室外气候变化，特别是温度、湿度和太阳辐射的变化，通过建筑物围护结构，以光辐射、热交换和空气交换的方式影响室内的照度环境和温湿度环境。

(2) 内扰：室内用能设备、照明装置和人体都会以热交换和质交换的方式散热散湿。

第一节 中 国 气 候

建筑环境系统的能耗很大程度上是用来抵御室外气候的变化。因此有必要对我国的气候条件作一大致的了解。

我国气候有几个鲜明的特点：

(1) 我国太阳能资源除川黔地区外，大都相当于或高于国外同纬度地区；

(2) 我国是世界上热量带最多的国家，从南到北相继出现热带、南亚热带、中亚热带、北亚热带、南温带、中温带、北温带，青藏高原还有高原温带、高原亚寒带和高原寒带；

(3) 我国大部分地区四季分明，东部与世界上同纬度地区相比，夏季偏热，冬季更冷，纬度越高，冬季偏冷的情况就更明显；

(4) 我国境内地形复杂，处于同一热量带的不同地区，气候却可能有很大差异，即所谓"十里不同天"。

中国的气候带　　　　表 3-1

热量带	北纬范围	东经范围	地区范围	年平均气温	≥0℃积温	≥10℃积温
北温带	49~53	121~125	黑龙江和内蒙古北端	<-4℃，最热月平均气温15℃ 最冷月平均气温-30℃	2100℃	1400~1700℃
中温带	38~51	120~135	黑龙江南部 吉林全省 辽宁北部中部	-5~-10℃	2100~3900℃	1700~3500℃
南温带			华北平原 黄土高原东部	极端最低气温多年平均-20~-22℃	3900~5500℃	

续表

热量带	北纬范围	东经范围	地区范围	年平均气温	≥0℃积温	≥10℃积温
北亚热带			长江中下游汉水上中游	夏季大于35℃高温日10~20天	5500~6100℃	4500~5400℃
中亚热带			长江以南南岭以北	最冷月平均气温4~12℃，极端最低气温多年平均>-5℃	6100（西段5900）~7000（西段6500）℃	
南亚热带			南岭以南雷州半岛以北，东到台湾，西到云南盈江	最冷月平均气温11℃，极端最低气温多年平均0~4℃	7000℃	≥10℃的天数300~360天
北热带			台湾南部，雷州半岛，海南岛中北部，云南河口、西双版纳、元江河谷	最冷月平均气温15℃，极端最低气温多年平均5℃	8200℃（西段8000℃）	
中热带			海南岛五指山以南到东、中、西沙群岛	最冷月平均气温>19℃，极端最低气温多年平均>10℃	>9000℃	
南热带			南沙群岛	>26℃最热月平均气温28℃，最冷月平均气温25℃	>10000℃	

从表3-1可以看出，我国气候特点决定了我国建筑耗能的多样性。北方地区冬季严寒，例如我国黑龙江最北部的漠河地区极端最低气温在-45℃以下，甚至有过-52.3℃低温的记录。因此，北方地区建筑物对保温和气密性都有很高的要求，室内也要求有采暖设施。而在我国中部广大地区，夏季炎热、冬季严寒、四季分明，室内既需要冬季采暖，也需要夏季供冷。但采暖季却是从北到南逐渐缩短。南方地区的建筑物要求通风良好、有较好的遮阳设施。除有特殊用途的建筑物外，一般建筑只需要夏季供冷。

我国各地采暖期的长短不但要考虑气候因素，还要考虑能源供应情况和经济发展水平。在计划经济时代，我国有集中采暖区、过渡区和非集中采暖区的划分。一般来说，冬季室内温度在12℃以上时，人可以忍受。建筑的围护结构可以使室内温度比室外高4~8℃。因此，在建筑围护结构保温性能较好时，室外温度瞬时低到5℃还可以勉强维持室内保持12℃。而当室外温度在8℃时，室内温度可使人的热感觉达到可以承受的程度。所以我国把日平均室外气温连续三天稳定低于5℃作为采暖期开始的限界温度。把累年日平均温度稳定等于或低于5℃的天数大于或等于90天的地区定为集中采暖区；把天数为60~90天或等于低于5℃的天数不足60天但稳定等于低于8℃的天数大于或等于75天的地区定为过渡区；在上述两个标准之外的地区为非集中采暖区。我国暖通空调规范之中又采用历年平均不保证5天的日平均温度作为采暖计算室外温度。

为了便于建筑节能和改善人居环境工作的开展，我国《民用建筑热工设计规范》又将全国建筑划分为5个气候区，并对各区建筑热工设计提出了基本要求，见表3-2、图3-1。

民用建筑热工设计的气候分区　　　　　　　　　　表3-2

分区名称	分区指标		建筑设计要求
	主要指标	辅助指标	
严寒地区	最冷月平均温度≤-10℃	日平均温度≤5℃的天数≥145d	必须充分满足冬季保温要求，一般可不考虑夏季防热
寒冷地区	最冷月平均温度0~10℃	日平均温度≤5℃的天数90~145d	应满足冬季保温要求，部分地区兼顾夏季防热
夏热冬冷地区	最冷月平均温度0~10℃，最热月平均温度25~30℃	日平均温度≤5℃的天数0~90d，日平均温度≥25℃的天数40~110d	必须满足夏季防热要求，适当兼顾冬季保温
夏热冬暖地区	最冷月平均温度>10℃，最热月平均温度25~29℃	日平均温度≥25℃的天数100~200d	必须充分满足夏季防热要求，一般可不考虑冬季保温
温和地区	最冷月平均温度0~13℃，最热月平均温度18~25℃	日平均温度≤5℃的天数0~90d	部分地区应考虑冬季保温，一般可不考虑夏季防热

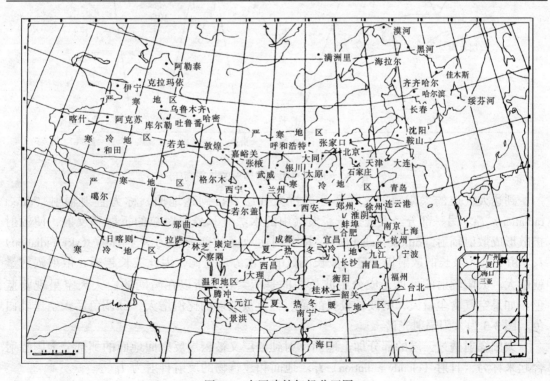

图3-1　中国建筑气候分区图

我国的太阳辐射也较丰富，全年总辐射量在3300~8300MJ/m²之间。太阳总辐射是指到达地面的太阳直射辐射和散射辐射的总和。总体上，太阳总辐射量西部高于东部、高原高于平原。从东北大兴安岭西麓向青藏高原东侧可以画一道45°的6000MJ/m²等值线，等

33

值线以东地区年值在 3300～6000MJ/m² 之间，等值线以西地区的总辐射量高于东部地区，年值在 5300～8300MJ/m² 之间。在海拔高、空气稀薄的青藏高原大部分地区，年值在 7000MJ/m² 以上。我国各地太阳辐射的月总辐射值一般在夏季最大、冬季最低。西北地区最大值出现在 6 月，江南地区出现在高温的 7 月，云南各地是 3～5 月，而华北北部和东北南部则是 5 月。

第二节 太 阳 辐 射

一、地球表面的太阳辐射

太阳辐射通过大气层时各部分的大致比例见图 3-2。

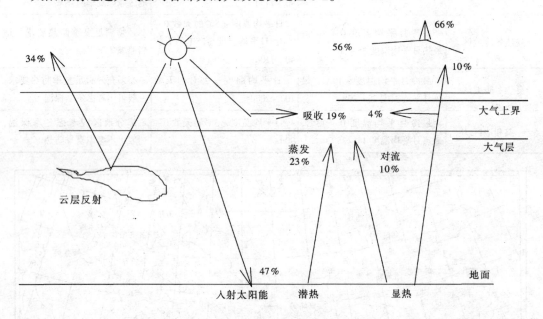

图 3-2 地球表面太阳辐射的热平衡

到达大气层的太阳辐射，一部分透过大气层直接到达地面，称为直射辐射（direct radiation）I_D。另一部分经大气分子、大气中的水蒸气和悬浮颗粒的折射和反射，使辐射扩散形成散射辐射（diffuse radiation），其中到达地面的部分称为天空日射（sky radiation）I_S。由于某一波长的散射辐射量与波长倒数的 4 次方成正比，因此波长越短，散射辐射量就越大。太阳辐射的可见光成分中波长短的是蓝紫色，所以在晴朗的白天天空呈现蔚蓝色。如果空气含尘量大，则波长较长的黄、红色被散射的比例增大，经调色后天空逞乳白色。图 3-3 为太阳辐射光谱。

太阳辐射透过云层的部分加上地面反射到云层又被云层反射回地面的那部分太阳辐射合起来称为云日射（cloudy radiation）I_C。地面和建筑物的反射日射为 I_R。

所以散射日射由三部分组成：天空日射、云日射和反射日射。即：

$$I_d = I_S + I_C + I_R$$

而总日射为：

$$I = I_D + I_d$$

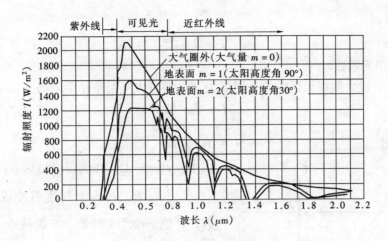

图 3-3 太阳辐射光谱

投射到地面的总日射量受到日地距离、大气中空气分子、水蒸气和灰尘的散射以及氧气、臭氧、水蒸气和二氧化碳的吸收的影响,所以我们首先要研究日地关系。

地球绕太阳公转的轨道略呈椭圆,其轨道平面又称黄道平面。地球绕太阳运行一周需要 365.25 天。地轴与黄道平面倾斜 23°27′。日地连线与地球赤道平面的夹角为赤纬角 δ,其简化计算式为:

$$\delta = 23.45 \times \sin\left(360 \times \frac{284+n}{365}\right)(°)$$

赤纬角的精确计算式为:

$$\delta = 0.3622133 - 23.24763\cos(W + 0.1532310) - 0.3368908\cos(2W + 0.2070988)$$
$$- 0.1852646\cos(3W + 0.6201293)(°)$$

式中 $W = 2n\pi/360$;

n——从 1 月 1 日起算的日期序号。

每年夏至(6 月 22 日)时,地球北极倾斜 23°27′面向太阳;地球的北回归线(北纬 23.5°)日当顶,北半球进入盛夏,南半球进入严冬。北极圈内形成白夜,而南极圈内则进入黑夜。

每年的春分(3 月 21 日)和秋分(9 月 23 日)时,地球赤道日当顶。地球的两极距太阳的距离相等,昼夜平分。除两极外,地球各处均为 12 小时白昼,12 小时黑夜。

由于地球绕太阳公转的轨道略呈椭圆状,因此在一年之中日地间距离是不断变化的。日地间平均距离是 1.5×10^8 km ± 3%,称为一个天文单位。当日地距离正好是一个天文单位时,从地球看太阳的视角的张角为 32′。近似地可以将太阳光线当作是平行线。

地球大气层外垂直于太阳光线的平面(日射线的法线面)上,单位时间单位面积所接受的日射辐射能称为"太阳常数"。根据人造卫星的测定,当日地距离为一个天文单位时,太阳常数数值为 1353W/m²,或 1164kcal/(m²·h),1.94cal/(cm²·min),4871kJ/(m²·h)。一年之中最大和最小的太阳常数的差值为 6.5%。

进入大气层的日射因被吸收或被散射而衰减。设日射通过大气层的距离为 d_m,日射衰减量为 d_I,则有:

$$\frac{d_I}{d_m} = -kI$$

解此微分方程得

$$I = I_0 e^{-km}$$

式中 k——消光系数。

为消去 k，设太阳在天顶时的日射量为 I'，通过大气层路径距离为 m'，则有：

$$I = I_0 e^{-km'}$$

可得

$$I = I_0 \left(\frac{I'}{I_0}\right)^{m/m'}$$

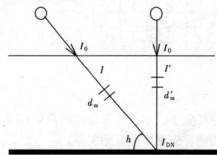

图 3-4 日射直射经过大气层的路径

式中 I'——太阳在天顶时地球表面的日射量；

$\frac{I'}{I_0} = P$，P 为大气透明度或大气透明系数，P 值是小于 1 的数，P 越接近 1，天空越清澈；

$\frac{m}{m'}$——日射线与地面成 h 角时和太阳在天顶时其光通路的长度之比；

$$\frac{m}{m'} = \frac{1}{\sin h} = \csc h$$

设 I_{DN} 为地表太阳光线垂直面（法线面）上的日射量。则 $I_{DN} = I_0 P^{\csc h}$ 称为 Bouguer 公式。

$\csc h$——称为大气质量（air mass）。

图 3-4 为日射直射经过大气层的路径。表 3-3 给出我国大气透明度等级。

我国大气透明度等级 表 3-3

透明度等级	1	2	3	4	5	6
大气状况	很透明	透明度偏高	正 常	透明度偏低	混 浊	很混浊
P 的代表值	0.85	0.80	0.75	0.70	0.65	0.6
P 值范围	≥0.826	0.776~0.825	0.726~0.775	0.676~0.725	0.626~0.675	≤0.625

二、几个重要角度

（1）高度角（Solar Altitude）：太阳直射光线与地球表面之间的夹角（图 3-5 中的角 h）。

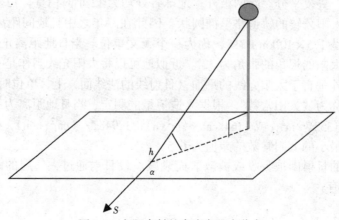

图 3-5 太阳直射的高度角和方位角

高度角的计算式为：

$$\sin h = \sin\phi\sin\delta + \cos\phi\cos\delta\cos H$$

式中　h——太阳高度角；
　　　ϕ——测点纬度；
　　　H——时角。

（2）方位角（Solar Azimuth）：测点与太阳在水平面上投影点之间连线和正南方向的夹角（图 3-5 中角 α）。

方位角的计算式为：

$$\operatorname{tg}\alpha = \frac{\sin h}{\sin\phi\cos H - \cos\phi\operatorname{tg}\delta}$$

$$\sin\alpha = \frac{\cos\delta\sin H}{\cos h} \quad \text{当计算得到}\ |\alpha| > 90°\ \text{时用下式：}$$

$$\cos\alpha = \frac{\sin H\sin\phi - \sin\delta}{\cos H\cos\phi}$$

（3）时角 H（Time Angle）：

地球自转一周为一昼夜（24 小时），即地球转动 15° 是 1 小时，因此形成全球各地的时差。全球各国采用的计时方法都是以英国伦敦格林威治天文台作为起点，每 15° 作为一个时区，相差 1 小时。格林威治时间就成为（Greenwich Civil Time）(GCT) 国际标准时间。我国地域辽阔，从西到东跨越几乎 4 个时区。但我国采取统一的计时制，即以首都北京所在的东经 120° 时区作为标准时间。这种时间称为"当地时间（Local Civil Time，LCT）"。东经 120° 时区与 GCT 的时差为 8 小时。

在建筑热工计算中，仅用 GCT 和 LCT 来分析太阳辐射对建筑的影响显然是不够的。因为各地的经度与 LCT 的经度有差异，如北京市位于东经 116°28′，北京市的当地时间其实也不是北京时间。因此又定义了一个"太阳时（Local Solar Time，LST）"来确定太阳运行轨迹。以太阳位于观察者正南方向的一瞬间为正午作为当地太阳时角的 0°。由于地球轨道的不对称性和自转速度的不均匀性，还要考虑一个时差 e（equation）：

$$\text{LST} = \text{LCT} + e$$

由此可以得出时角的计算式：

$$H = \left(\text{LCT} + \frac{L - L_s}{15} + \frac{e}{60} - 12\right) \times 15(°)$$

式中　L——当地实际经度；
　　　L_S——LCT 的代表经度。

计算出的时角上午为负，下午为正。

（4）时差 e（equation）：

时差可以用下面两个拟和公式中的任一个计算：

$$e = 9.87\sin 2B - 7.53\cos B - 1.5\sin B$$

式中 $B = \dfrac{360 \times (n - 81)}{364}$

n 是从 1 月 1 日起算的日期序号，$1 < n < 365$。

$e = -0.0002786409 + 0.1227715 \times \cos(W + 1.498311) - 0.165475 \times \cos(2W - 1.261546) - 0.00535383 \times \cos(3W - 1.1571)$

式中 $W = 2n\pi/360$；n 是从 1 月 1 日起算的日期序号，$1 < n < 365$。

(5) 日出和日落：

如果高度角 $h = 0$，则表示日出和日落。从高度角计算公式可得：

当 $h = 0$，$\cos H_0 = -\text{tg}\delta \text{tg}\phi$，根据当时的赤纬和当地的纬度，可以解出 $\pm H_0$。$+H_0$ 代表日落时的时角，$-H_0$ 代表日出时的时角。在春分和秋分这两天，因为 $\delta = 0$，所以 $H_0 = \pm 90°$，就是说日出为早 6:00，日落为晚 6:00，昼夜平分，在任何纬度都是如此。

三、投射到建筑表面上的太阳辐射

(1) 方向余弦：

在图 3-6 中，以 OX 轴为正南方向。假定有 1 个单位的太阳射线（红色）投射到一个倾斜表面上，射线的方向余弦是：

$$x = \cos h \cos \alpha$$
$$y = \cos h \cos(90° - \alpha) = \cos h \sin \alpha$$
$$z = \cos(90° - h) = \sin h$$

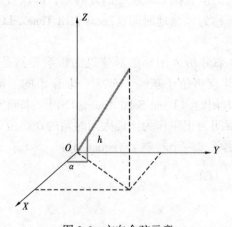
图 3-6 方向余弦示意

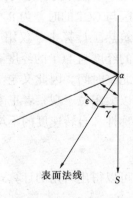
图 3-7 墙-太阳方位角

倾斜表面与 XY 坐标面的倾角是 θ，该表面的朝向（法线方向）与正南方成 γ 角，则这一表面的方向余弦是：

$$l = \sin\theta\cos\gamma$$
$$m = \sin\theta\sin\gamma$$
$$n = \cos\theta$$

太阳射线与倾斜表面法线之间的夹角——入射角的余弦，可以用射线的方向余弦与表面法线的方向余弦的点积来表示：

$$\cos I = \cos h \cos\alpha \sin\theta \cos\gamma + \cos h \sin\alpha \sin\theta \sin\gamma + \sin h \cos\theta$$
$$= \cos h \sin\theta(\cos\alpha\cos\gamma + \sin\alpha\sin\gamma) + \sin h \cos\theta$$
$$= \cos h \sin\theta \cos(\alpha - \gamma) + \sin h \cos\theta$$

α 是太阳方位角，γ 是倾斜表面法线方位角。令 $\alpha - \gamma = \xi$ 为墙－太阳方位角，如图 3-7 所示。因此可以得到入射角余弦为：

$$\cos I = \cos h \sin\theta \cos\xi + \sin h \cos\theta$$

对于水平面（平屋面、地面），$\theta = 0$，则

$$\cos I = \sin h$$

对于垂直面（墙面），$\theta = 90°$，则

$$\cos I = \cos h \cos\xi$$

由此可以得到投射到某个表面上的直射太阳辐射为：

$$I_{D\theta} = I_{DN} \cdot \cos I$$

（2）在计算建筑外遮阳时，还有一个角度十分重要，即日射投影角 P。在图 3-8 中，假定 OX 轴是墙体的法线方向。日射投影角就是太阳射线在 XZ 平面上的投影线与 OX 轴之间的夹角。假定日射单位为 1，由图 3-8 的三角关系中可以得到：

$$\text{tg}P = \frac{\sin h}{\cos h \cos\xi} = \frac{\text{tg}h}{\cos\xi}$$

有了日射投影角，读者可以很容易地得到计算一块外遮阳板投射在窗面上阴影面积的方法。

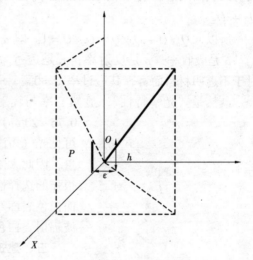

图 3-8　日射投影角

阴影实际上是遮挡了日射直射。但在阴影面积上仍然有日射散射。

建筑物的外表面所接受的散射有三部分，即天空辐射、地面反射和大气长波辐射。

水平面上所接受的天空辐射用 Berlage 公式计算：

$$I_{dH} = \frac{1}{2} I_0 \cdot \sin h \cdot \frac{1 - P^m}{1 - 1.4\ln P}$$

倾斜面上：

$$I_{d\theta} = I_{dH} \cdot \cos^2 \frac{\theta}{2}$$

垂直面的 $\theta = 90°$，所以垂直面所接受的天空辐射 $I_{dV} = \frac{1}{2} I_{dH}$。

地面反射：$I_{R\theta} = \rho_G \cdot I_H \cdot \left(\frac{1}{2} - \frac{1}{2}\cos\theta\right) = \rho_G \cdot I_H \cdot \left(1 - \cos^2\frac{\theta}{2}\right)$

垂直面的 $\theta = 90°$，所以垂直面所接受的地面反射为 $I_{RV} = \frac{1}{2}\rho_G \cdot I_H$

式中 ρ_G——地面反射率，一般混凝土路面 $\rho_G = 0.33 \sim 0.37$；城市地面 $\rho_G = 0.2$；草地 $\rho_G = 0.174 \sim 0.219$。

I_H——地面接受的太阳辐射，I_H = 地面接受的直射 + 地面接受的散射 = $I_{DH} + I_{dH}$

$$I_{DH} = I_{DN} \cdot \cos I = I_{DN} \cdot \sin h = I_o P^{\csc h} \cdot \sin h$$

因此可以推导出：$I_H = I_o \sin h \left(P^{\csc h} + 0.5 \cdot \dfrac{1 - P^{\csc h}}{1 - 1.4 \ln P} \right)$

进一步可以得到墙面所接受的太阳辐射。

直射：$I_{DW} = I_{DN} \cdot \cos h \cos \xi$；

散射：$I_{dW} = I_{dV} + \dfrac{1}{2} \rho_G (I_{DH} + I_{dH})$

四、日射的透过、吸收和反射

太阳辐射投射到任何建筑材料表面，都会有三种热过程，即吸收、反射和透过。因此投射到表面的总能量 Q 由吸收能量 Q_α、反射能量 Q_ρ 和透过能量 Q_τ 组成。即 $Q = Q_\alpha + Q_\rho + Q_\tau$。

所以，$Q_\alpha / Q + Q_\rho / Q + Q_\tau / Q = 1$。即 $\alpha + \rho + \tau = 1$。

α 是吸收率；ρ 是反射率；τ 是透过率。统称为材料的太阳光学特性，或"三率"。对于不透明材料而言，其透过率 $\tau = 0$。

既然是"光学特性"，显然三率与辐射光谱有关。在红外谱段（即热辐射，波长为 $0.76 \sim 20 \mu m$），吸收率就是材料的黑度。但由于太阳辐射中可见光（短波辐射，波长为 $0.38 \sim 0.76 \mu m$）占了一半的能量，因此太阳辐射吸收率并不等于黑度。颜色对可见光有很强的选择性。黑色表面对任何波长的辐射几乎全部吸收。而白色表面对可见光则几乎全部反射，但对 $5 \mu m$ 以上的长波辐射，白色表面和黑色表面的吸收率没有什么差别。

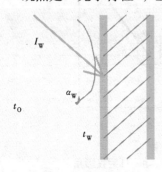

图 3-9 不透明围护结构外表面换热

五、建筑物不透明围护结构接受的热量

建筑物不透明围护结构外表面从周围环境所接受的热量分两个部分，如图 3-9 所示：

（1）由于墙体外表面与环境之间存在温度差，因此一部分换热以对流方式进行，即

$$Q_C = \alpha_W F (t_o - t_W)$$

式中 α_W——外表面与室外空气的对流换热系数，$W/(m^2 \cdot ℃)$，α_W 主要取决于室外风速；

t_o——室外空气温度，℃；

t_W——墙体外表面温度，℃；

F——墙体外表面积，m^2。

（2）墙体表面接受的太阳辐射。

$$Q_R = \alpha I_W F$$

式中 α——墙体表面日射吸收率。α 主要取决于墙体外表面的颜色和粗糙度；

I_W——墙体表面所接受的总太阳辐射，W/m^2，包括直射和散射。

因此，不透明围护结构外表面从周围环境所接受的总热量应是

$$Q = Q_C + Q_R = \alpha_W F(t_o - t_W) + \alpha I_W F$$
$$= \alpha_W F\left[\left(t_o + \frac{\alpha I_W}{\alpha_W}\right) - t_W\right]$$

如果我们观察一下式中括号内的 $\alpha I_W/\alpha_W$ 项，可以发现该项恰好是温度单位。设

$$t_{\text{sol-air}} = t_o + \frac{\alpha I_W}{\alpha_W}$$

称为室外空气综合温度（Sol-air temperature）。

室外空气综合温度是一个假想温度，假定围护结构外表面不受热辐射作用，而只在该温度下与室外环境进行对流换热，其所引起的围护结构外表面热流与实际情况（辐射加对流）下的热流相同。室外空气综合温度的应用使不透明围护结构的传热计算大大简化。

室外空气综合温度受多个因素影响。t_o 随一天中的时间变化，而 αI_W 则随一天中的时间、墙体朝向和表面颜色粗糙度变化。

六、太阳辐射得热

建筑物的半透明围护结构（玻璃窗）从室外环境所接受的热量分两个部分：

(1) 由于室内外温差引起的导热。由于玻璃材料热惯性小，可以按稳定传热计算：

$$Q_C = kF[t_o(n) - t_r(n)]$$

式中　k——窗的传热系数，W/（m²·℃），在英美文献中称为 U 值；

$t_o(n)$——n 时刻的室外空气温度，℃，注意，此处不能用室外空气综合温度；

$t_r(n)$——n 时刻的室温，℃，如果室内恒温，则 $t_r(n) = t_r$。

(2) 透过玻璃窗的太阳辐射得热（日射得热），如图 3-10 所示。

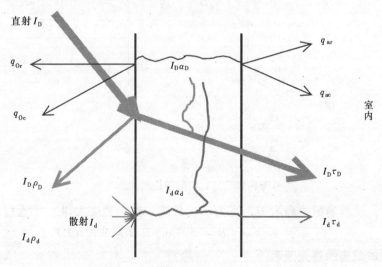

图 3-10　太阳辐射透过玻璃窗形成的得热

设玻璃的直射透过率为 τ_D、吸收率为 α_D、反射率为 ρ_D；散射透过率为 τ_d、吸收率为 α_d、反射率为 ρ_d。投射到玻璃窗表面的直射太阳辐射为 I_D、散射太阳辐射为 I_d。

从图 3-10 可以看出，投射到玻璃外表面上的太阳辐射 I_D 和 I_d，一部分被反射（$I_D\rho_D$ 和 $I_d\rho_d$），对室内没有影响。一部分被玻璃吸收（$I_D\alpha_D$ 和 $I_d\alpha_d$），这部分吸收的热量提高了玻璃温度，分别向室内外以对流（q_{oc} 和 q_{ac}）和长波辐射的方式（q_{or} 和 q_{ar}）放热，室外的部分（q_{oc} 和 q_{or}）对室内没有影响。因此，最终影响室内的热量是直射透过（$I_D\tau_D$）、散射透过（$I_d\tau_d$）、吸收后对室内的对流再放热（q_{ac}）以及吸收后对室内的长波辐射再放热（q_{ar}）。即透过的全部加上吸收的一部分形成室内日射得热（SHG，Solar Heat Gain）。

由于各种玻璃的材质和厚度不同，为简化计算，选取标准玻璃在无遮挡条件下的 SHG 作为标准的日射得热，记做 SSG。对其他玻璃则用修正方法。需要指出，各国选用的标准玻璃并不相同。我国是采用 3mm 普通玻璃做标准玻璃。而美国是用 5mm 双强度玻璃作为标准玻璃。但在实际工程中，可以忽略这种差别。

对不同厚度、不同品种的玻璃窗，可以用遮阳系数 SC 进行修正：

$$SC = \frac{某一窗系统在入射角为 0 时的日射得热}{标准玻璃在入射角为 0 时的日射得热}$$

显然，SC 是一个小于 1 的数值。SC 越小，窗的阻挡太阳辐射的功能越好。

当窗有外遮阳装置时，一部分（甚至全部）直射太阳辐射被外遮阳所遮挡。直射辐射只是通过阳光照射到的面积透过玻璃窗进入室内，而散射辐射则通过整个窗面积透过。

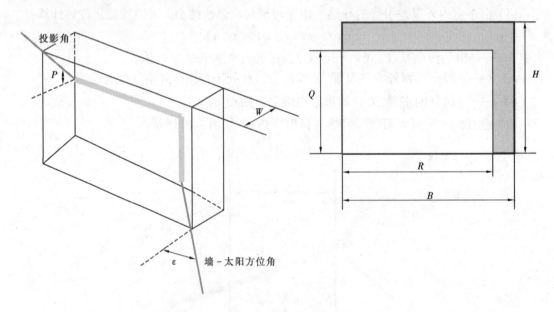

图 3-11 直射辐射的透光面积

如图 3-11，设玻璃窗的高为 H，宽为 B，外遮阳挑出宽度为 W。则直射透光面积为：

$$\chi_s = R \times Q = (B - W \cdot \text{tg}\gamma)(H - W \cdot \text{tg}P)$$

七、透过玻璃窗的昼光照明

如前所述，到达地球大气层外表面的太阳辐射能量可以用太阳常数表示。太阳辐射能量中的可见光部分可以用太阳照度表示。太阳照度的年平均值为 $E_o = 133.8$klx。

与太阳辐射的计算相同，到达地平面的直射日光照度为：

$$E_{DH} = E_{Dn} \cdot \sin h = E_o e^{-km} \cdot \sin h = E_o e^{-k \cdot \csc h} \cdot \sin h$$

假定日射对垂直面的入射角为 I，则垂直面上的直射日光照度为：

$$E_{DV} = E_o e^{-k \cdot \csc h} \cdot \cos I = E_o e^{-k \cdot \csc h} \cos h \cdot \cos \xi$$

这里，各种角度的意义与前述相同。

由散射对水平面产生的照度可用下式计算：

$$E_{dH} = A + B(\sin h)^C$$

式中 A——日出和日落时的照度，klx；

B——太阳高度角照度系数，klx；

C——太阳高度角照度指数。

A、B、C 的取值见表3-4：

散射昼光照度计算参数　　　　　　　　　　　表3-4

天空状况	A	B	C
晴天	0.80	15.5	0.5
多云	0.30	45.0	1.0
阴天	0.30	21.0	1.0

日照通过玻璃窗进入室内，同样也有"三率"问题。不过对昼光照明而言，重要的是窗的透过率。由于辐射频谱不同，同一种玻璃的可见光透过率与日射透过率不尽相同。表3-5为几种常见窗玻璃的太阳光学性能。

几种常用窗玻璃的太阳光学性能　　　　　　　　表3-5

玻璃种类	可见光		太阳辐射热				传热系数
	透过率	反射率	反射率	吸收率	直射透过率	总透过率	(W/m²·K)
透明玻璃							
单层	0.87	—	0.07	0.13	0.80	0.84	5.6
双层	0.76	—	0.12	0.24	0.64	0.73	3.0
吸热玻璃							
茶色	0.50	—	0.05	0.51	0.44	0.60	5.6
灰色	0.40	—	0.05	0.51	0.44	0.60	5.6
热反射玻璃							
茶色	0.33	0.34	0.29	0.38	0.33	0.45	5.6
绿色	0.50	0.35	0.29	0.40	0.31	0.43	5.6

由于太阳辐射中的能量有一半集中在可见光频段，造成了建筑半透明围护结构选择上的"两难"：要充分利用可见光实现室内昼光照明，减少电气照明能耗，就会同时带来更多的日射得热，增加空调能耗；而选择太阳热辐射透过率低的窗玻璃，同时也会减少可见光昼光照明，增加电气照明能耗，照明散热量又会加大空调负荷。

第三节　建　筑　热　过　程

从建筑能效管理的视角看，我们完全可以将建筑物当作一个物理系统（System）。系统本来是电子技术范畴的概念。在电子技术中，信号是运载信息的工具（如变化的电压、电流等），电路是对信号进行某种加工处理的具体结构，系统是信号所通过的全部线路。如果举一个形象的比喻,信号相当于火车车厢、电路相当于铁轨,而系统就是指铁路。我们可以把建筑物当作一个系统,把外扰和内扰当作系统的输入,把对室内环境的影响当作系统的输出。而输入和输出之间有一定的规律。如图 3-12 所示。物理规律又有很多是相通的,如温度变化可以等同于电压变化、热流可以等同于电流,等等。对于建筑能效管理者来说,重要的是要关心输出,即对室内环境的影响。而对建筑物系统可以把它当成一个"黑箱(Black Box)",只要掌握它的变化规律,没有必要深入探讨其复杂的数学描述。

图 3-12 系统概念

在我国的条件下,大部分建筑结构都是用"厚重"的材料建成。从热力学可知,某一材料蓄热性能可以用下式表示:

$$cW = c\gamma v \quad (kJ/K)$$

式中 c——材料的质量比热,$kJ/(kg \cdot K)$;

W——材料的重量,kg;

γ——材料的干密度,kg/m^3;

v——材料的体积,m^3。

如果有一个 $\Delta\theta$ 的温度变化,材料蓄热量为:

$$cW\Delta\theta = c\gamma v \cdot \Delta\theta \quad (kJ)$$

如果材料一侧的半无限大表面受到一个温度变化周期为 24 小时的扰量影响(例如墙体外表面受室外气温变化的影响),可以用材料蓄热系数来表示:

$$s_{24} = 0.51\sqrt{\lambda c \gamma} \quad [W/(m^2 \cdot K)]$$

式中 λ——材料的导热系数,$W/(m \cdot K)$。

蓄热系数是表示材料直接受到热作用的一侧表面对谐波热作用敏感性大小的特征值。蓄热系数越大,在同样的谐波热作用下其表面温度波动越小。也就是说材料吸收热量的能力越小。表 3-6 给出了部分常用建筑材料的热工性能。

部分建筑材料的热工性能 表 3-6

材 料	密 度	导热系数	蓄热系数	比 热
钢筋混凝土	2500	1.74	17.2	0.92
黏土砖砌体	1800	0.76	9.86	1.05
水泥膨胀珍珠岩	800	0.26	4.16	1.17
胶合板	600	0.17	4.36	2.51
纤维板	600	0.23	5.04	2.51
石膏板	1050	0.33	5.08	1.05

续表

材　料	密　度	导热系数	蓄热系数	比　热
聚氨酯泡沫塑料	50	0.037	0.43	1.38
平板玻璃	2500	0.76	10.69	840
建筑钢材	7850	58.2	126.1	480

由于建筑材料的蓄热特性，使得建筑围护结构（或室内家具）在热作用下的热过程完全像一个阻容电路。电容（热容）的冲放电过程使得系统对外扰的响应在时间上有延迟，在幅度上有衰减。

在图 3-13 中，假定有一个导热系数为 λ 的墙体，在某一时刻外墙表面受到一个单位温差（$\Delta\theta = 1$）的作用。如果墙体是用完全没有蓄热性的材料制成，则在同一时刻会在内

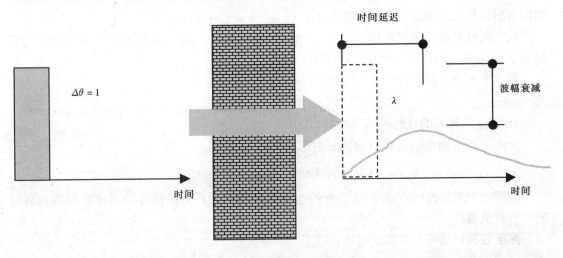

图 3-13　墙体蓄热作用原理图

壁面上产生一个大小为 λ 的热流。因为墙体材料有蓄热性，在单位温差作用下先蓄热（相当于电容充电），再缓慢向内壁面放热。其高峰值要经过一段时间后才出现，其热流幅度也有所减小。但能量守恒，输入的矩形面积应当等于输出端曲线下的面积。就是说，如果没有新的扰量，墙体蓄存的热量在经过相当长时间后将会全部释放到内侧，达到新的平衡，即室内外的温度最终趋同。如果把扰量换成热流（例如太阳辐射），也有同样的变化规律。我们把某一瞬间进入室内的热量称为得热量，把维持房间在某一恒定温度而需要除去的热量称为负荷，根据蓄放热的规律可以知道，当得热量为最大时，负荷不一定最大。最大负荷会在最大得热量出现几个小时之后才出现。

在建筑围护结构内表面存在这样几股热流：

（1）室内外温差通过墙体引起的导热热流；

（2）与室内其他温度不同的表面之间的相互辐射；

（3）直接接受的辐射，例如通过窗投射到围护结构内壁面的太阳辐射、照明和设备的辐射（荧光灯散发的热量中 50% 是辐射成分、白炽灯散发的热量中 80% 是辐射成分）；

（4）与室内空气的对流换热。

所有的得热最终都应该以对流形式变成负荷。为了处理复杂的辐射换热过程，在工程

实际中可以将其预先处理，得到一些简化的系数。

对不透明围护结构，可以假想在 n 时刻有一个温度 $t_L(n)$，对一个传热系数为 K 的墙体来说，有：

$$CL(n) = KF[t_L(n) - t_R]$$

式中　　t_R——室内设定温度。

假定 $t_R = 0$，$F = 1\text{m}^2$（单位面积），则 $CL(n) = K \cdot t_L(n)$，所以 $t_L(n) = CL(n)/K$，称为冷负荷温度。

如果 $t_R \neq 0$，则有 $CLTD = t_L(n) - t_R$，称为冷负荷温差。

与稳定传热不同的是，$t_L(n)$（或 CLTD）随时间、朝向和所在地区变化。因此，$t_L(n)$（或 CLTD）须预先针对不同墙体计算出来。在具体应用时可以查阅有关设计手册。

对日射得热，可以取各地区每月 21 日各小时、各朝向的日射数据，得到通过标准玻璃的日射得热，称为日射得热因数 SHGF (Solar Heat Gain Factor)。

因为标准玻璃的遮阳系数 $SC = 1$，一般玻璃的 $SC < 1$，设一般玻璃在 n 时刻的日射得热为 $SHG(n)$，则有 $SC = SHG(n)/SHGF(n)$。

定义窗的冷负荷系数 CLF (Cooling Load Factor)：

$$CLF(n) = CL(n)/SHGF_{max}$$

$SHGF_{max}$ 是最大的日射得热因数。

因此，在 n 时刻透过任意窗的日射形成的冷负荷为：

$$CL(n) = F \cdot SC \cdot SHGF_{max} \cdot CLF(n)$$

同样须预先算好 $CLF(n)$，只要查到当地某月的最大日射得热因数，便可以得到各时刻的日射负荷。

照明装置的功率与照度成正比：

$$W = K_W E = \frac{bc}{\eta k} \cdot E$$

式中　　W——耗电功率，W；

　　　　E——照度，lx；

　　　　η——照明效率，lm；

　　　　k——照明利用率；

　　　　c——灯具老化引起发光强度减弱的系数；

　　　　b——镇流器损失系数。

系数的取值见表 3-7。图 3-14 为照明负荷的形成原理。

照度与功率转换的系数　　　　表 3-7

	k_W			η (%)	c	b
	间接照明	全漫射	直接照明			
荧光灯	0.2	0.1	0.05	60~70	1.5~1.8	1.15~1.25
白炽灯	0.5	0.3	0.1	10~30	1.1~1.3	1.0
k	0.1~0.2	0.3~0.4	0.5~0.6			

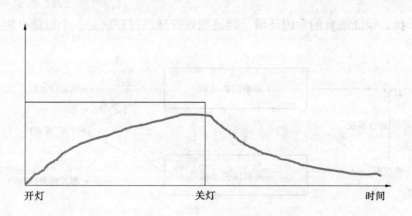

图 3-14 照明负荷的形成原理

照明设备的能量分配　　　表 3-8

	150W 白炽灯	40W 荧光灯
可见光	10%	18%
紫外、红外辐射	70%	31%
镇流器损失		18%
对流散热	20%	33%

由表 3-8 可以看出，照明发热量有对流和辐射两部分。因此，照明也有负荷系数用来表示开灯后每小时所形成的负荷。如果 24 小时开灯，则负荷系数为 1，即照明功率全部转化为负荷。

在现代智能化办公楼中有许多办公设备，因此在智能化办公楼里设备负荷很大。但设备负荷的大小与使用情况及设备的辐射比例有关。可以参考下面美国研究人员得到的相关数据（表 3-9、图 3-15）：

办公设备的平均耗电　　　表 3-9

办公设备种类	平均每小时用电（W）	办公设备种类	平均每小时用电（W）
PC 电脑	80	点阵打印机	20
彩色显示器	80	小型复印机（待机）	60
单色显示器	50	小型复印机（复印）	1500
激光打印机（待机）	50	传真机（待机）	20
激光打印机（打印）	180	传真机（工作）	100

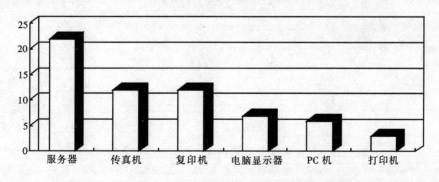

图 3-15 办公设备在每个工作日的平均开启小时数

总结本章的内容，可以看出，由于建筑材料的蓄热性，带来建筑热过程的复杂性。但最终所有热量都是以对流形式形成负荷，由室内空调设备除去。室内环境系统消耗能量，抵御外界干扰，保证适宜的室内环境。建筑能效管理的过程就是一个以最小能耗代价抗干扰的过程。

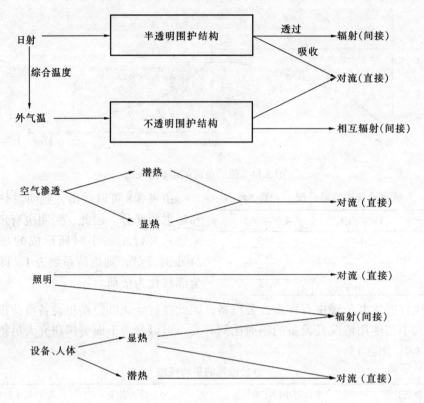

第四章 建筑能耗分析

掌握建筑能源系统的长时间运行能耗数据是建筑能效管理的基础。如果一位管理者对自己管理的建筑应该需要多少热量和冷量以及实际能耗是否合理完全心中无数,那他就不能算是称职的。但要正确计算出建筑物在一定时期(例如一年)内的能源需求量又是十分困难的。因为建筑物在使用过程中有许多不可预知的情况,影响能耗的因素也十分复杂,难以准确地把握。管理者可以利用过去运行的经验来估计未来的能耗。但必须具备以下条件:

(1) 有详细的运行记录和能耗数据;
(2) 对以往运行作分析。

如果没有这些条件,可以用一些简单的估算方法或计算机模拟的方法进行能耗分析。本章将介绍几种常用的方法。

第一节 建筑能源装机容量估算

建筑暖通空调系统能耗分析可以分成三个层次:

(1) 设计负荷(即装机冷热量)的估算。在建筑物调试交工之前,物业管理者应对本工程项目作前期介入。装机冷热量估算的目的是检验设计的系统能否满足建筑物的冷热量需求。建筑所配置的空调采暖系统必须满足最大负荷出现时的需求,即满足最热或最冷日的冷热量需求。

(2) 运行负荷(即全年或整个空调季的冷热量需求)的估算。在建筑物日常运营中,能源费用是最大的开支。管理者必须了解建筑物全年冷热量需求,以便分析其中的节能节支潜力。

(3) 预测负荷的估算。在设计或在做节能改造时,必须掌握所选用的系统或所采用的节能措施是否有效。

建筑暖通空调系统装机冷热量和电力装机量的估算(即最初步的能耗分析),可以采用简单的负荷指标方法,也可以采用考虑建筑和运行特点的负荷估算方法。

一、负荷指标方法

负荷指标方法是用单位建筑面积的冷热量作为估算指标。它是最简单、但也是最粗糙的方法。可以将已建大楼的统计数据作为指标。因为影响建筑负荷的因素很复杂,各种建筑的功能、建筑形式、使用方式有很大差别,因此这种负荷指标只能作为参考。

在上海 200 幢高层建筑中的调研结果表明,平均装机冷量为 127W/m^2。这 200 幢高层建筑的用途分布见图 4-1。

与日本的情况相比,在东京 213 幢高层建筑中的调查结果表明,空调平均装机冷量为 112.8W/m^2。就是说,上海的平均空调装机冷量比东京要大 12.6%。

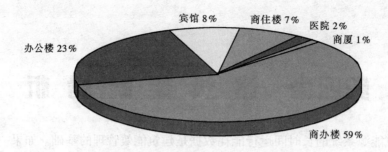

图 4-1 上海 200 幢高层建筑用途分布

上海的高层建筑空调装机冷量根据建筑面积的大小也有所不同。图 4-2 是分建筑面积的空调装机冷量统计。

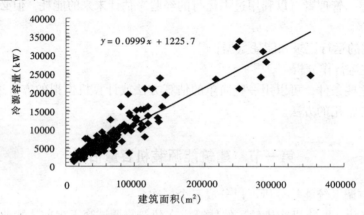

图 4-2 建筑面积与冷源冷量的关系

从图 4-3 可以发现，建筑面积越大，单位面积空调冷量越小。这是因为大面积的高层建筑中各部分空调使用情况差异很大，也就是说有较大的负荷参差率，高峰冷量并不是将各部分和各房间的高峰负荷简单地叠加。大面积高层建筑投资额较大，因此对围护结构的

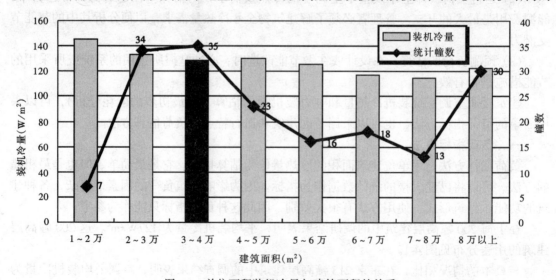

图 4-3 单位面积装机冷量与建筑面积的关系

选材比较讲究，除了注重外观外也考虑其热特性，这也能在一定程度上减小空调装机冷量。

日本《空气调和·卫生工学便览》给出各种建筑冷热源设备装机容量的参考值，见表4-1。

冷热源装机容量参考值　　　　　　　　　　　　　　　　　　　　　表4-1

建筑类型		冷源设备（W）	热源设备（W）	备　注
办公楼	多层	$R = 105.5A + 17585$	$R = 112.2A + 225860$	
	高层	$R = 103.1A + 474795$	$R = 79.4A + 1453750$	
旅馆、酒店		$R = 83.4A + 140680$	$R = 204A + 360530$	包括生活热水、厨房用热
医院		$R = 111.1A + 105510$	$R = 313.4A$	包括生活热水、洗衣、消毒、厨房用热
商店		$R = 165A + 175850$	$R = 91.6A + 697800$	

注：R 为冷热源容量（W），A 为建筑面积。

同样，可以根据建筑物用途、功能确定单位面积的电力设备容量（变压器容量），见表4-2、表4-3。

各种建筑物电力设备容量　　　　　　　　　　　　　　　　　　　　表4-2

建筑物类别	照明及插座容量（VA/m²）	动力容量（VA/m²）	合　计
办公楼	30～35	65～80	95～115
医院	20～40	70～100	90～140
剧院	30～35	70～80	100～115
学校	15～20	10～15	25～35
旅馆	15～30	40～90	55～120
百货商店	35～40	70～85	105～125
公共住宅	20～30	15～20	35～50

在商用建筑的电力负荷中，空调负荷占40%～50%，照明负荷占30%～35%，动力负荷（包括给水排水和电梯）占20%～25%。因此，电力容量的大小与所用冷热源形式有关。

办公楼变电设备容量　　　　　　　　　　　　　　　　　　　　　　表4-3

建筑面积（m²）	照明容量（VA/m²）	动力容量（空调制冷机形式）(VA/m²)			
		吸收式	往复式	离　心　式	
				制冷机以外的低压动力	制冷机的高压动力
500～1000	35	—	80	—	
1000～2250	35	—	75		
2250～4500	32	38	70	28	40
4500～10000	30	35	—	28	37

表4-2和表4-3的数据是20世纪80年代的数据。近年来我国经济高速增长，用电设备增加，在经济比较发达的中心城市，可以参考表4-4广东省的专家根据多年对广东各地供用电情况的统计和分析，按广东的经济发展状况和用电需求所推荐的各类建筑综合用电指标。需要强调的是，用电指标与经济发展、科技进步和人民生活水平有密切关系。管理者一定要根据自身特点，恰如其分地选取指标。

广东省推荐用电指标　　　　　表4-4

建筑分类	用电指标（W/m²）			备注
	低	中	高	
高级住宅、别墅	60	70	80	装设全空调、电热、电灶等家电，家庭全电气化
中级住宅	50	60	70	客厅、卧室均装空调，家电较多，家庭基本电气化
普通住宅	30	40	50	部分房间有空调，有主要家电的一般家庭
行政、办公	50	65	80	党政、企事业机关办公楼和一般写字楼
商业、金融、服务业	60~70	80~100	120~150	商业、金融业、服务业、旅馆业、高级市场、高级写字楼
文化、娱乐	50	70	100	新闻、出版、文艺、影剧院、广播、电视楼、书展、娱乐设施等
体育	30	50	80	体育场、馆和体育训练基地
医疗卫生	50	65	80	医疗、卫生、保健、康复中心、急救中心、防疫站等
科教	45	65	80	高校、中专、技校、科研机构、科技园、勘测设计机构
文物古迹	20	30	40	
机场、航站	40	60	80	
其他公共建筑	10	20	30	宗教活动场所和社会福利院等

根据电力部门规定，凡一个单位在同一受电范围内使用的用电设备，其总装接容量在100kW（kVA）及以上者为大用电客户。因此管理者应正确估计建筑电力负荷，与电力公司签订供电合同（见表4-5）。如果超出合同供电，超过部分要缴纳以倍数计的电费。

合同电力与建筑面积的关系　表4-5

建筑类型	合同电力
办公楼	$P = 0.066A$
旅馆	$P = 0.04A + 100 (A \leq 20000)$ $P = 0.06A - 300 (A > 20000)$
医院	$P = 0.043A + 250$

注：P是合同电力（kW），A是建筑面积（m²）。

二、考虑建筑和运行特点的空调负荷估算方法

在作空调负荷估算时，应考虑到影响办公楼空调最大负荷的因素：建筑朝向、窗面积、外围护结构隔热保温、有无外遮檐、楼层位置、房间进深、新风量和设计室温等。日本空气调和卫生工学会对这些影响因素各设定2~4个基准值，用正交法构成64个计算对象，用日本东京的平均气象年参数作全年动态负荷计算，按不保证率为2.5%求出各计算对象的最大冷（热）负荷。假定供冷期为6月~9月、采暖期为12月~3月，然后对计算结果进行方差分析，从5%显著性因素中得出实用的负荷计算指标。再把在室人员发热量、照明和设备发热量等因素用正交法计算得到内部负荷，作为修正值加进冷负荷计算

表中。

基本设计条件见表4-6和表4-7。

计算对象办公楼的建筑和使用条件　　　　　　　　　　　　　　　表4-6

建筑构造	钢筋混凝土构造，外壁幕墙
层高	3.75m
吊顶高	2.55m
最上层屋顶传热系数	0.53W/$(m^2 \cdot ℃)$（0.46kcal/$m^2 \cdot h \cdot ℃$）
百叶窗	夜间关闭，白天根据透过日射量大小调整叶片角度和开闭
渗透风	按周边区容积取0.2次/h的换气量
家具热容量	4.2Wh/$(m^3 \cdot ℃)$（3.6kcal/$m^3 ℃$）
采暖时内部发热量	取夏季照明机器发热量25W/m^2和人员密度0.2人/m^2时发热量之和的25%，从采暖负荷中减去

对象办公楼基本设计条件　　　　　　　　　　　　　　　　　表4-7

建筑物条件		室内设计条件	
房间进深	12m	室内温湿度	
周边区进深	5m	供冷	26℃，50%
地区	东京		
基准外围护结构		供暖	22℃，50%
窗面积率	45%	新风量	4m^3/$(m^2 \cdot h)$
外遮檐	无		
楼层位置	中间层	内部发热量	
隔热条件	单层玻璃	照明机器发热	25W/m^2
外壁传热系数	1.6W/$(m^2 \cdot ℃)$	在室人员数	0.2人/m^2
空　调　条　件			
空调方式	• 周边区空调机，内区空调机 • 各空调机处理各区域的房间负荷和新风负荷		
运行方式	• 间歇空调。平日8～18时运行，星期六8～13时半日运行，星期日和节假日停止运行 • 预热预冷1h（8～9时），预热预冷时关闭新风 • 不使用全热交换器		

在不符合基本条件的场合，求出的最大热负荷要进行修正。

在表4-6和表4-7的条件下，最大冷热负荷可用下式计算：

$$q = q_o + \Sigma \Delta q_k \tag{4-1}$$

式中　q——周边区或内区最大冷热负荷，W/m^2；

q_o——基准冷热负荷，W/m^2；

Δq_k——因素k的修正冷热负荷，W/m^2。

q_o是供冷时南向房间、供热时北向房间在基准设计条件下的最大冷热负荷，包括新风负荷。

Δq_k是基准条件以外的修正值。表4-8和表4-9给出供冷用和供热用的q_o和Δq_k值。

该值为全热热量。按全年计算，建筑物负荷超过该值的危险率为2.5%。

供冷用基准冷负荷 q_0 和修正冷负荷 Δq_k　　　　　　表 4-8

基准冷负荷 q_0 (W/m²)					周边区供冷				内区供冷	
					136				92	
	外遮阳	窗面积率	窗主朝向		修正值				修正值	
修正负荷 Δq_k	无	30%	南	西 北 东	-12	-14	-40	-20		
		45%	南	西 北 东	0	2	-32	-7		
		60%	南	西 北 东	13	18	-24	-7	—	
	有	30%	南	西 北 东	-45	-32	-42	-42		
		45%	南	西 北 东	-37	-21	-39	-33		
		60%	南	西 北 东	-29	-10	-37	-25		
	照明设备发热 (W/m²)	25		50	0		29		0	29
	在室人员 (p/m²)	0.1		0.2	-12		0		-12	0
	新风量 [m³/(h·m²)]	2		4	-11		0		-12	0
	设定室温 (℃)	26		28	0		-13		0	-10

供热用基准热负荷 q_0 和修正热负荷 Δq_k　　　　　　表 4-9

基准热负荷 q_0 (W/m²)						周边区采暖			内区采暖			
						125			93			
						修正值			修正值			
修正负荷 Δq_k	窗主朝向	南	西	北	东	-18	-3	0	-13	—			
	外围护结构	大	中	小		-14	0	14	-8	0	8		
	楼层	中间层	顶层			0	14		0	17			
	房间进深	8	12	16	20	12	0	-7	-12	23	0	-11	-18
	新风量 [m³/(h·m²)]	2		4		-16	0		-16	0			
	设定室温 (℃)	20		22		-16	0		-13	0			

在表 4-8 和表 4-9 中：

(1) 表中外围护结构隔热的大、中、小，是指表 4-10 所给出的传热系数。根据窗墙比的不同取不同的值。根据传热系数的值进行内插或外插取修正负荷。

(2) 外遮阳板挑出 1m。

(3) 房间进深指从外围护结构到内区隔墙的距离。而楼角房间则由下式求出当量进深：

$$房间当量进深 = \frac{地板面积}{外壁长度}$$

(4) 在作修正时，如果朝向、窗面积率、照明机器发热、在室人员数、房间进深、新风量和室温等数值与表中数据不同可以用内外插值。

除了表 4-8 和表 4-9 中的修正之外，还应根据空调分区情况和预热时间等作其他修正。

隔热水准和外壁传热系数 [W/(m²·℃)]　　　　　　　　　表 4-10

隔热水准		大	中	小
单层玻璃	窗 30%	1.0	2.3	3.7
	窗 45%	—	1.6	3.3
	窗 60%	—	0.4	2.8
双层玻璃	窗 30%	1.9	3.2	4.5
	窗 45%	1.6	3.3	5.0
	窗 60%	1.1	3.4	5.7

空调不分区时，用下式作修正：

$$Q' = q_p \cdot A_p + q_i \cdot A_i$$

式中　Q'——空调不分区时的最大热负荷，W；

　　　q_p，q_i——由式（4-1）计算得到的周边区、内区的最大负荷，W/m²；

　　　A_p——由窗开始进深 5m 的假想周边区地板面积，m²；

　　　A_i——假想周边区以外的房间地板面积，m²。

周边区空调机主要承担围护结构负荷时，用以下两式作修正：

采暖用：$Q' = 5 \times (q_{pn} - q_i) \cdot l_p$

供冷用：$Q' = [5 \times (q_p - q_i) + 20] \cdot l_p$

式中　Q'——主要承担围护结构负荷的周边区空调设备的最大冷热负荷，W；

　　　q_{pn}——按式（4-1）计算得到的北向周边区最大热负荷，W/m²；

　　　q_p，q_i——由式（4-1）计算得到的周边区、内区的最大冷热负荷，W/m²；

　　　l_p——外墙长度，m。

如果预热预冷时间不是 1 小时，则由上述方法得到的最大冷热负荷须乘以表 4-11 中的修正系数。

预热时间的修正系数　　　　　　　　　表 4-11

预热时间	30 分	1 小时	1.5 小时	2 小时	3 小时
修正系数	1.22	1.0	0.91	0.85	0.77

如果空调系统中采用全热交换器，则根据全热交换器的热回收效率，相应扣减新风量的比例。

对银行、百货商店、超级市场、旅馆、餐厅、酒吧、公民会馆、图书馆、医院、剧场等其他公共和商用建筑，也设定了一些统一的计算条件，见表 4-12。

考虑到各种建筑物的不同用途，收集了一些建筑实例并进行统计分析，取各种建筑物的平均值。与办公楼相同，在采暖计算时只考虑供冷条件下内部发热量的 25%，其余作为安全因素。

(1) 银行

设银行营业室的窗面积率为 70%。在营业室内，因为有点钞机、自动取款机等设备，因此取照明设备发热负荷为 50W/m²。银行的接待室是为顾客服务的重要房间，其照明以白炽灯为主，取 30W/m²，在室人员数取 0.2 人/m²。渗透风量在营业室取为 5.25m³/

（m²·h），接待室取为 1.35m³/（m²·h）。

公共和商用建筑统一的基准设计条件 表 4-12

建筑条件		
地区	东京	
外围护结构隔热条件	屋顶、外墙均有 25mm 泡沫塑料隔热	
室内条件		
室内温湿度	供冷	26℃，50%；旅馆、酒吧为 25℃，50%
	采暖	22℃，50%；百货、超市为 20℃，50% 旅馆客房为 23℃，50%
空调条件		
运行方式	旅馆客房、医院为终日空调，其余为间歇空调。间歇空调预冷热 1 小时，银行、公民会馆、图书馆预冷热 2 小时	
	不使用全热交换器	

(2) 百货商店

百货商店的一层兼作主要入口，人流较大，因此在室人员数设为 0.8 人/（m²·h）。一层的沿街店面又有展示窗口的作用，因此窗面积较大，取窗面积率为 60%。由于窗面积大，室内外照度相差悬殊，从室外看室内显得较昏暗，所以把一层照度提得很高。一层的照明负荷取为 80W/m²。按照规范要求新风量应为 20m³/（h·人），但因人员密度很大，所以新风负荷变得非常之大。简易计算方法中取了 10m³/（h·人）。专卖店的人员密度取 1 人/m²。一层商场渗透风取为 8m³/（m²·h），专卖店和其他楼层商场取为 1.75m³/（m²·h）。

(3) 超级市场

此处的超级市场是指在居民区中很普遍的购物超市，营业时间很长。建筑立面多为玻璃面，窗面积率取为 70%。这种超市中往往有开放式的货架冷柜，其冷量散放出来，能消减夏季冷负荷，增加冬季热负荷。因此在供冷负荷中减去 35W/m²，采暖负荷中增加 21W/m²（18kcal/m²·h）。食品和服装商场的渗透风取 1.5m³/（m²·h）。

(4) 酒店旅馆

旅馆宴会厅的人员数是按照自助餐或鸡尾酒会的形式考虑，取为 1 人/m²，照明负荷取为 80W/m²。标准客房是双人间。宴会厅无渗透风，客房为 1.25m³/（m²·h）。

(5) 餐厅或饮食店

考虑为观光饭店，因此窗面积较大。照明以白炽灯为主，照明负荷取为 40W/m²，渗透风取 1.5m³/（m²·h）。

(6) 社区活动中心

具有日本特色的公民会馆近年来在我国城市的街道和社区也开始出现。简易计算方法中主要考虑公民会馆研修室的讲习会形式（例如社区大学、老年大学、科普讲座等）。渗透风取 1.5m³/（m²·h）。

(7) 图书馆

主要指小型的开架图书馆，书库和阅览室是一体的，窗也比较大。照明负荷取

30W/m², 渗透风取 1.5m³/（m²·h）。

（8）医院

考虑为 6 床的病室。负荷中已包括新风负荷。渗透风取 1.25m³/（m²·h）。

（9）剧场

演出用的照明一般应作单独排热处理，因此照明负荷取 25W/m²。人员密度取 1.5 人/m²。简易计算方法中并未考虑空调再热负荷。为使计算偏于安全而将大厅（前厅）取了较大的玻璃面。观众厅无渗透风，大厅渗透风量取 2m³/（m²·h）。

由此可以得到公共建筑和商用建筑的单位面积冷热负荷估算值，见表 4-13。

不同用途的公共和商用建筑单位面积冷热负荷估算值　　表 4-13

建筑种类		冷热负荷（W/m²）		室内冷热负荷条件			
		供冷	采暖	照明（包括OA）（W/m²）	在室人员（人/m²）	新风量[m³/（m²·h）]	渗透风（次/h）
银行	营业室	242	220	50	0.3	6	1.5
	接待室	179	184	30	0.2	4	0.5
百货商店	一层商场	355	246	80	0.8	8	2.0
	专卖店	307	161	60	1.0	10	0.5
	商场	217	137	60	0.4	8	0.5
超级市场	食品	212	195	60	0.6	6	0.5
	服装	215	167	60	0.3	6	0.5
旅馆	宴会厅	449	312	80	1.0	20	0
	客房 南向	127	207	20	0.12	6	0.5
	客房 西向	131	207	20	0.12	6	0.5
	客房 北向	125	207	20	0.12	6	0.5
	客房 东向	130	207	20	0.12	6	0.5
饮食店	餐厅	286	228	40	0.6	12	0.5
社区中心	学习室	233	228	20	0.5	10	0.5
图书馆	阅览室	143	125	30	0.2	4	0.5
医院 病室 6床	南向	91	112	15	0.2	4	0.5
	西向	110	112	15	0.2	4	0.5
	北向	79	112	15	0.2	4	0.5
	东向	96	112	15	0.2	4	0.5
剧场	观众厅	512	506	25	1.5	30	0
	大厅	237	219	30	0.3	6	0.5

对不同的隔热方式可将表 4-13 得到的最大冷热负荷乘以表 4-14 中的修正系数。

表 4-15 给出了不同用途建筑物在表 4-13 中新风量下的新风负荷。如果实际设计中的新风量与表 4-13 中所给的新风量不符，则应根据表 4-15 中的新风负荷进行修正。如果采用全热交换器，则应根据全热交换器的热回收效率在新风负荷中减去相应的比例。如果在

预冷热时关断新风，须将采暖的最大热负荷乘以 0.9 的系数。

围护结构隔热性能的修正系数　　　　　　　　　　　　　　　　　　表 4-14

	50mm 泡沫塑料隔热		无 隔 热	
	屋顶	仅外墙	屋顶	仅外墙
供 冷	1.0	1.0	1.2	1.1
采 暖	0.95	1.0	1.3	1.2

不同用途建筑物的新风负荷　　　　　　　　　　　　　　　　　　　表 4-15

房间种类		新风负荷（W/m^2）		新风量 [m^3/(m^2·h)]
		供 冷	采 暖	
银 行	营业室	72	90	6
	接待室	48	59	4
百货商店	一层商场	97	107	8
	专卖店	121	134	10
	商场	97	107	8
超级市场	食品	72	80	6
	服装	72	80	6
旅 馆	宴会厅	260	299	20
	客房	78	90	6
饮食店	餐厅	144	179	12
社区中心	学习室	121	149	10
图书馆	阅览室	48	59	4
医院	病室	48	59	4
剧 场	观众厅	362	448	30
	大厅	78	90	6

照明增减时照明负荷的修正　　表 4-16

	照明密度增减	负荷增减
供冷时	±10W/m^2	±12W/m^2
采暖时	−10W/m^2 照明密度增加时不修正	+2W/m^2

人员密度增减时人体发热量修正　　表 4-17

	人员密度增减	负荷增减
供冷时	±0.1 人/m^2	±12W/m^2 [±10kcal/(m^2·h)]
采暖时	−0.1 人/m^2 人员密度增加时不修正	+2W/m^2 [+2kcal/(m^2·h)]

　　渗透风的变化部分，按空调面积折算成新风量，用表 4-15 修正。照明增减及人员密度增减时，用表 4-16、表 4-17 修正。

　　上述计算方法是根据日本东京的气象参数做成的，我国的建筑管理者在使用时，要根据我国各地的气象参数对所得到的最大热负荷作修正。根据我国《采暖通风与空气调节设计规范》（GBJ 19—87）中的气象参数，可以得出我国各主要城市的地区修正系数（见表

4-18 和表 4-19)。由上述简易计算方法得到的最大冷热负荷须乘以表 4-18 和表 4-19 中的地区修正系数。

我国各地区供冷负荷修正系数　　　　　　　表 4-18

地　点	北京	天津	石家庄	太原	沈阳	大连	长春	哈尔滨	上海
室温 25℃	1.01	0.99	1.04	0.95	0.94	0.90	0.90	0.91	1.07
室温 26℃	1.01	0.99	1.04	0.95	0.94	0.90	0.90	0.90	1.07
地　点	南京	杭州	合肥	福州	南昌	济南	青岛	南宁	郑州	武汉
室温 25℃	1.09	1.09	1.10	1.12	1.14	1.08	0.97	1.05	1.06	1.14
室温 26℃	1.09	1.10	1.10	1.12	1.15	1.08	0.97	1.05	1.07	1.14
地　点	厦门	长沙	广州	海口	成都	重庆	贵阳	昆明	拉萨	西安
室温 25℃	1.10	1.14	1.07	1.11	0.96	1.08	0.96	0.87	0.83	1.06
室温 26℃	1.11	1.15	1.07	1.12	0.96	1.08	0.96	0.87	0.83	1.06
地　点	兰州	西宁	银川	乌鲁木齐	台北	香港	呼和浩特
室温 25℃	0.98	0.88	0.94	1.06	1.12	1.11	0.96
室温 26℃	0.97	0.88	0.94	1.07	1.12	1.12	0.95

我国各地区采暖负荷修正系数　　　　　　　表 4-19

地　点	北京	天津	石家庄	太原	沈阳	大连	长春	哈尔滨	上海
室温 22℃	1.62	1.57	1.57	1.76	2.10	1.71	2.29	2.43	1.24
地　点	南京	杭州	合肥	福州	南昌	济南	青岛	南宁	郑州	武汉
室温 22℃	1.33	1.24	1.38	0.86	1.19	1.52	0.48	0.81	1.38	1.29
地　点	厦门	长沙	广州	海口	成都	重庆	贵阳	昆明	拉萨	西安
室温 22℃	0.76	1.19	0.81	0.57	1.00	0.95	1.19	1.00	1.43	1.43
地　点	兰州	西宁	银川	乌鲁木齐	台北	香港	呼和浩特
室温 22℃	1.67	1.76	1.90	2.33	0.62	0.67	2.10

【例 1】　试计算建于北京市内某四层办公楼的空调冷负荷。

已知条件：室内设计温度为 27℃。在此办公楼内每层平均有 90 人工作，全楼共有 360 人工作。窗上无内、外遮阳。新鲜空气由机房集中补充，经由各房间的窗缝排除，因室内压力高于室外，所以不计算由于窗缝渗透引起的空调冷负荷。

建筑物围护结构各部分的面积如下：

(1) 屋面：70mm 混凝土屋面板加 125mm 加气混凝土保温层，464.76m^2；

(2) 地面：464.76 m^2；

(3) 外墙：内面抹灰 490 砖墙，南墙为 391.56m^2，东墙为 134m^2，西墙为 134m^2，北墙为 286m^2；

(4) 窗：单层玻璃木框窗，南窗为 170m^2，东窗为 40m^2，西窗为 40m^2，北窗为 120m^2；窗的总面积为 370m^2。

【解】　计算分三步进行。

(1) 从已知数据中求出本计算中必要的数据（见下表）。

南外墙长度	36.9m	东、西墙窗墙比	30%
北外墙长度	27m	北墙窗墙比	45%
楼宽	12.6m	在室人员	0.2人/m²
楼高	10.6m	新风量	30m³/（人·h），5.8m³/（h·m²）
南墙窗墙比	45%		

(2) 在平面上划分计算区域：

因为对象建筑是板式建筑，进深仅6.3m，可不分内外区，均作为周边区对待。本文将平面划分成五个区域（见下图）。

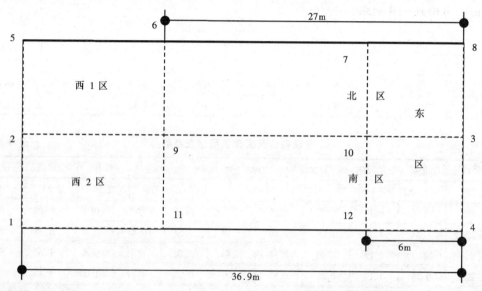

分区中的考虑方式如下：

1) 对象建筑除北墙的一部分（5-6）是内墙外，其余均为外墙。因此，该建筑有东、南、西、北四个周边区。但四个周边区有搭接。搭接部分的建筑负荷应重复计算，而搭接部分的内部负荷和新风负荷则不重复计算。

2) 因为北墙的一部分是内墙，故单独分出一个西1区（2-5-6-9）。该区域按西区计算建筑负荷和内部负荷。现将各区的面积和计算内容列入下表。

区 域	单层面积	计 算 内 容
南区（1-2-3-4）	36.9×6.3＝232.47m²	建筑负荷＋内部负荷
北区（6-9-3-8）	27×6.3＝170m²	建筑负荷＋内部负荷
东区（7-8-4-12）	12.6×6＝75.6 m²	建筑负荷
西1区（2-5-6-9）	6.3×9.9＝62.37 m²	建筑负荷＋内部负荷
西2区（1-2-9-11）	6.3×9.9＝62.37 m²	建筑负荷

(3) 负荷计算：

查表4-8，周边区基准冷负荷为136W/m²，不考虑照明设备负荷，故应减去29 W/m²，所以实际基准冷负荷为107W/m²。

根据表4-8作各项修正，见下表。

区 域	基准负荷 (W/m²)	各项修正 (W/m²)				最大负荷 (W/m²)
		窗面积	在室人员	新风量	室温	
南区	107	0	0	+10	-6	111
北区		-32	0	+10	-6	69
东区		-20	-24	-22	-6	35
西1区		-14	-24	-22	-6	41
西2区		-14	0	+10	-6	97

由此可得到该建筑最大负荷：

$4 \times (111 \times 232.47 + 69 \times 170 + 35 \times 75.6 + 41 \times 62.37 + 97 \times 62.37) = 195148.92$ W

再查表4-18北京地区修正系数：

$$195148.92 \times 1.01 = 197100.4 \text{W}$$

最后还要乘上负荷参差系数0.8，得到该建筑物冷负荷为157680W。平均值为85 W/m²。

简易计算方法所需的计算工作量极小，完全可以和用负荷指标经验数据相媲美，但精确度却要高得多。非常适于建筑能源管理者用来估计大楼的冷热量需求之用。

第二节 用温度频率法（BIN方法）做建筑能耗分析

所谓BIN参数，即某一地区室外空气干球温度逐时值的出现频率。建筑物空调采暖系统的容量是根据设计负荷（或称高峰负荷）选定的。但设计负荷在一年中出现的机会很少，多数时间处于部分负荷状态下。BIN方法首先根据某地气象参数，统计出一定温度间隔的温度段各自出现的小时数。然后分别计算在不同温度频段下的建筑能耗，并将计算结果乘以各频段的小时数，相加便可得到全年的能耗量。

表4-20是上海地区2℃间隔、24小时运行的BIN参数。根据空调系统运行情况，还可以做出10小时运行、12小时运行的BIN参数。表4-21是南京地区8:00~18:00运行（不包括节假日）的BIN参数。

一般而言，对于旅馆和酒店，用24小时BIN参数；而对办公楼，则用10小时或12小时BIN参数。在BIN参数中找出四个与建筑能耗有关的代表温度：

上海地区2℃间隔、24小时运行的BIN参数　　　　表4-20

BIN	-6	-4	-2	0	2	4	6	8	10	12	14
小时数	12	76	168	351	524	486	440	498	521	478	428
湿球（℃）	-6.3	-5.1	-3.3	-1.6	0.1	1.8	3.8	6.2	8.2	10.0	11.5
BIN	16	18	20	22	24	26	28	30	32	34	36
小时数	499	589	613	616	537	718	587	360	192	77	14
湿球（℃）	13.6	15.5	17.6	19.0	21.4	23.8	25.0	25.8	26.4	27.0	27.4

南京地区 8:00～18:00 运行 BIN 参数　　　　　　　　　　表 4-21

BIN	-6	-4	-2	0	2	4	6	8	10
小时数	2	8	32	49	124	156	140	149	137
BIN	18	20	22	24	26	28	30	32	34	36
小时数	106	159	161	192	188	197	137	86	48	4

(1) 高峰冷负荷温度（Peak Cooling, T_{pc}）：该地区最高温度段的代表温度（中点温度）。上海地区为 36℃。

(2) 中间冷负荷温度（Intermediate Cooling, T_{ic}）：该地区需要供冷的最低温度段的代表温度（中点温度），一般在 22～25℃ 之间。

(3) 中间热负荷温度（Intermediate Heating, T_{ih}）：该地区开始采暖的温度段的代表温度（中点温度）。一般在 5～14℃ 之间。按我国采暖期的规定，亦可定在 5℃ 或 8℃。对于要求较高的建筑（如高星级宾馆或医院）该温度应设得高一些。

(4) 高峰热负荷温度（Peak Heating, T_{ph}）：该地区最低温度段的代表温度（中点温度）。上海地区为 -6℃。

假定建筑围护结构形成的负荷、新风、渗透风负荷都与室外干球温度有着线性关系，则可以得到以下一组关系式：

(1) 日射负荷：

$$\text{SCL} = \frac{\sum_{i=1}^{n}(\text{MSHGF}_i \times \text{AG}_i \times \text{SC}_i \times \text{CLFT}_i \times \text{FPS})}{t \times A_{ac}} \tag{4-2}$$

式中　SCL——7 月份和 1 月份的平均日射负荷。分别记作 SCL_7 和 SCL_1，W/m²；

　　　n——建筑物所有外窗的朝向数；

　MSHGF_i——朝向 i 7 月份和 1 月份的最大日射得热因数，W/m²；

　　　AG_i——朝向 i 的窗总面积，m²；

　　　SC_i——朝向 i 的遮阳系数；

　CLFT_i——朝向 i 24 小时日射冷负荷系数之和；

　　　FPS——7 月份和 1 月份的月平均日照率；

　　　t——空调系统运行小时数，h；

　　　A_{ac}——建筑物的空调面积，m²。

假定 SCL 与室外气温 T 之间存在如下的线性关系：

$$\text{SCL} = M \times (T - T_{ph}) + \text{SCL}_1 \tag{4-3}$$

式中

$$M = \frac{\text{SCL}_7 - \text{SCL}_1}{T_{pc} - T_{ph}}$$

(2) 围护结构热传导负荷：

热传导负荷由两部分组成：1) 通过屋面、墙体、玻璃窗由温差引起的稳定传热部分；2) 通过屋面、墙体由投射在外表面上的日射引起的不稳定传热部分。这两部分可分别用式 (4-4) 和式 (4-5) 来计算：

$$\text{TCL(THL)} = \frac{\sum_{i=1}^{n}(A_i \times K_i)(T - T_R)}{A_{ac}} \tag{4-4}$$

式中 TCL, THL——分别为夏季、冬季由温差引起的传导负荷，W/m^2；

n——建筑物的传导表面数；

A_i——第 i 个表面（或玻璃窗）的面积，m^2；

K_i——第 i 个表面的传热系数，$W/(m^2 \cdot ℃)$；

T——室外气温，℃；

T_R——室内设定温度，℃。

$$\text{TSCL} = \frac{\sum_{i=1}^{n}(A_i \times K_i \times \text{CLTDS} \times \text{KC} \times \text{TPS})}{A_{ac}} \tag{4-5}$$

式中 TSCL——7月份和1月份由日射形成的传导负荷，分别记作 TSCL_7 和 TSCL_1，W/m^2；

CLTDS——7月份和1月份由日射形成的墙体冷负荷温差，℃，查阅有关手册；

KC——墙体外表面颜色修正系数，查阅有关手册。

利用式（4-5）可建立在 TSCL 与 T 之间的线性关系：

$$\text{TSCL} = M(T - T_{ph}) + \text{TSCL}_1 \tag{4-6}$$

式中

$$M = \frac{(\text{TSCL}_7 - \text{TSCL}_1)}{T_{pc} - T_{ph}}$$

(3) 内部发热量形成的负荷：

$$\text{CLI} = \frac{AU \times \text{CLI}_{max} \times HF}{A_{ac}} \tag{4-7}$$

式中 AU——平均使用系数，按空调期和非空调期各小时内部负荷占最大内部负荷的比例分别进行平均；

CLI_{max}——设备和照明的最大负荷或房间内最大人数时的人体散热；

HF——单位换算系数。

(4) 渗透风、新风负荷：

显热负荷：
$$\text{CLVS (HLVS)} = \frac{0.34 \times V \times (T - T_R)}{A_{ac}} \tag{4-8}$$

潜热负荷：
$$\text{CLVL} = \frac{0.83 \times V \times (d - d_R)}{A_{ac}} \tag{4-9}$$

式中 V——新风量或渗透风量，m^3/h；

d——对应于各温度频段的室外空气含湿量，g/kg。BIN气象参数除了统计各温度段出现的小时数外，还应给出对应的各小时湿球温度的平均值。用该频段的中点温度与平均湿球温度，便可得到该频段的代表含湿量 d 值。

在新风和渗透风负荷计算中，如果空调系统没有加湿器，则可以忽略冬季潜热负荷，在 T_{pc} 和 T_{ic} 之间的夏季潜热负荷应按各频段分别计算。

以下用一个例题来说明 BIN 方法的应用：

【例2】 试计算建于上海市内某四层办公楼的空调全年能耗。

已知条件：室内设计参数夏季为27℃、50%，冬季为20℃、50%。在此办公楼内每层平均有60人工作，全楼共有240人工作。每人新风量30 m³/h。窗上有中间色窗帘。总建筑面积1859 m²。工作时间8:00~18:00，空调期内室内保持正压，可不计算渗透负荷。非空调期内空气渗透量为0.5次换气。照明设备负荷按20 W/m²计，工作时间使用，同时使用系数0.5。

该建筑物围护结构各部分的面积如下：

（1）屋面：60mm钢筋混凝土预制屋面板加50mm水泥膨胀珍珠岩保温层，上有200mm通风层，铺25mm预制细混凝土板，面积464.76m²；

（2）外墙：内面抹灰240砖墙，南墙为391.56m²，东墙为134m²，西墙为134m²，北墙为286m²；

（3）窗：单层钢窗5mm玻璃，南窗为170m²，东窗为40m²，西窗为40m²，北窗为120m²；窗的总面积为370m²。

此处计算中要用到8:00~18:00的BIN参数，见下表：

上海地区一班制空调（8:00~18:00）的BIN参数表

BIN	-6	-4	-2	0	2	4	6	8	10	12	14
小时数	0	12	31	101	191	202	181	189	204	194	174
湿球（℃）	—	-5.3	-3.4	-1.9	-0.3	1.1	3.2	5.3	7.4	9.3	10.4
BIN	16	18	20	22	24	26	28	30	32	34	36
小时数	172	220	235	282	245	241	272	271	169	70	14
湿球（℃）	12.5	14.2	16.6	17.3	19.9	21.9	24.2	25.5	26.4	27.0	27.4

【解】 计算过程从略。现将计算要点及结果汇总如下：

（1）通过窗的日射负荷

用式（4-2）计算。本计算中MSHGF值取自美国采暖制冷空调工程师学会手册基础篇（ASHRAE Handbook, Fundamentals）；SC和CLFT值可查阅暖通空调的相关设计手册；FPS值查阅有关太阳能应用的书籍。

先用式（4-2）计算出SCL_1和SCL_7。在计算SCL_1时，考虑到夜间"值班采暖"，空调设备低负荷运行，故空调运行时间t取24小时。在计算SCL_7时，t取10小时。从而得到：

$$SCL_1 = 7.24 W/m^2$$

$$SCL_7 = 12.93 W/m^2$$

根据式（4-3），可以得到日射负荷与温度之间的关系式为：

$$SCL = 0.135T + 3.05 \qquad ①$$

（2）通过墙体的传导负荷

1）传导负荷中的日射成分：

CLTDS数值取自ASHRAE手册；考虑陈旧的墙体外表面呈深色调，因此KC取1.0；上海地区的日照率FPS在7月份为0.60，1月份为0.48。用式（4-5）计算出：

$$TSCL_7 = 4.78 W/m^2$$

$$TSCL_1 = 2.05 W/m^2$$

根据式（4-6），可以建立起日射引起的传导负荷与温度之间的关系：
$$\text{TSCL} = 0.065T + 2.44 \qquad ②$$

2) 温差引起的传导负荷：

因为冬、夏室内设定温度不同，因此分别得出夏季的 TCL 和冬季的 THL：
$$\text{TCL} = 2.2T - 59.3 \qquad ③$$
$$\text{THL} = 2.2T - 43.9 \qquad ④$$

(3) 内部发热量形成的负荷

1) 照明：设上班期间同时使用系数为 0.5，即照明负荷为 10W/m^2；非空调期间同时使用系数为 0。

2) 人员：设上班期间人员全部在室内，则全热负荷应为：

夏季：$134 \times 240/1859 = 17\text{W/m}^2$

冬季：$117 \times 240/1859 = 15\text{W/m}^2$

(4) 新风和渗透风形成的负荷

已知新风量为 $V = 10800\text{m}^3/\text{h}$，由式（4-8）和式（4-9）可得：

新风显冷负荷：$\text{CLVS} = 1.96T - 52.92 \qquad ⑤$

新风显热负荷：$\text{HLVS} = 1.96T - 39.2 \qquad ⑥$

新风潜冷负荷：$\text{CLVL} = 4.84d - 54.22 \qquad ⑦$

渗透风量为 $V = 3068\text{m}^3/\text{h}$。但仅当冬季室内维持值班采暖时，新风关闭，室内无正压时才形成渗透负荷。因而渗透风负荷只有显热负荷：
$$\text{HVLS}' = 0.56T - 2.78 \qquad ⑧$$

以下便可分别计算夏季和冬季的空调能耗量。

1) 供冷能耗：将式①、式②、式③、式⑤以及内部负荷 27 W/m^2（10 + 17）叠加，得到总负荷 CL 与温度 T 的关系：
$$\text{CL} = 4.36T - 74.73 \qquad ⑨$$

取一班制（8:00 ~ 18:00）BIN 参数，从 22℃频段（即 $T_{ic} = 22$℃）开始计算显冷负荷。同样，用式⑦，分频段计算潜冷负荷。计算结果汇总在下表中。

夏季耗冷量汇总表

BIN	22	24	26	28	30	32	34	36	合计
CL（W/m²）	21.2	29.9	38.6	47.4	56.1	64.8	73.5	82.2	—
冷量（kWh/m²）	6.0	7.3	8.9	12.9	15.2	10.9	5.1	1.2	67.5
含湿量 d（g/kg）	10.1	12.9	14.8	17.5	18.6	19.4	19.9	19.8	
潜冷负荷（W/m²）	—	8.2	17.4	30.5	35.8	39.7	42.1	41.6	—
冷量（kWh/m²）	—	2.0	4.0	8.3	9.7	6.7	2.9	0.6	34.2

因此总耗冷量为 $67.5 + 34.2 = 101.7\text{kWh/m}^2$。

2) 采暖能耗：

空调期间能耗用式①、式②、式④、式⑥叠加，内部负荷作为安全因素不计入，可以得到：

$$HL = 4.36T - 72.61 \quad ⑩$$

非空调期间维持5℃值班采暖，故传导负荷应为：

$$THL = 2.2T - 10.98 \quad ⑪$$

非空调期间仅有传导负荷和渗透负荷，所以将式⑧和式⑪叠加，得到：

$$HL = 2.76T - 13.76 \quad ⑫$$

计算结果汇总于下表。

冬季耗热量汇总表

BIN	6	4	2	0	-2	-4	-6	合 计
HL（W/m²）	46.5	55.2	63.9	72.6	81.3	90.1	98.8	—
热量（kWh/m²）	8.4	11.2	12.2	7.3	2.5	1.1	—	42.7

BIN	4	2	0	-2	-4	-6	合 计
HL（W/m²）	2.7	8.2	13.8	18.3	24.8	30.3	—
热量（kWh/m²）	0.8	2.7	3.5	2.6	1.6	0.4	11.6

所以采暖总能耗为 42.7 + 11.6 = 54.3kWh/m²。从而可以得出该建筑物全年总冷热量为 29 万 kWh。

用 BIN 参数方法除了计算全年或季节的能耗量外，还可以对建筑物能耗进行分析。从上面的例题中可以看出：

（1）例题中的对象建筑物的空调耗冷量是耗热量的 1.9 倍。因此建筑节能要更多地着眼于夏季和过渡季。

（2）如果把该建筑的外窗改为双层玻璃，即遮阳系数由 0.56 变为 0.47，传热系数由 4.7W/（m²·℃）变为 2.7 W/（m²·℃），此时式⑨变为 $CL = 3.94T - 65.26$，而式⑩变为 $HL = 3.94T - 65.95$。分别计算出各频段的节能率，并按各频段小时数做加权平均，可知改双层窗后平均节能率是 2.61%。其中最大节能率是 36℃ BIN（5.6%），最小节能率是 24℃ BIN（1.2%）。从下图可以看出，单层窗和双层窗的两根负荷线在 22℃ 附近有一个交点。这说明在过渡季节双层窗反而会把内部发热量"包"在建筑物内，无法借助室内外温差散热。反之，用同样方法计算出在采暖期内的平均节能率为 9%，是相当可观的。但如果按耗冷量和耗热量的大小加权平均，双层窗全年的平均节能率为 4.5%。我们可以用上面的方法来估计单层窗改双层窗的投资回报率。

（3）内部发热量形成的负荷是影响建筑空调耗能量的重要因素。由式⑨可知，如果 CL = 0，可以解出 $T = 13$。就是说，如果不考虑其他措施，从 14℃ BIN 开始便有冷负荷存在。而如果不

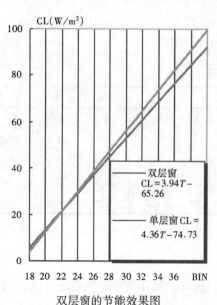

双层窗的节能效果图

考虑内部负荷（27W/m²），式⑨变成 CL = 4.36T - 101.73，当 CL = 0，得到 T = 23。供冷开始时间要晚得多。同样在式⑩中将内部发热量考虑在内，则式⑩变为 HL = 4.36T - 29.61，采暖开始的温度频段变为6℃。在现代智能化办公楼中由于大量采用电子化办公设备，内部照明设备发热量甚至会高达80W/m²。由例题中的夏季耗冷量汇总表可以看出，直到 -2℃频段，这样的内部发热量都足以弥补建筑围护结构的散热。因此，在人员比较密集、办公设备比较多的智能化办公楼中，冬季完全可以只在上班前后的几个小时里启动空调采暖，其余时间只需送新风。

第三节 用计算机模拟方法做建筑物能耗分析

从20世纪70年代开始，由于信息技术的迅速发展，为建筑能耗分析提供了强有力的工具。人们可以在长周期的时间尺度上对整幢建筑物进行负荷模拟。由于石油危机的冲击，建筑节能和能源合理利用的呼声强劲，使建筑能耗分析有了广阔的用户需求。因此，各国学者开发了许多建筑能耗分析软件。

一、建筑能耗分析软件

建筑模拟方法是研究建筑能耗特性和评价建筑设计的有力的工具。它可以解决很多复杂的设计问题，并将建筑能耗进行量化。通过改变某些设计优化建筑的能源特性。建筑模拟的结果（如图4-4所示）包括：

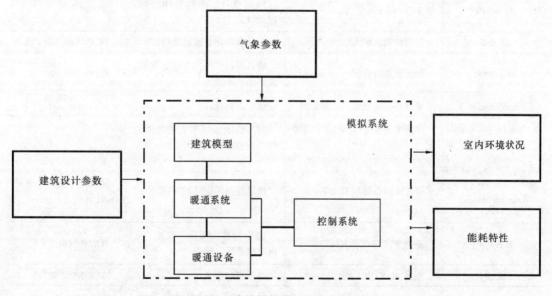

图4-4 建筑能耗模拟的主要部分

(1) 建筑能耗数据；
(2) 室内环境状况；
(3) 设备和系统特性。

建筑模拟软件一般包括四个部分：
(1) 建筑模型；
(2) 暖通空调系统模型；

(3) 暖通空调设备模型;
(4) 控制系统模型。

美国能源部建筑技术办公室统计了国际上比较流行的建筑能耗软件,见表 4-22。

国际上比较流行的建筑能耗分析软件(美国能源部)　　　　表 4-22

Tool	开发者	用　　途	操作环境
1D-HAM	瑞典 Lund 大学	热、空气、湿的传递,墙体	WIN95/98/NT
ADELINE	美国劳伦斯伯克利国家实验室	天然采光和照明,整幢建筑模拟,商用建筑	DOS
AFT Mercury	美国应用流体技术公司	水管路和风系统优化	WIN95/98/ME/2000
AkWarm	美国阿拉斯加住宅财务公司	住宅能耗评价与模拟	WIN3.1 以上
APACHE	英国 IES 有限公司	热工设计与分析,能耗动态模拟,系统模拟	WIN95/98/NT
APACHE-HVAC	英国 IES 有限公司	建筑和暖通空调系统模拟,建筑能量特性	WIN95/98/NT
ASEAM(免费软件)	美国能源部	已建商用建筑能量特性	
AUDIT	美国 Elite 软件公司	住宅和商用建筑运行成本分析,BIN 参数	WIN9x/NT/2000/XP
BEACON	美国 Oarsman 公司	能源审计、能耗费用分析、设备分析	WIN95
BLAST	美国伊利诺伊大学	居住和商用建筑能量特性	PC 版本和 UNIX 版本
BSim2000	丹麦建筑研究所	建筑模拟、室内气候、能耗、天然采光和热工分析	WIN9x/NT
BuilderGuide	美国可再生能源国家实验室	住宅建筑设计	
Building Design Advisor (免费软件)	美国劳伦斯伯克利国家实验室	商用建筑天然采光和能量特性,原型和案例分析	WIN95/98/NT
Building Energy Modelling and Simulation - Self -Learning Modules (免费软件)	荷兰爱因霍恩理工大学	建筑能耗模拟的教学课件	能联接到互联网的 PC 计算机
BUS++	芬兰 VTT 建筑研究所	能量特性、通风、气流、室内空气品质、噪声	WIN95/NT
CELLAR	瑞典 BLOCON 公司	地下室热损失	WIN95/98/NT
COMFIE	法国能源研究中心	居住和商用建筑能量特性,被动式太阳能利用	WINDOWS
DEROB-LTH	瑞典 Lund 理工学院	能量特性,供冷采暖和热舒适设计	WIN95/NT
DesiCalc	美国 GARD 分析公司	除湿空调系统的设计与能量分析	WIN95/98/NT
DOE-2	美国劳伦斯伯克利国家实验室	居住和商用建筑的能量特性	有 Windows、UNIX、DOS、VMS 多种版本

续表

Tool	开发者	用途	操作环境
EA-QUIP	美国纽约能源供应协会	建筑模拟、节能分析、节能改造优化、投资分析	
EE4 CBIP	加拿大自然资源部能源技术中心	整幢建筑特性	WIN95/98/NT
EE4 CODE	加拿大自然资源部能源技术中心	根据标准和规范分析整幢建筑能量特性	WIN95/98/NT
EED	瑞典 BLOCON 公司	地源热泵系统（GSHP）分析	WIN95/98/NT
EN4M Energy in Commercial Buildings	美国 MC2 工程软件公司	用 BIN 方法做商用建筑的能耗计算和经济分析	Windows 和 DOS
Energy Scheming	美国俄勒冈大学	居住和商用建筑节能与负荷计算	Macintosh
Energy-10	美国可持续建筑工业委员会	居住和小型商用建筑节能方案设计	WIN3.1/95/98/NT
EnergyGauge USA	美国佛罗里达太阳能中心	按照标准计算住宅建筑能耗	WIN95/98/NT
EnergyPlus（免费软件）	美国能源部	建筑能量特性模拟与负荷计算	WIN9x/NT/2000
EnergyPro	美国 Gabel Dodd 能源软件公司	按照加州建筑节能标准做居住和商用建筑能耗模拟	WIN95/98/NT/2000
ENERPASS	加拿大 ENERMODAL 工程公司	居住和小型商用建筑能量特性设计	DOS、WIN3.1/95
ENER-WIN	美国得克萨斯 A&M 大学	商用建筑能量特性、负荷、天然采光、寿命周期成本计算	WIN3.x
ESP-r	英国 Strathclyde 大学	居住和商用建筑能耗模拟和环境特性分析	Linux
EZ Sim	美国 Stellar 过程公司	能耗计量、收费、改造和模拟	Windows
EZDOE	美国 Elite 软件公司	居住和商用建筑能量特性	
FEDS	美国西北太平洋国家实验室	小区能耗模拟、节能改造潜力、寿命周期成本和融资方案分析	WIN3.1x/9x/NT/2000
FLOVENT	英国 Flomerics 公司	暖通空调系统气流和传热模拟	Windows NT, UNIX
FSEC 3.0	美国佛罗里达太阳能中心	先进供冷除湿方法能耗特性分析	VAX/VMS 或 PC
Gas Cooling Guide	美国燃气研究所工程中心	商用建筑燃气空调和电力空调分析	WIN3.1/95/98/NT
HAP	美国开利（Carrier）公司软件中心	能量特性、负荷计算、能耗模拟、暖通空调设备选型	WIN95/98/ME/NT/2000/XP

续表

Tool	开发者	用　　途	操作环境
HEAT2	瑞典 BLOCON 公司	二维传热动态模拟	WIN95/98/NT
HEED（免费软件）	美国加州大学洛杉矶分校	整幢建筑能量特性模拟	WIN95 到 XP
Home Energy Saver（免费软件）	美国劳伦斯伯克利国家实验室	基于互联网的住宅建筑能耗模拟	联接到互联网的任何电脑
HOT2 XP	加拿大自然资源部能源技术中心	居住建筑能量特性模拟及被动式太阳能利用设计	WIN95/98/NT
HOT2000	加拿大自然资源部能源技术中心	居住建筑能量特性模拟及被动式太阳能利用设计	WIN95/NT
HOUSE（免费软件）	美国巴特勒纪念学院	居住建筑空调能耗模拟	Fortran 源代码
IDA Indoor Climate and Energy	瑞典应用数学研究所	商用建筑能量特性、热舒适、室内空气品质分析	WIN95/98/NT
LESOCOOL	瑞士洛桑联邦理工学院	机械通风和被动式供冷的气流与能耗模拟	WIN95 以上
LESOSAI	瑞士洛桑联邦理工学院	采暖负荷计算与能耗模拟	WIN98 以上
MarketManager	美国 Abraxas 能源咨询公司	建筑能耗模拟与节能改造	WIN3.1
Microflo	英国综合环境解决方案公司	计算流体力学（CFD）软件，气流、空气品质和热特性分析	UNIX, Linux, Windows NT
Micropas6	美国 Enercomp 公司	居住建筑能耗模拟、采暖空调负荷计算	DOS, WIN3.1/95/98/NT/2000/XP
NewQUICK	南非 MCI 公司	被动式模拟，自然通风、蒸发冷却能耗分析	WIN95
Physibel	比利时 PHYSIBEL 公司	二维和三维传热传质计算	DOS, WIN95/98/NT
PVcad（免费软件）	德国 Kassel 大学	太阳能电池和窗系统分析	WIN95/98/2000/NT
REM/Design	美国建筑能源公司	根据能量之星标准做居住建筑能耗分析	WIN95/98/2000/NT/ME
REM/Rate	美国建筑能源公司	根据能量之星标准做居住建筑能量特性评价	WIN95/98/2000/NT/ME
Right-Suite Residential for Windows	美国 Wrightesoft 公司	居住建筑负荷计算、能耗分析和设备选型	WIN3.1/95
RIUSKA	芬兰 Olof Granlund Oy 公司	能耗及热损失计算、系统比较	WIN95/98/NT
RL5M	美国 MC2 工程软件公司	居住建筑空调采暖能耗及经济分析	Windows 和 DOS
SERIRES	美国可再生能源国家实验室	居住建筑设计和改造	DOS
SIMBAD Building and HVAC Toolbox	法国建筑科学中心	系统及控制特性分析	MATLAB 5.3.1 和 Simulink 3.0.1

续表

Tool	开发者	用途	操作环境
SLAB	瑞典 BLOCON 公司	地板热损失计算及设计	WIN95/98/NT
SMILE（免费软件）	德国柏林工业大学等	面对项目的建筑及暖通空调系统能量特性分析	Linux，UNIX
SMOG	芬兰 Olof Granlund Oy 公司	能耗计算、热损失计算、系统比较	WIN95/98/NT
solacalc	英国 Equinland 有限公司	被动式太阳能利用和建筑设备设计	WIN3.1/95
SOLAR-5（免费软件）	美国加州大学洛杉矶分校	居住和小型商用建筑太阳能利用设计	Windows 系统
SolArch（免费软件）	美国 Kahl 咨询公司	居住建筑热特性计算和太阳能建筑设计	Windows 系统
SPARK（免费软件）	美国劳伦斯伯克利国家实验室	面向对象的短时间步长复杂系统能量特性分析	WIN95/98/NT/2000，UNIX，Linux
SUNDAY	美国 Ecotope 公司	居住和小型商用建筑能量特性分析	
System Analyzer	美国特灵（Trane）公司技术支持中心	能耗分析、负荷计算、系统比较	WIN3.1
TAS	英国 EDSL 公司	动态建筑能耗模拟和 CFD	Windows NT
TRACE 700	美国特灵（Trane）公司技术支持中心	商用建筑能量特性、负荷计算、暖通空调设备选型	WIN95/98/2000/NT
TRNSYS	美国威斯康星大学	建筑能量特性、负荷计算	WIN95/98/2000/NT/ME
tsbi3	丹麦建筑研究所	居住和商用建筑能量特性	
VisualDOE	美国 Eley 公司	居住和商用建筑能量特性	WIN3.1/95/NT
HVACSIM+	美国国家标准和技术研究所	暖通空调系统和控制系统模拟分析	

表 4-22 中远未包罗万象。但我们也可以发现一些特点：

(1) 多数软件将建筑与暖通空调和照明系统结合起来进行分析。因为建筑能耗最终体现在暖通空调系统和照明系统。

(2) 多数软件建立在 Windows 操作系统平台上，便于普及应用。

(3) 少数软件具有优化功能。

(4) 少数软件将能耗分析与经济分析结合起来，有利于能源管理者应用。

(5) 大学和政府研究机构开发的软件有很多是免费的，任何人都可以到相关网站上下载。这样有利于建筑节能工作的开展。

一个好的建筑能耗分析软件必须具备以下特点：

(1) 它应考虑到影响建筑负荷和系统特性的当地全年温度、湿度和太阳辐射的变化。也就是说必须有一个各地气象参数的数据库。

(2) 它应考虑到建筑使用的特点，包括人员、照明和设备的使用时间表。

(3) 它应考虑到建筑物的动态传热特性。

(4) 它应考虑到不同的空调、采暖和自控系统对负荷的响应特性，以及这些系统的部分负荷特性。

(5) 它应考虑到能源费用和公用事业费用的价格特点，结合建筑能源系统的经济分析。

(6) 它的计算应建立在整幢建筑的规模和全年 8760 小时的逐时基础上。

(7) 它应有一个友好的人机界面，最好具备"傻瓜机"的特点。使一般工程技术人员甚至非专业人员在使用时都能感到胜任、轻松和愉快。

(8) 它应能生成各种各样的报表和曲线图，并能直接处理电子版图纸。

现在的几乎所有的软件还不能具备以上所有的功能特点。这主要是因为：1）应用软件的开发赶不上计算机硬件的发展速度。计算机技术的发展遵循所谓"摩尔定律"，再加上信息产业几头"巨鳄"（如微软）在不断的"牵引"市场，建筑能耗分析软件的开发队伍无论在规模上还是在信息技术素质水平上都无法跟上。2）近几年发达国家经济的不景气，也导致在研发方面的投入不足。但是，建筑能耗分析是建筑节能和建筑能效管理的基础。对于中国来说，要充分利用国外免费软件的条件，将这些软件"中国化"。同时，要很好地支持拥有自主知识产权的建筑能耗分析软件开发（如 DeST）。

本节将简要介绍在国际上有一定权威性的建筑能耗分析软件：DOE-2 和 Energy Plus；以及我国的 DeST。

二、美国 DOE-2 软件的特点

20 世纪 70 年代能源危机之后，由美国能源部支持，能源部所属的劳伦斯伯克利国家实验室（LBNL，Lawrence Berkeley National Laboratory）、咨询计算局（CCB，Consultants Computation Bureau）、阿贡国家实验室（ANL，Argonne National Laboratory）和洛斯阿拉莫斯国家实验室（LANL，Los Alamos National Laboratory）共同开发出 DOE-2 的建筑能耗分析软件。美国能源部的初衷是推动建筑节能工作的开展，因此这个软件的名称其实就是能源部的缩写。

DOE-2 是一个在一定的气象参数、建筑结构、运行周期、能源费用和暖通空调设备条件下，逐时计算能耗和计算居住和商用建筑能源费用的软件。它用 Fortran 语言编成，能够在各种计算机（从巨型机到微电脑）上运行。用 DOE-2 软件，设计者可以迅速选择改善建筑能耗特性、保持室内舒适性的建筑参数。

图 4-5 和图 4-6 分别是 DOE-2 的软件结构图和程序框图。

(1) 建筑描述语言处理器（BDL Processor）。

建筑描述语言处理器将使用者的任意格式的输入数据转换成计算机认可的格式。处理器还要计算出墙体的热反应系数以及房间的热反

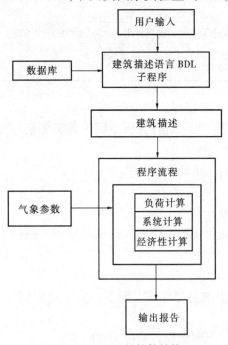

图 4-5 DOE-2 的软件结构

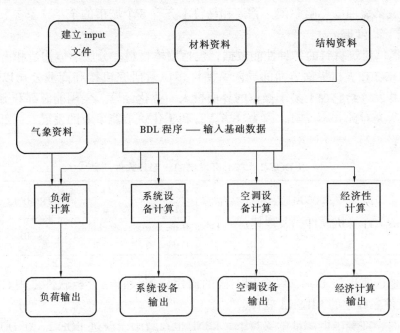

图 4-6 DOE-2 程序框图

应权系数。

在 DOE-2 的早期版本中,建筑描述语言(BDL,Building Description Language)是它的一大特色。DOE-2 将建筑构件变量直接用英语单词或词组来表示,从而简化了冗长繁杂的输入。但这一特色毕竟带有 DOS 操作系统时代的烙印。时至今日,DOE-2 的新版本在数据输入方面还没有明显改进。这也就限制了它的进一步推广。

(2) 负荷模拟子程序(LOADS)。

假定对象房间处于用户设定的室内温湿度状态条件下,LOADS 逐时计算采暖和供冷的显热和潜热负荷。LOADS 会从气象资料数据库中读取当地的逐时气象参数和太阳辐射数据。而用户要设定室内人员、照明和设备的运行时间表。

(3) 暖通空调系统模拟子程序(HVAC)。

HVAC 子程序分成两部分:SYSTEMS 子程序处理二次系统;PLANT 子程序处理一次系统。SYSTEMS 计算空气侧设备(如风机、盘管和风道)的特性,根据房间的新风需求、设备运行时间表、设备控制策略以及恒温控制器的设定点,修正由 LOADS 计算出的恒温负荷。SYSTEMS 的输出是风量和盘管负荷。PLANT 计算锅炉、冷水机组、冷却塔和蓄热槽等设备在满足二次系统盘管负荷时的状态。为了计算建筑的电力和燃料耗量,PLANT 必须考虑一次设备的部分负荷效率。

(4) 经济分析子程序(ECON)。

ECONOMICS 子程序用来计算能源费用。它也可以用来比较不同建筑设计的成本-效益;计算已建建筑节能改造所能产生的经济效益。

(5) 气象参数(Weather Data)。

一个地区的气象参数应包括室外干球温度、湿球温度、大气压、风速和风向、云量以及太阳辐射。DOE-2 提供了世界各国的一部分全年气象参数,其中包括中国的北京、上海、南京、成都、西安、哈尔滨、香港和乌鲁木齐等8个城市的全年气象参数。

(6) 数据库（Library）。

DOE-2提供建筑材料的各种性能数据，包括墙体材料、分层墙体构造和窗。

由于DOE-2在人机界面方面的局限，使许多民营研究机构和商业公司以DOE-2为核心进行二次开发，给它加上易于操作的界面投入商业化经营。美国能源部和劳伦斯伯克利国家实验室看来对此并不反对，因为这毕竟有利于建筑节能事业的发展。一部分经二次开发的产品见表4-23。

以DOE-2为核心开发出的一部分软件产品　　　　表4-23

ADM-DOE2	DOE-Plus	EZ-DOE	PRC-DOE2
Compare-IT	Energy Gauge USA	FTI/DOE	RESFEN 3.0
COMPLY-24	EnergyPro	Home Energy Saver（LBNL）	VisualDOE
DesiCalc		Perform 95	

一些其他国家也将DOE-2结合到本国的商用建筑设计、分析软件之中。例如欧盟的COMBINE软件、芬兰的RIUSKA软件。

与此同时，在美国能源部的支持下，LBNL也在致力于改进DOE-2。在DOE-2.1E版本的基础上，推出DOE-2.2版。新版本仍保留DOE的核心程序，但在人机交互界面、数据库等做了很大的改善和充实。例如，增加了气象参数自动生成、建筑描述的三维图形界面等功能。

由于DOE-2软件经过多次实测验证，在美国的应用有不俗的业绩（例如，曾用DOE-2为白宫和已经倒塌的纽约世贸中心等标志性建筑进行能耗分析），加上强大的开发和技术支持背景，因此逐渐被世界各国所接受，成为最具权威性的建筑能耗分析软件。美国和其他一些国家的建筑节能国家标准，都是用DOE-2软件作为技术支持。我国《夏热冬冷地区居住建筑节能设计标准》（JGJ 134—2001）在编制中也大量引用了DOE-2的计算成果。

三、新一代建筑能耗分析软件——EnergyPlus

从1995年开始，美国能源部开始规划开发新一代建筑模拟工具。经过对各种已有模拟工具的用户和开发人员的调查，了解了能耗模拟的需求和建议。根据这些信息，确定在BLAST软件和DOE-2软件基础上开发新一代软件。组织了由该两个软件的原创单位——劳伦斯伯克利国家实验室（LBNL）、美国军队土木工程实验室（CERL）和伊利诺伊大学（UI）组成的开发队伍。

EnergyPlus综合了BLAST和DOE-2两个软件的特色和优点，成为一个开放式的模拟平台。它没有正式的用户界面，可以让任何开发者进行二次开发，为EnergyPlus增加许多新的功能，满足用户日趋多样化的需求。图4-7是EnergyPlus的总体结构图。

图4-7很清楚地显示出EnergyPlus的平台式结构。它由三个基本组成：模拟管理器（Simulation Manager）、热平衡模拟模块（Heat Balance Simulation module）和建筑系统模拟模块（Building Systems Simulation module）。模拟管理器控制整个模拟过程；热平衡模拟模块计算热湿负荷；建筑系统模拟模块管理热平衡计算结果与暖通空调的空气回路和水回路以及相应组件（制冷机、锅炉等）之间的数据通信。与DOE-2不同的是，用户可以自己来"搭建"实际的系统，而不是只能用软件里预先设置好的系统。因此建筑系统模拟管理器

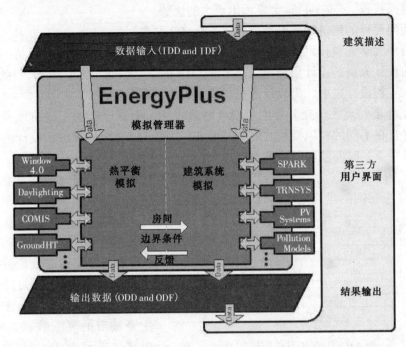

图 4-7　EnergyPlus 软件结构

还要管理系统组件之间的数据通信。

EnergyPlus 与 DOE-2 的核心计算程序没有什么不同。最大的差别就在于前者是平台式结构，后者是顺序式结构。我们可以把图 4-7 的复杂结构图简化为图 4-8 的框图，可以看出两种结构的区别。

EnergyPlus 最大特点就是便于用户增加新的模拟功能和模块。因为整个软件平台是开放式的，用 Fortran90 编写源程序。因此用户只需按 EnergyPlus 的编程标准编写少量程序语句，便可将功能性的任意模块插入。比如，用户可以插入 CFD 模块使 EnergyPlus 具备分析室内空气品质的功能。EnergyPlus 已经有了与其他功能软件的接口，例如，与 TRANSYS（图形界面的能耗分析软件）、与 SPARK（针对复杂模型和短时间步长的能耗分析软件），以及与 COMIS（多空间气流分布和污染物传播的分析软件）等的接口。

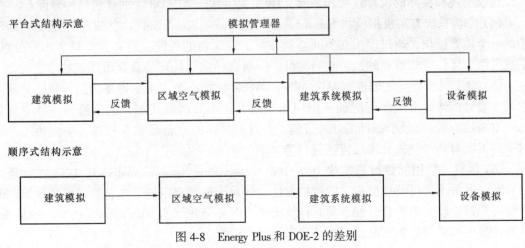

图 4-8　Energy Plus 和 DOE-2 的差别

随着时间推移，EnergyPlus 会显示出更大的优势。

四、面向设计的建筑能耗分析软件——DeST

我国清华大学建筑技术科学系经过 10 余年的努力，根据国内的实际情况，逐步开发出一套面向设计人员的设计用模拟工具 DeST(Desinger's Simulation Toolkit)，目的是把模拟分析技术引入工程设计之中，为设计人员提供全面有力的帮助。

DeST 的主要特点在于充分考虑了设计的阶段性，根据设计的不同阶段采用不同的模拟方法，并且在不同的模拟模块之间建立数据连接。DeST 充分考虑了设计人员的设计思路，用户只需很短时间就可以熟悉掌握。

DeST 适用操作系统为 Windows95/98/NT，整个软件全面提供图形界面。在 PII300 上计算一个有 84 个房间的建筑全年逐时室温只需要 10 分钟。

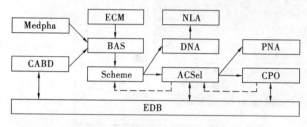

图 4-9 DeST 的软件结构

DeST 主要由以下模块组成（如图 4-9 所示）：

（1）全年逐时气象数据处理模块 Medpha（Meteorological Data Producer for HVAC analysis），包含中国 193 个主要城市的气象数据。Medpha 采用可视化界面，用户可以方便地在中国地图上选取城市，也可以通过一个城市列表进行选择。输出格式可以根据用户的要求进行调整，生成不同类型的全年逐时气象数据。所有的气象数据是基于中国国家气象局对 193 个城市 20 年的实测数据通过随机算法模拟计算生成。因此，Medpha 是具有独立知识产权的软件。

（2）建筑分析模拟模块 BAS（Building Analysis and Simulation）。BAS 是 DeST 的建筑模拟核心，采用"状态空间法"对整个建筑物多房间的热特性进行详细的模拟计算。用户可以选择全自动运行或者单独运行其中某个模块（如建筑结构分析、太阳辐射计算以及基础室温计算等）。

（3）计算机辅助建筑描述模块 CABD（Computer Aid Building Description）。与国外模拟软件（DOE-2 和 TRNSYS）相比，CABD 是采用 CAD 方式描述建筑最早、最成熟的程序。为了使建筑描述和实际的设计过程相一致，DeST 提供基于 ACADR14 的建筑描述界面。

（4）空调系统方案模拟模块 Scheme（HVAC Scheme Simulation）。空调方案模拟是 DeST 中的一个重要模块，通过模拟在不同空调方案下建筑物的性能，对各种空调方案（分区、系统类型、运行方式等）的效果进行验证，并对选择空气处理装置提出详细的需求。

（5）全工况选择空气处理室模块 ACSel。ACSel 模拟在全工况下设备的运行状态，通过空调方案分析计算出全年逐时的机组回风状态、要求的送风状态、送风量和室外空气状态，ACSel 自动找出最小能耗的处理过程，并且与具体的设备数据库相连，根据每一个小时下的工况对各种空气处理装置进行校验。

（6）风机、管道网络分析模块 DNA/PNA（Duct/Pipe Network Analysis）。DNA 在分析风道和管网时采用"可及性分析"的模拟方法，即对于逐时要求的风量，通过模拟计算判断该管网是否能够实现风量分配，同时计算出每个时刻管网各处的压降和风机要求的压头，从而计算出风机所有的工况点，为选择风机提供依据。

（7）变风量末端的噪声分析模块 NLA（Noise Lever Analysis of VAV terminal）。

（8）CPO 模块是在确定了空气处理装置之后，根据要求的水温水量对冷冻机进行全工况的校验。

（9）设备数据库 EDB（Equipment Database）。

（10）基于知识库的经验数据维护模块 ECM（Experience Coefficients Management）。

第四节　用度-日法做建筑能耗分析

我们通常用语言来表述冷热的感觉。比如，我们说"今天很冷"，就意味着今天的室外气温较之人能感到舒适的室内温度低得多，也意味着这一天的采暖能耗会比较大；我们说"今天很热"，就表明今天的空调冷量需求会很大，也表明由于空调的大量开启，这一天的供电负荷会形成高峰。可以用"度-日"数值来量化冷热的程度。

常用的有采暖度日数（HDD，heating degree day），指在采暖期中，室外逐日平均温度低于室内温度基数的度数之和。即：

$$HDD = \sum_{i=1}^{n}(t_R - t_{m,i})$$

式中　HDD——采暖期度日数，℃·d 或 dd；

　　　n——采暖期天数或计算天数，d；

　　　t_R——室内温度基数，℃，我国一般取 18℃，国外取 18.3℃（65F），也有取 15.6℃（60F）；

　　　$t_{m,i}$——第 i 天的室外日平均温度，℃。

简化统计方法可按下式确定：

$$HDD = n(t_R - t_m)$$

式中　t_m——采暖期室外平均温度，℃。

例如，某一天室外日平均气温为 6℃，则这一天的采暖度日数 HDD = 12dd。

同样，还有空调度日数（CDD，cooling degree day），指在供冷期中，室外逐日平均温度高于室内温度基数的度数之和。即：

$$CDD = \sum_{i=1}^{n}(t_{m,i} - t_R)$$

式中各项的意义同上。我国《夏热冬冷地区居住建筑节能设计标准》中规定 $t_R = 26$℃。

t_R 的取值是一件比较复杂的事情。因为并不是说室外气温一旦低于 t_R 便马上开启采暖，很多情况下室内发热量（如照明、人体和设备）和日射得热量足以抵消热损失。而室内设定温度也不一定是 18℃。因此又定义了一个平衡温度 t_{bal}，对于某个室内设定温度 t_i，当室温达到 t_{bal} 时，得热 q_{gain} 正好等于热损失。即：

$$q_{gain} = K_{tot}(t_i - t_{bal})$$

式中　K_{tot}——建筑的总热损失系数，W/℃。

$$K_{tot} = \frac{Aq_H}{(t_i - t_e)}$$

式中　A——建筑面积，m²；

q_H——各地采暖期耗热量指标，W/m^2；

t_e——各地采暖期室外平均温度，℃。

因此可以得到平衡温度 t_{bal} 为：

$$t_{bal} = t_i - \frac{q_{gain}}{K_{tot}}$$

当室外气温降低到 t_{bal} 以下时需要采暖。这里的得热 q_{gain} 值（特别是太阳辐射）必须按计算周期取平均值。采暖度日 HDD 可以表示为：

$$HDD = \sum_{i=1}^{n}(t_{bal} - t_{m,i})$$

因此，建筑全年采暖能耗可以用下式计算：

$$Q_H = \frac{K_{tot}}{\eta_H} HDD(t_{bal})$$

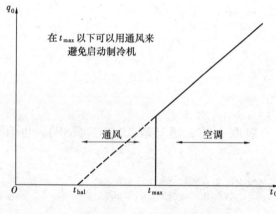

图 4-10 供冷起始温度

式中 η_H——采暖系统效率。

用空调度日值做供冷能耗分析比采暖更困难。因为在整个采暖季外窗基本都是关闭的，空气渗透量也是基本恒定的。但在供冷季，实际上当平衡温度 t_{bal} 在某个温度 t_{max} 之下时可以用开窗或全新风运行来供冷（见图 4-10）。

因此，建筑全年供冷能耗可以用下式计算：

$$Q_C = \frac{K_{tot}}{\eta_C}[CDD(t_{max}) + (t_{max} - t_{bal})N_{max}]$$

式中 $CDD(t_{max})$——是以 t_{max} 为基准的供冷度日数；

N_{max}——供冷季中室外气温升高到 t_{max} 以上的天数；

η_C——空调系统的效率。

但即使做了这样的改变，供冷能耗计算仍然存在一些不定因素，例如空调夜间停止运行、不同的空调控制方式等都会对能耗有影响。因此美国 ASHRAE 建议对供冷能耗分析最好用以小时气温为基础统计得到的"度时数"（CDH, cooling degree hours）计算。

对于建筑管理者而言，可以根据运行经验和运行数据的积累应用度-日法做能耗分析。

第一步，用过去每月的采暖空调系统能耗数据建立起与相应月份的度日数之间的关系。将能耗数值作为纵坐标，度日数作为横坐标，可以得到图 4-11。

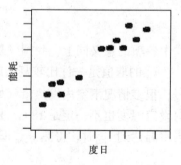

图 4-11 能耗与度日数的关系

从图 4-11 可看出，能耗点的分布基本上呈线性规律。因此，第二步可以将这些散点回归成直线。用 Excel 软件很容易做回归，并得出相应的直线方程（见图 4-12）。

有时能耗点的分布可能比较分散，回归后的方差会比较大、相关系数比较小，但只要建筑管理者能确信自己的计量仪表是准确的，就可以忽略这些误差。由此得出的直线称为目标特性线（target characteristic line）。

第三步，继续不断地将每月（或每星期）的能耗值标注到图上。这些点应该是十分接近目标特性线。当然，如果有某种意外情况或异常因素的影响，也会使能耗点远远偏离目标特性线。

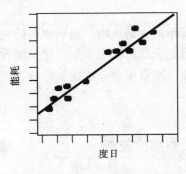 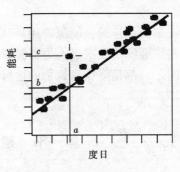

图 4-12　能耗与度日数的直线关系　　　　图 4-13　异常能耗值

第四步，就是用目标特性线做运行能耗的分析。如在图 4-13 中，对应于度日数 a，正常的能耗值应该是 b，但实际值却是 c，远高于正常值。这时，管理者需要分析原因，看是不是控制系统的失灵或某些设备效率的衰减。

第五章 建筑能效管理中的技术经济分析方法

有许多商用建筑，能源费用是其经营管理单位每年最大的支出。当然也有的经营管理单位，建筑能源费仅次于人力资源费而居第二位。因此无论对哪家单位，建筑能效管理的主要目的之一都是降低建筑物的运行成本，节支增效。本章主要介绍建筑能效管理中的经济考虑。

第一节 建筑能效管理中的经济分析

一、收益和成本，资金的时间价值

一般而言，业主或设施管理人员想要投资一个建筑节能的项目，他总是期望收益能大于成本。自己的投入能够在尽可能短的时间内回收。建筑节能项目潜在的收益包括：

(1) 能源费用的节省；
(2) 减小耗能设备的容量从而降低设备投资；
(3) 减少耗能设备的维护费用；
(4) 减少运行管理人员从而降低劳动力开支；
(5) 改善室内环境品质从而提高主业经营的效益；
(6) 销售回收的能量得到的额外收入；
(7) 降低环境污染。

但是，我们在占用一笔资金（本金）作建筑节能的投入时，我们必须为使用这笔资金付出一定的代价，这就是利息。占用资金的时间越长，付出的利息就越多。因此，利息就是资金的时间价值。

$$F_n = P + I_n$$

式中　F_n——本利和；
　　　P——本金；
　　　I_n——利息；
　　　n——计算利息的周期数。

利息通常根据利率来计算。利率是在一个计息周期内得到的利息与本金之比。用 i 表示：

$$i = \frac{I_1}{P} \times 100\%$$

式中　I_1——在一个计息周期内的利息。

在建筑能效管理的技术经济分析中，往往要对项目整个寿命周期内的全部支出和全部收益进行评价。这时，必须要考虑资金的时间价值，而不是简单地把不同时间发生的收支资金相加或相减。要用到资金等值计算公式：

(1) 一次支付终值公式： $$F = P(1+i)^n \tag{5-1}$$

所谓一次支付，就是所有现金流在一个时间点上一次发生。比如，为了完成一项节能改造项目，向银行贷款 P，而在 n 年后连本（P）带息（i）一次还清，偿还的金额为 F。该式与计算复利的公式是一样的。把 P 称为现值；F 为终值；i 为折现率。

如果用函数形式表示就是： $F = P(F/P, i\%, n)$

括号内的部分称为一次支付终值系数，可以查表，自己计算其实也很容易。

(2) 一次支付现值公式： $$P = F\left[\frac{1}{(1+i)^n}\right] \tag{5-2}$$

或： $P = F(P/F, i\%, n)$

这实际上是已知终值求现值的逆运算。括号内称为一次支付现值系数。

(3) 等额分付终值公式： $$F = A\left[\frac{(1+i)^n - 1}{i}\right] \tag{5-3}$$

也可以表述为： $F = A(F/A, i\%, n)$

所谓"等额分付"就是现金的流入和流出在多个时间点上发生，且数额是相等的。比如，物业管理公司每年等额存入一笔设备改造基金 A，在存款利率是 i 的条件下，第 n 年后可以得到一笔金额为 F 的基金。同样还有：

(4) 等额分付现值公式： $$P = A\left[\frac{(1+i)^n - 1}{i(1+i)^n}\right] \tag{5-4}$$

(5) 等额分付偿债基金公式： $$A = F\left[\frac{i}{(1+i)^n - 1}\right] \tag{5-5}$$

(6) 等额分付资本回收公式： $$A = P\left[\frac{i(1+i)^n}{(1+i)^n - 1}\right] \tag{5-6}$$

式（5-6）很重要。例如，为节能改造投入经费为 P，希望节能产生的效益能在 n 年内将投资回收，那么每年由节能所产生的成本节约不能小于 A。如果测算下来节约不到 A，那这个节能改造在经济上就是不合理的。我们可以把括号内部分记作 $(A/P, i\%, n)$，称为资金回收系数。

这给我们传递了一个重要信息：一个节能项目不管它技术上有多么先进，但如果不能带来经济上的回报，或者节能的效益不能满足投资者的期望，那么这样的节能项目就不值得去做。

二、经济评价方法

如果不考虑资金的时间价值，可以用静态评价方法。一般而言，静态评价方法只能用于对节能方案的初期评价。而在做项目的可行性研究时，则必须采用考虑资金时间价值的动态评价方法。

(1) 静态投资回收期：所谓投资回收期，就是用项目各年的净收入（各年的收入减去支出）将全部投资收回所需要的期限。静态投资回收期可根据式（5-7）计算：

$$\sum_{t=0}^{T_p} NB_t = \sum_{t=0}^{T_p} (B-C)_t = K \tag{5-7}$$

式中　K——投资总额；

　　　B_t——第 t 年的收入；

C_t——第 t 年的支出（不包括投资）；

NB_t——第 t 年的净收入，$NB_t = B_t - C_t$；

T_p——投资回收期。

(2) 静态投资收益率（回报率）：项目在某一正常运转年份的净收益与投资总额的比值。

$$R = \frac{NB}{K}$$

如果 R 值小于预期回报率，则项目不可行。

(3) 净现值：净现值是动态评价中最主要的指标之一。它把项目寿命周期内每年的现金流按一定折现率折现到同一时间点（通常是期初），在该点的现值累加值就是净现值。

$$\text{NPV} = \sum_{t=0}^{n}(\text{CI} - \text{CO})_t(1+i_0)^{-t} = \sum_{t=0}^{n}(\text{CI} - K - \text{CO}')_t(1+i_0)^{-t} \tag{5-8}$$

式中 NPV——净现值；

CI_t——第 t 年的现金流入量；

CO_t——第 t 年的现金流出量；

K_t——第 t 年的投资支出；

CO'_t——第 t 年除投资外的现金流出量，$\text{CO}'_t = \text{CO}_t - K_t$；

n——项目寿命年限；

i_0——基准折现率。

若 NPV≥0，则项目可行；若 NPV＜0，则项目不可行。在多个方案中，NPV 越大越好。

基准折现率 i_0 又可称为目标收益率，是决策者对资金时间价值的估值。它由三部分组成：

$$i_0 = (1+r_1)(1+r_2)(1+r_3) - 1 \tag{5-9}$$

r_1 被称为投资的机会成本。即这笔资金如果投资别的项目可能得到的盈利率。基准折现率不能低于机会成本，否则投资该项目就没有意义。机会成本中包含了向银行贷款所付的利息。

r_2 被称为年风险贴水率。由于在做可行性研究时无法预计到项目执行期内投资环境、市场环境和项目采用的技术可能会发生什么变化，如果有不利的变化就可能导致项目的收入减少，也就是存在一定的风险。为了补偿可能出现的风险，就要考虑一个适当的风险贴水率。也可在保险公司投保以转移风险。

r_3 即年通货膨胀率。

因为 r_1、r_2、r_3 都是很小的数，因此基准折现率可近似表达为：

$$i_0 = r_1 + r_2 + r_3$$

(4) 净年值：把项目的净现值 NPV 分摊到寿命周期内各年（从第 1 年到第 n 年）所得到的等额年值。

$$\text{NAV} = \text{NPV}(A/P, i_0\%, n) = \sum_{t=0}^{n}(\text{CI} - \text{CO})_t(1+i_0)^{-t}(A/P, i_0\%, n) \tag{5-10}$$

式中　　NAV——净年值；
$(A/P, i_0\%, n)$——资金回收系数。

若 NAV≥0，则项目可行；若 NAV<0，则项目不可行。

(5) 费用现值与费用年值：如果比较多个方案，且各方案需要的投资额相同，或多个方案均能满足同样需求但产出效益无法用货币的价值形态来衡量（比如项目具有环保、教育等社会效益），可以用费用现值或费用年值来评价。

费用现值：
$$PC = \sum_{t=0}^{n} CO_t (1+i_0)^{-t} \tag{5-11}$$

费用年值：
$$AC = PC\left[\frac{i_0(1+i_0)^n}{(1+i_0)^n - 1}\right] = \left[\sum_{t=0}^{n} CO_t(1+i_0)^{-t}\right] \times \left[\frac{i_0(1+i_0)^n}{(1+i_0)^n - 1}\right] \tag{5-12}$$

在多方案中，费用现值或费用年值最小的方案为最优。

【例1】　某大楼有三个空调系统的方案 A、B、C，均可满足需求。三个方案的费用见下表。假定基准折现率 $i_0 = 10\%$，选取一个最佳方案。

三个空调方案的费用（万元）

方案	投资（第0年末）	运行费（第1年至第10年末）
A	200	60
B	240	50
C	300	35

【解】　各方案的费用现值计算得到：

$PC_A = 568.64$ 万元；$PC_B = 547.2$ 万元；$PC_C = 515.04$ 万元

各方案的费用年值计算得到：

$AC_A = 92.55$ 万元；$AC_B = 89.06$ 万元；$AC_C = 83.82$ 万元

计算过程从略。计算结果表明，方案 C 最优，方案 A 最差。

(本例题引自傅家骥、仝允桓主编《工业技术经济学［第二版］》)

从这个例题可以看出，有的方案看起来要增加一些初投资，但从长期的能源费开支、运行费开支来看却是十分经济的。这也表明了节能项目投资与回报的辩证关系。

(6) 内部收益率：即净现值为零时的折现率。它也是经济评价的一个重要指标。

解下述方程可以得到内部收益率 IRR：

$$NPV = \sum_{t=0}^{n} (CI - CO)_t (1 + IRR)^{-t} = 0 \tag{5-13}$$

这是一个高次方程，通常只能用试算法来解。即假定两个折现率 i_1 和 i_2，$i_1 < i_2$，分别计算出对应的 NPV_1 和 NPV_2，如果 $NPV_1 > 0$，而 $NPV_2 < 0$，则有：

$$IRR = i_1 + \frac{|NPV_1|}{|NPV_1| + |NPV_2|}(i_2 - i_1) \tag{5-14}$$

如果 IRR 大于基准折现率 i_0，则项目可行。

(7) 动态投资回收期：

用试算法解出下面的方程：

$$\sum_{t=0}^{T_p} (CI - CO)_t (1 + i_0)^{-t} = 0 \qquad (5-15)$$

得到 T_p 便是动态投资回收期（年）。

【例2】 某宾馆拟用15W节能灯替换75W的白炽灯。如果节能灯是50元/只，寿命7200小时；白炽灯1.5元/只，寿命1800小时；宾馆全年平均用灯时间3600小时。现拟以贷款形式完成此项目，贷款年利率为12%。电费为1元/kWh。试评价该项目的经济效益。

【解】 因为该项目中灯的寿命周期比较短，因此以月为评价周期，以每盏灯为计算单位。月利率为1%。每盏灯节电60W，每月平均工作300小时，节电18kWh。节省的电费作为投资回报。

节能灯的经济效益评价

项\月	0	1	2	3	4	5	6	7
投资支出	50							
节电收入		18	18	18	18	18	18	18
节省购白炽灯费用(收入)	1.5						1.5	
净现金流	-48.5	18	18	18	18	18	19.5	18
折现值	-48.5	17.82	17.65	17.47	17.30	17.13	18.37	16.79
累积折现值	-48.5	-30.68	-13.03	4.44	21.74	38.87	57.24	74.03

从上表中可以看出，该项目动态投资回收期只有3个月。而运行6个月后就可以"赚"出一个节能灯来。因此该项目的经济效益是非常好的。

三、项目的寿命周期成本

所谓"寿命周期成本（LCC，Life Cycle Cost）"，是指建筑物或设备从设计、建造、使用直到拆毁的全过程的耗费。即产品"从摇篮到坟墓"的整个生命历程中的耗费。由于建筑物在建造过程中是在短时间内集中支出，并且这些支出又会体现在售价或租金之中。因此建造成本（即初投资）容易引起人们的重视。而使用过程中的能耗、维护、运行管理等的支出往往是建造成本的数倍，但由于它是分散支出，所以人们会忽视，造成很多建筑物（或产品）"买得起，用不起"。

表5-1就是一幢典型办公大楼的寿命周期成本各组成部分的比例。

办公楼的寿命周期成本（LCC）组成　　　　表5-1

	LCC 100%		LCC 100%
初期建设	28.9	运行	50.1
规划+地产	3.2	光热水	17.7
结构工程	7.0	空调热源	2.9
外装修	4.5	空调输送	2.6
内装修	4.8	换气	1.6
设备安装	9.4	照明插座	4.8
设计	2.3	电梯	0.6
初步设计	1.6	供热水	0.3
改造设计	0.7	其他用电设备	1.3

续表

	LCC 100%		LCC 100%
厨房用煤气	1.3	设备维修	6.7
上下水处理	1.3	改造工程	14.5
一般废弃物处理	0.9	内装修改造	4.8
维护管理	22.5	设备改造	9.7
维护、清扫、安保	19.3	废弃处理	4.2
一般管理	3.2	结构、构造	3.2
修缮	9.9	设备	1.0
外装、内装修缮	3.2		

因此，对于建筑管理者来说，要用价值工程的思想，对建筑物做寿命周期成本分析。而选用节能设备和加强能效管理是降低寿命周期成本的有效措施。

寿命周期成本计算公式实际就是在整个寿命周期里所有支出的净现值：

$$\text{LCC} = \sum_{t=0}^{n} \text{CO}_t \cdot (1+i_0)^{-t} \tag{5-16}$$

具体到建筑物中，就有：

$$\text{LCC} = I + R_{epl} - R_{es} + E + W + OMR \tag{5-17}$$

式中 LCC——某一方案总寿命周期成本的净现值；
    I——初投资的净现值；
    R_{epl}——设备更新投资的净现值；
    R_{es}——寿命周期结束时的残值的净现值；
    E——能源费的净现值；
    W——水费的净现值；
    OMR——非燃料的运行、维护和修理费的净现值。

下面通过一个空调系统方案的例子来说明节能措施对降低寿命周期成本的作用。

【例3】 某办公大楼的空调系统有两个方案 A 和 B 见下表，比较寿命周期成本。

	方案 A（常规系统）	方案 B（采取一定节能措施）
方案简介	定风量空调系统。用往复式制冷机	定风量空调系统。用往复式制冷机。增加夜间回设控制和过渡季全新风运行模式
初投资（一次付款）（万元）	103	110
第12年末更换风机（万元）	12	12.5
20年后系统残值	3.5	3.7
年使用电费（0.8元/kWh，250000kWh）	20	13
年运行维护费	7	8
折现率	3%	
研究期间	20年	

【解】 下表是方案 A 的计算汇总：

开支项目	基本费用	出现年份	现值系数	折现值
(1)	(2)	(3)	(4)	(5) = (2) × (4)
初投资	103	0	已经是现值	103
风机置换	12	12	0.701	8.412
残值	3.5	20	0.554	-1.939
电费	20	每年	14.88	297.6
运行维护费	7	每年	14.88	104.16
总 LCC				511.233

再看方案 B 的计算汇总：

开支项目	基本费用	出现年份	现值系数	折现值
(1)	(2)	(3)	(4)	(5) = (2) × (4)
初投资	110	0	已经是现值	110
风机置换	12.5	12	0.701	8.762
残值	3.7	20	0.554	-2.050
电费	13	每年	14.88	193.44
运行维护费	8	每年	14.88	119.04
总 LCC				429.192

很明显，方案 B 的寿命周期成本比方案 A 少了 82 万。尤其在中国，相对于劳动力成本来说，能源费还是比较高的。在我国一些大城市中，电费大致是美国平均电费的 50%～100%，而平均工资只有美国的 10% 不到。因此投资节能项目所增加的人力开支不大，一般都能获益。

四、资产增值

在房地产估价理论中，一座房产的价值可以用该房产的年净经营收入（NOI，Net Operating Income）去除以房产的资本化率。即：

$$PV = \frac{NOI}{CR} \tag{5-18}$$

式中　PV——资产价值（Property Value）；

　　　CR——资本化率（Capitalization Ratio）。

因此，这种估价方法在国外被称为"收入资本化方法"（Income Capitalization Approach）。在中国被称为"收益法"。

净经营收入 NOI 应根据估价对象的具体情况计算。出租型房地产的净收益为租赁收入扣除维修费、管理费、保险费和税金。商业经营型房地产的净经营收入为商品销售收入扣除商品销售成本、经营费用、商品销售税金及附加、管理费用、财务费用和商业利润。生产型房地产的净经营收入为产品销售收入扣除生产成本、产品销售费用、产品销售税金及附加、管理费用、财务费用和厂商利润。自用的房地产可以参照有收益的类似房地产的有关资料计算。

资本化率 CR 可以用一些简单方法分析确定。一种是市场提取法，即调查搜集市场上三宗以上类似房地产的价格、净收益等资料，用上述收益法计算公式求出资本化率。另一种是安全利率加风险调整值法，以安全利率加上风险调整值作为资本化率。所谓安全利率，是选用同一时期的一年期国债年利率或中国人民银行公布的一年定期存款年利率。而风险调整值应根据估价对象所在地区的经济现状及未来预测、估价对象的用途及新旧程度等确定。一般而言，CR 在 8%～12%之间。

在商用建筑中，能源成本显然也是要从营收中扣除的。因此，采取节能措施降低能源成本，可以使建筑资产增值。节约能源费，相当于增加了净收入 NOI。例如本章前述的例子，B 方案的寿命周期成本比 A 方案少了 82 万，相当于平均每年增加净收入 NOI = 4 万元。如果资本化率为 CR = 10%，那么这样一个节能方案可以使该办公大楼的资产增值 40 万。

美国市场转型研究所（IMT）首先提出了上述观点。但是研究人员也认为，要在房地产估价的实践中应用这一方法，还有一些障碍要克服：

（1）房地产估价师缺乏建筑节能方面权威性的信息。因为影响建筑能耗的因素很多。即使能耗数据或能源费账单表明某一建筑降低了能耗，它还必须拿出气象数据和入住率等数据作为佐证。因此必须要有一套完整的评价方法和评价标准。第四章中的计算机模拟是一种比较好的手段。

（2）房地产估价师缺乏建筑节能技术方面的知识。在房地产估价程序中，也没有要求有建筑能量特性方面的评估要求。

（3）对节能措施可靠性的怀疑。

第二节 建筑能效管理中的能量分析方法

建筑物的能量分析通常有两种方法。第一种方法依据的是能量的数量守恒关系，即热力学第一定律。通过分析，揭示出能量在数量上的转换、传递、利用和损失的情况，确定出某个系统或装置的能量利用或转换效率。由于这种分析方法和由此算出的效率是基于热力学第一定律基础之上的，故称为"能分析"和"能效率"，或称"第一种效率" η_1。

第二种方法依据的是能量中㶲的平衡关系，即热力学第一和第二定律。通过分析揭示出能量中㶲的转换、传递、利用和损失的情况，确定出该系统或装置的㶲利用效率。由于这种分析方法和由此得出的效率是基于热力学第一定律和第二定律的基础之上的，故称为"㶲分析"和"㶲效率"，或称"第二种效率" η_2。

如图 5-1 所示，进入某个系统的能量 E 应等于系统对外作功 W 和离开系统的热量 Q 之和，再加上系统内部的能量积累。如果整个系统是稳定的，则系统内部的能量不发生变化，此时

$$E = W + Q$$

所以能效率应为：

$$\eta_1 = \frac{W}{E} = 1 - \frac{Q}{E}$$

对于热设备（如锅炉），它的能效率

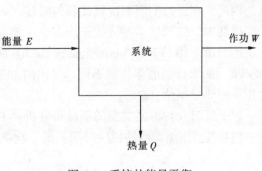

图 5-1 系统的能量平衡

即热效率。热效率表示为输出热量与输入热量之比。这类设备的热效率一般小于1。在图5-1中，W 是输出热量，而 Q 则表示损失的热量，因此 $\eta_1 < 1$。而热泵和制冷机是热机的逆循环，是消耗一定的功，从低温环境中提取热量输送到高温端。图5-1中 Q 为负值（方向相反），因此热泵和制冷机的热效率被称为制热系数或制冷系数，也有称为"成绩系数"或"性能系数"的（COP, Coefficient of Performance）。因为它们从自然环境中获取能量，所以 COP 常常是大于 1 的数值。

目前常见的压缩式制冷机和热泵多是电力驱动的，也有用内燃机作为原动机来驱动热泵。热泵或制冷机的性能系数可用下式表示：

热泵：
$$\text{COP} = \frac{-Q}{-W} = \frac{T_0}{T - T_0}$$

制冷机：
$$\text{COP} = \frac{-Q_0}{-W} = \frac{T_0}{T - T_0}$$

式中 $-Q$——向高温热源提供的热量（负号表示与图5-1中箭头方向相反，下同）；

$-Q_0$——从低温热源提取的热量（即提供的冷量）；

$-W$——压缩机作的功；

T_0——低温热源的绝对温度，K，即制冷机（热泵）的蒸发温度；

T——高温热源的绝对温度，K，即制冷机（热泵）的冷凝温度。

实际的 COP 还要乘以制冷机（热泵）的效率。制冷机（热泵）的机械效率与循环的不可逆性、系统散热和压缩机的机械效率有关。一般在 0.4~0.7 之间。例如一台制冷机的冷凝温度是 35℃，蒸发温度是 5℃，效率为 0.4，则它的 COP 为 3.7。降低冷凝温度或提高蒸发温度可以提高 COP；反之，则会降低 COP。

通常我们把电动制冷机（热泵）当作"黑箱"，将在一定环境条件下输出的冷热量去除以输入制冷机（热泵）的电功率作为该机的额定 COP。其单位为 kW/kW。

电动压缩式制冷机的制冷系数（COP）比直燃型溴化锂吸收式制冷机的热力系数高得多。但两者的比较标准不一样。电动制冷机的制冷系数为制冷量与输入电功率之比，没有考虑发电机组在发电过程中的损失、输配电过程的损失等。而溴化锂吸收式制冷机的热力系数仅表明生产一定的冷量时需要消耗的热量，它没有反映出这些热量怎样来的；如果是蒸汽驱动的溴化锂吸收式制冷机，其热量为蒸汽的热量而没有考虑锅炉产生这些蒸汽的损失；如果是直燃型溴化锂吸收式制冷机其热量即为消耗的燃料（燃油、燃气）所提供的热量。因此，在进行不同制冷机比较的时候，一定不能混淆各自所消耗的究竟是一次能源还是二次能源。比较的基准应统一设为一次能源的利用率，即单位制冷量或制热量所消耗的一次能源量，用 PER（Primary Energy Ratio）或 EER（Energy Efficiency Ratio）表示，单位为 kW/kW。如果比较的单位制不同，得出的 PER 或 EER 也会大相径庭。特别在美国，习惯上用英制热量单位（Btu）。

以下针对几种不同类型的制冷机分析其 PER。

（1）电动压缩式制冷机（热泵）的一次能源利用率为：

$$\text{PER} = \frac{Q_0}{W} \times \eta_\text{f} \times \eta_\text{w} \times \eta_\text{y}$$

式中 Q_0——制冷机的制冷量，kW；

W——输入制冷机的电功率,kW;

η_f——电厂的发电效率;

η_w——电网的输送效率;

η_y——压缩机的电机效率,一般取 0.9。

发电效率 η_f,电网的输送效率 η_w,见表 5-2。

我国火力发电的发电效率和电网效率 表 5-2

年度	发电煤耗 (克标准煤/kWh)	电厂供电热效率 (%)	线路损失率 (%)	年度	发电煤耗 (克标准煤/kWh)	电厂供电热效率 (%)	线路损失率 (%)
1990	392	28.77	8.06	1996	377	32.94	8.53
1991	390	31.9	8.15	1997	375	32.95	8.21
1992	386	29.25	8.29	1998	373	33.08	8.13
1993	384	30.16	8.52	1999	369	33.46	8.1
1994	381	32.7	8.73	2000	363	33.84	7.81
1995	379	32.83	8.77	2001	357	35.09	7.55

根据我国的具体情况,取电厂的发电效率 $\eta_f = 35\%$、电网的输送效率 $\eta_w = 92\%$。可知电力驱动制冷机(热泵)的一次能利用率为:

$$PER = 0.322 \times COP$$

(2)溴化锂吸收式制冷机的驱动热源为蒸汽时,其一次能源利用率为:

$$PER = \frac{Q_0}{\dfrac{Q_g}{\eta_g \times \eta_{sg} \times \eta_{gd}} + \dfrac{W_{rb}}{\eta_f \times \eta_w \times \eta_y}}$$

式中 Q_0——溴化锂蒸汽吸收式制冷机的制冷量,kW;

Q_g——吸收式制冷机所消耗的热量,kW;

η_g——锅炉效率,一般为 0.6~0.75;

η_{sg}——室内外输送管道的热效率,一般为 0.93~0.94;

η_{gd}——锅炉房内管道热效率,一般为 0.9~0.95;

W_{rb}——溴化锂吸收式制冷机的溶液泵、冷剂泵、真空泵等的耗电,kW。

式中分母的第二项为蒸汽型溴化锂吸收式制冷机溶液泵、冷剂泵、真空泵等所需的耗电转换成一次能源利用的情况。

(3)直燃型溴化锂吸收式制冷机使用燃气和燃油等燃料燃烧加热,由于燃气(天然气或煤气)、燃油(重油或轻质油)均属于一次能源,故直燃机的一次能源利用率为:

$$PER = \frac{Q_0}{G_r \times q_{rz} + \dfrac{W_{rb}}{\eta_f \times \eta_w \times \eta_y}}$$

式中 Q_0——为直燃机的制冷量,kW;

G_{rl}——为燃料的耗量,kg 或 m³;

q_{rz}——为使用燃料的热值,kJ/kg 或 kJ/m³,见表 5-3;

W_{rb}——直燃型溴化锂吸收式制冷机的燃烧器、溶液泵、冷剂泵、真空泵等的耗电，kW。

各种燃料的热值　　　　表 5-3

燃料	平均低位发热量 kJ（kcal）/kg	折合标准煤 kg 标煤/kg
原煤	20908（5000）	0.7143
洗精煤	26344（6300）	0.9
燃料油	41816（10000）	1.4286
柴油	42652（10200）	1.4571
天然气	38931（9310）	1.33
焦炉煤气	16726～17981（4000～4300）	0.5714～0.6143
压力气化煤气	15054（3600）	0.5143
沼气	20908（5000）	0.714
电力当量	3596（860）kJ（kcal）/kWh	0.1229 kg 标煤/kWh
热力当量		0.03412kg 标煤/MJ 0.14286 kg 标煤/1000kcal

（4）水冷系统的冷却塔能耗：空气源（风冷）热泵机组的室外侧换热器用风机来强制通风。而溴化锂吸收式机组和水冷的电动压缩式冷水机组则需要冷却水系统。冷却水系统包括水泵、输送管道和冷却塔。冷却水泵及冷却塔风机均要消耗一定的电能。冷却水泵的电能按下式估算：

$$W_{lb} = \frac{1.05LH}{102\eta_p\eta_m}$$

式中　W_{lb}——冷却水泵的耗电，kW；
　　　1.05——富裕系数；
　　　L——水泵的流量，L/s；
　　　H——水泵的扬程，mH₂O；
　　　$\eta_p \cdot \eta_m$——水泵与电机效率的乘积，一般取 0.6～0.7，大系统可取高值。

冷却塔风机的耗电 W_{lf} 可按表 5-4 取值：

冷却塔风机耗电 W_{lf}（kW/kW 冷量）　　　表 5-4

项　目	压缩式制冷系统	溴化锂吸收式制冷系统
冷却塔耗电	0.0047～0.008	0.007～0.012

因此，对于水冷电动压缩式冷水机组，考虑冷却水泵、冷却塔的风机耗电，其一次能源利用率为：

$$PER = \frac{Q_0}{W + W_{lb} + W_{lf}} \times \eta_f \times \eta_w \times \eta_y$$

对于风冷热泵机组，考虑风机耗电，其一次能利用率为：

$$PER = \frac{Q_0}{W + W_{lf}} \times \eta_f \times \eta_w \times \eta_y$$

对于直燃型溴化锂吸收式制冷机的一次能利用率为：

$$PER = \frac{Q_0}{G_{rl} \cdot q_{rz} + \dfrac{W_{rb} + W_{lb} + W_{lf}}{\eta_f \cdot \eta_w \cdot \eta_y}}$$

对于蒸汽型溴化锂吸收式制冷机,考虑冷却水系统耗电的一次能利用率为:

$$PER = \frac{Q_0}{\dfrac{Q_g}{\eta_g \times \eta_{sg} \times \eta_{gd}} + \dfrac{W_{rb} + W_{lb} + W_{lf}}{\eta_f \times \eta_w \times \eta_y}}$$

根据上面的计算方法,对各种不同型号的制冷机的一次能效率进行了比较。

1) 在额定制冷工况下,不考虑冷却系统能耗,得出的比较结果见表5-5(其中直燃机以天然气作燃料):

制冷额定工况下各种制冷机的一次能效率比较(不计冷却系统能耗)　　表5-5

序 号	机 组 形 式	PER（KW/kW）	PER 的比较（％）
A	离心式冷水机组	1.35	100
B	离心式冷水机组	1.25	92.7
C	螺杆式冷水机组	1.19	88.4
D	活塞式风冷热泵机组	0.68	50.5
E	螺杆式风冷热泵机组	0.67	49.9
F	涡旋式风冷热泵机组	0.83	61.1
G	直燃型溴化锂吸收式机组	1.18	87.7
H	直燃型溴化锂吸收式机组	1.06	78.3
I	蒸汽双效溴化锂吸收式冷水机组	0.78	57.8

从表5-5可知,在额定制冷工况下,离心式冷水机组的一次能源利用率PER最高,即消耗1kW的一次能源可获得的冷量最大;其次为螺杆式冷水机组;直燃型溴化锂吸收式机组排第三。风冷热泵机组的一次能效率最低。可见,从一次能源的利用来说,空调冷源选择离心式冷水机组最佳。

2) 在额定制冷工况下,考虑冷却系统能耗,得出的比较结果会有所不同。因为各种冷源的冷却系统所消耗的能量不一样,如吸收式机组所需的冷却负荷大,冷却系统的耗能较大;而风冷热泵机组用空气冷却,冷却系统所需的能量较少。

对于电动离心式、螺杆式冷水机组及直燃型、蒸汽型吸收式冷水机组的冷却水系统,根据各自冷却水流量,分别取20、30、40、50、60mH$_2$O扬程来估算冷却水泵的耗电。而风冷热泵机组的冷却系统的耗电即为冷却风机的耗电。由此得到的比较结果见图5-2。

由图5-2可以看出,考虑冷却系统的耗能后,离心式冷水机组的一次能源利用率仍然最高。螺杆式冷水机组要比离心式机组低一些。而直燃型溴化锂吸收式机组的一次能源利用率要比蒸汽型吸收式机组和风冷热泵机组高。

3) 制热时的一次能耗比较:

由于离心式、螺杆式和蒸汽吸收式冷水机组没有制热功能,因此在制热工况下只比较直燃型溴化锂吸收式机组和风冷热泵机组。图5-3给出制热工况下的一次能源利用率。图中的比较已经考虑了冷却系统的能耗。

从图中可知,制热时,直燃型溴化锂吸收式机组的PER比风冷热泵机组的大。因此,

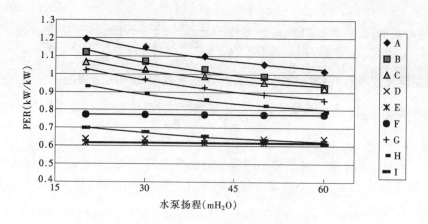

图 5-2 各种型号冷水机组在额定制冷工况下的一次能效率（考虑冷却系统能耗）

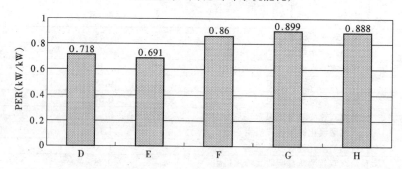

图 5-3 制热工况下直燃机与风冷热泵机组的一次能效率

从一次能源利用率的角度看，选直燃型溴化锂机组作为空调热源比风冷热泵机组要好。

本节的论述可以归纳为：

(1) 对能效率的分析要用统一的标准。用不同能源的热设备在作能效率比较时应将二次能源转换成一次能源。风冷热泵机组的一次能效率较低，主要原因是我国火力发电的总体效率比较低。从表 5-2 可以看出，我国发供电效率在不断提高。如果我国电力工业的发供电效率能够达到世界先进水平（如供电综合煤耗降低到 320g.sc/kWh；供电线损率降低到日本平均 3.4%的水平），则电动风冷机组的优势将发挥得更为明显。

(2) 对设备系统的能效分析不能只着眼于主机，而要将各种耗能的辅机全部考虑在内。比如近年来得到广泛推广的水源热泵系统，利用地下储水层的蓄热特性，做成开式系统。即从一口井取水，经热泵换热后再回灌至另一口井。水源热泵本身的 COP 值很高。但如果地下储水层比较深，或者当地地质条件要求的回灌压力比较大，就需要大扬程水泵。抽水泵和回灌泵的能耗理所当然地应计入整个热泵系统的能耗之中。有可能系统的综合能效比将低于空气源热泵。这样的系统就是"得不偿失"的系统。

(3) 能效率分析仅是能耗特性的数量上的分析。从管理者的角度来说还需要能耗的质量分析，更需要经济分析。在充分市场化的条件下，数量、质量和经济性是相互关联的。

(4) 建筑能耗分析除了要了解设备系统在额定工况下的能源效率，更需要掌握设备系统在部分负荷下的能耗特性。在一定意义上，后者更为重要。本书将在后面介绍部分负荷下的能耗分析方法。

第三节 建筑能效管理中的㶲分析

一、㶲分析法

以上介绍的能分析方法，其技术背景是基于热力学第一定律，即能量平衡原理。提高能量利用效率，是人们比较熟知的节能途经。但节能还有一个更重要的层面，就是要使能源的利用尽量合理，做到"物尽其用"。热力学第一定律指出各种形式的能量在数量上的关系（比如 1kWh 电全部转换成热量相当于 123g 标准煤完全燃烧所放出的热量）。但不同形式的能量在质量（品质）上也有很大的差别。比如用电直接加热采暖，就属于不合理用能；而用电驱动电动机，带动热泵从室外低温环境下采集热量向室内供暖就属于合理用能。这就需要用到基于热力学第二定律的㶲分析法。

一定形式的能量与环境之间完全可逆地变化，最后与环境达到完全的平衡，在这个过程中所作的功称为㶲（Exergy）。

由㶲的定义可知，以作功形式传递的能量全部都是㶲。因此在图 5-4 中有：

$$EX_W = W$$

设在图 5-4 中，一台卡诺热机从高温热源吸收热量 Q，对外作功 W，向低温热源放热 Q_0。热量 Q 的㶲为：

$$EX_Q = W = Q - Q_0 = \left(1 - \frac{T_0}{T}\right)Q$$

低温热源是温度为 T_0 的环境。

图 5-4 㶲分析示意图

上式中，当 $T < T_0$ 时，EX_Q 表示从低于环境温度的热源中取出热量所需要消耗的功。EX_Q 为负值，称为冷量㶲。说明系统从冷环境中吸收冷量而放出㶲。冷量㶲流方向与冷量方向相反。制冷机就是根据这一原理工作的。当 $T > T_0$ 时，EX_Q 为正值，表明高于环境温度的热源在放出热量时可以作有用功。

在环境条件下任一形式的能量在理论上能够转变为有用功的那部分称为能量的㶲，其不能转变为有用功的那部分称为该能量的㶳（Axergy）；因此有：能量 = 㶲 + 㶳。即：

$$Q = EX + AX$$

在一定的能量中，㶲占的比例越大，其能质越高。我们定义一个能质系数 ϕ_Q。

$$\phi_Q = EX/Q$$

在理论上，电能和机械能的能量完全可变为有用功。即：能量 = 㶲，$\phi_Q = 1$。电能和机械能的能质最高，是高级能量，或所谓"高品位能量"。而自然环境中的空气和海水都含有热能，但其能量 = 㶳，不能转变有用功，$\phi_Q = 0$，是一种低品位能量。介于二者之间的能量则有：能量 = 㶲 + 㶳。如燃料的化学能、热能、内能和流体能等。热能的能质系数为：

$$\phi_Q = \left(1 - \frac{T_0}{T}\right)$$

在自然界中，不可能实现 $T_0=0$ 和 $T=\infty$，所以，热能的能质系数 ϕ_Q 不可能等于 1。我们也可以看出，热源温度越高，能质系数也就越大。将热能按能质划分为 10 个能级，用下式计算：

$$\phi = \left(1 - \frac{T_0}{T}\right) \times 10$$

得到的能级表见表 5-6。

热 能 的 能 级 表　　　　　　表 5-6

热源温度 ℃ 分级 \ 能级 ϕ	0	1	2	3	4	5	6	7	8	9
0	25.0	58.13	99.54	152.78	223.77	323.15	472.23	720.65	1217.6	2708.4
0.1	28.01	61.85	104.26	158.95	232.19	335.32	491.34	754.95	1296.1	3039.6
0.2	31.08	65.65	109.09	165.31	240.90	348.00	511.46	791.67	1383.2	3453.7
0.3	34.22	69.55	114.06	171.85	249.92	361.21	532.66	831.11	1480.7	3986.1
0.4	37.42	73.54	119.15	178.59	259.26	375.00	555.04	873.58	1590.3	4696.0
0.5	40.69	77.61	124.38	185.54	268.94	389.41	578.71	919.45	1714.5	5689.9
0.6	44.03	81.79	129.76	192.71	278.98	404.46	603.76	969.14	1856.5	7180.6
0.7	47.44	86.07	135.28	200.10	289.40	420.22	630.34	1023.15	2020.3	7665.2
0.8	50.93	90.45	140.95	207.74	300.22	436.73	658.57	1082.1	2211.4	14634
0.9	54.49	94.94	146.78	215.62	311.46	454.05	688.82	1146.6	2437.3	29542

我们可以认识到这样两个原则：在热能利用中，1）不应将高能级的热能用到低能级的用途；2）尽量实现热能的梯级利用，减小应用的级差。

我们来分析一下本节开头处提到的电采暖问题。假定环境温度为 0℃（273K），采暖室内温度为 20℃（293K）。则热量 Q 的能质系数为：

$$\phi_Q = \left(1 - \frac{T_0}{T}\right) = \left(1 - \frac{273}{293}\right) = 0.068$$

而电能的能质系数为 1。二者之间能质系数之差为 0.932。就是说，电能转换为热能后，其绝大部分的电㶲退化为没有用的㷉。这是严重的浪费。不是数量上的浪费，而是质量上没有按质利用，是典型的"不合理用能"。

但是，问题需要辩证地去看。有时，我们又可以鼓励蓄热式电采暖。在电厂负荷有较大的昼夜峰谷差时，利用夜间电力作电采暖，可以平衡峰谷。宏观上又是一种合理用能的方式。关于这一点，后面还将论及。

根据热力学第一定律，可以用热效率来衡量一个系统的能量特性。同样，根据热力学第二定律，可以用㶲效率来全面评价热能转换和利用的效果。

$$\eta_e = \frac{EX_{\text{gain}}}{EX_{\text{pay}}}$$

式中　η_e——㶲效率；
　　　EX_{gain}——被利用的或收益的㶲；

EX_{pay}——支付或消耗的㶲。

可以把㶲效率看作收益㶲（即有效功）与热量㶲之比：

$$\eta_e = \frac{W}{EX_Q}$$

还是以建筑采暖为例，假定环境温度为 0℃（$T_0 = 273K$），采暖室内温度为 20℃（$T_a = 293K$），用不同品位的能量采暖其㶲效率是不同的。

1）用绝对压力为 1MPa 的饱和蒸汽（$T_b = 453K$）作为采暖热源，其㶲效率为：

$$\eta_{e1} = \frac{Q\left(1 - \frac{T_0}{T_a}\right)}{Q\left(1 - \frac{T_0}{T_b}\right)} = \frac{1 - \frac{273}{293}}{1 - \frac{273}{453}} = 17.2\%$$

2）用热效率为 60% 的煤气炉作为采暖热源，燃烧温度是 $T_b = 2300K$，其㶲效率为：

$$\eta_{e2} = \frac{Q \times 0.6 \times \left(1 - \frac{T_0}{T_a}\right)}{Q\left(1 - \frac{T_0}{T_b}\right)} = \frac{0.6\left(1 - \frac{273}{293}\right)}{1 - \frac{273}{2300}} = 4.6\%$$

3）用温度为 40℃ 的热水作为采暖热源，其㶲效率为：

$$\eta_{e3} = \frac{1 - \frac{273}{293}}{1 - \frac{273}{313}} = 53.4\%$$

计算结果显示，热水采暖是最合理的采暖方式。

二、建筑采暖空调系统的㶲分析

建筑物的采暖热源，如锅炉、直燃型溴化锂吸收式冷热水机组和热泵冷热水机组等，它们的任务是提供热量，因而热量㶲是收益部分，所消耗的各种能量中的㶲是代价㶲，这时㶲效率可具体表示为：

1）对锅炉和直燃机有

$$\eta_{e,h1} = \frac{\left(1 - \frac{T_0}{T_H}\right)Q}{EX_f}$$

式中，Q 为机组可以提供的热量，EX_f 为输入燃料的㶲值。

2）对电力驱动的热泵有：

$$\eta_{e,h2} = \frac{\left(1 - \frac{T_0}{T_H}\right)Q}{W}$$

式中，Q 为机组可以提供的热量，W 为机组输入功率。

制冷装置的任务是提供冷量，因此收益部分是冷量㶲，而代价㶲是消耗的各种能量中的㶲。于是㶲效率可具体表示为：

1）对蒸气压缩式制冷有：

$$\eta_{e,c1} = \frac{\left(\frac{T_0}{T_C} - 1\right)Q}{W}$$

式中，Q 为机组可以提供的冷量，W 为机组输入功率。

2）对直燃机有：

$$\eta_\Pi = \frac{(T_0/T_L - 1)Q}{EX_f}$$

式中，Q 为机组可以提供的冷量，EX_f 为输入燃料㶲值。

燃料的化学㶲 E_f 可按以下方法估算：

气体燃料 　　　　　　　$EX_{fG} = 0.950 \Delta H_{u,h}$

液体燃料 　　　　　　　$EX_{fL} = 0.975 \Delta H_{u,h}$

其中，$\Delta H_{u,h}$ 为燃料的高位热值。

仅用这些简单的㶲效率定义还不能像上一节中能效分析那样进行空调制冷系统的㶲分析。我们要根据图5-5中空调制冷系统的较复杂的㶲流模型做进一步分析。

如图5-5所示的空调冷源，根据热力学第二定律，可以写出其㶲平衡方程式：

$$EX_W + EX_{Q0} + EX_{W1} = EX_{W2} + EX_Q + \Pi$$

式中　E_W——电力驱动制冷装置的输入功率；

E_{Q0}——输入直燃机的燃料㶲；

E_{W1}，E_{W2}——分别表示进出制冷装置的冷却水的㶲；

E_Q——空调冷源提供的冷量㶲；

Π——制冷装置内部由于传热温差和阻力所引起的内部㶲损耗。

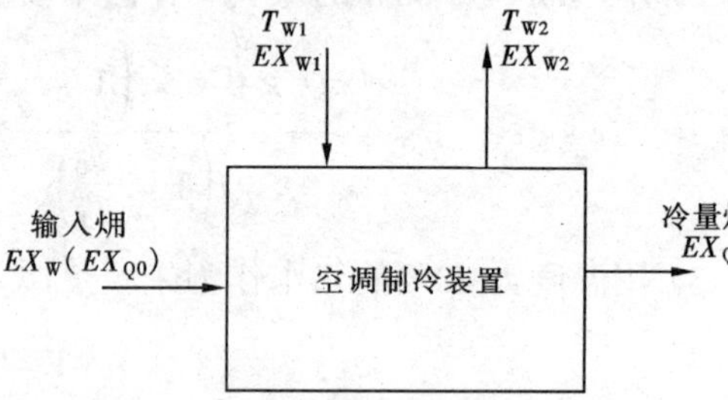

图5-5　空调冷源的㶲流图

因此，该冷源的㶲效率表达式为：

$$\eta_\Pi = \frac{EX_Q}{EX_W + EX_{Q0} + EX_{W1} - EX_{W2}} = 1 - \frac{\Pi}{EX_W + EX_{Q0} + EX_{W1} - EX_{W2}}$$

压力为 p，温度为 T 的每千克稳流工质的焓㶲 $EX(T, p)$ 可分解为在压力 p 下由于热不平衡引起的稳流工质热㶲 EX_{th} 和在环境温度 T_0 下由于力不平衡引起的稳流工质的机械㶲 EX_{mech} 两部分。即

$$EX(T, p) = EX_{th} + EX_{mech} = \int_{T_0, p}^{T, p} c_p \left(1 - \frac{T_0}{T}\right) dT + \int_{p_0, T_0}^{p, T_0} v\, dp$$

若取 T 与 T_0 范围内的平均比热容 c_{pm}，则工质热㶲可表示为：

$$EX_{th} = c_{pm}\left[(T - T_0) - T_0 \ln \frac{T}{T_0}\right]$$

对于不可压缩流体，工质的机械㶲可表示为：

$$EX_{mech} = \bar{v}(p - p_0)$$

若将冷水视为不可压缩流体，并取平均比热容表示，可导出冷却水进出冷源装置的焓㶲的变化量为：

$$EX_{W1} - EX_{W2} = \Delta EX_{th} + EX_{mech}$$

$$= m_W c_{pW}\left[(T_{W1} - T_{W2}) - T_0 \ln \frac{T_{W1}}{T_{W2}}\right] + m_W \bar{v}(p_1 - p_2)$$

$$= m_{\mathrm{W}} c_{\mathrm{pW}} \left[(T_{\mathrm{W1}} - T_{\mathrm{W2}}) - T_0 \ln \frac{T_{\mathrm{W1}}}{T_{\mathrm{W2}}} \right] + v_{\mathrm{W}} \Delta p_{\mathrm{W}}$$

式中 ΔEX_{th}、EX_{mech}——分别表示冷却水进出口工质热㶲和机械㶲的变化量；

m_{W}——冷却水的质量流量，kg/h；

$\bar{v}$——冷却水进出口平均温度下水的比容，m³/kg；

v_{W}——平均水温下冷水的体积流量，m³/h；

$\Delta p_{\mathrm{W}} = p_1 - p_2$——冷却水在进出空调冷源装置处的压力差，Pa；

c_{pW}——水的定压比热容，J/(kg·K)；

T_{W1}，T_{W2}——冷却水的进出口温度，K；

T_0——环境温度，K。

而冷量㶲 E_Q 可以表示为：

$$EX_Q = Q(T_0/T_{\mathrm{W}} - 1)$$

式中 T_{W}——制冷机组所提供的冷水温度，K；

Q——冷源的供冷量，W。

由此可得到空调冷源装置的㶲效率的表达式为：

$$\eta_{\mathrm{II}} = \frac{Q \left(\dfrac{T_0}{T_{\mathrm{W}}} - 1 \right)}{m_{\mathrm{W}} c_{\mathrm{pW}} \left[(T_{\mathrm{W1}} - T_{\mathrm{W2}}) - T_0 \ln \dfrac{T_{\mathrm{W1}}}{T_{\mathrm{W2}}} \right] + v_{\mathrm{W}} \Delta p_{\mathrm{W}} + E_{\mathrm{W}} + E_{Q0}}$$

以下根据样本提供的参数（见表5-7）分别对离心式冷水机组、螺杆式冷水机组、风冷热泵机组、以天然气为燃料的直燃式机组和以轻油为燃料的直燃式机组进行㶲分析。分别计算后可以得到表5-8的结果。

各种冷水机组的样本参数 表5-7

机组类型	制冷量(kW)	输入功率(kW)	燃料耗量	冷却水流量(m³/h)	冷却水压力损失(kPa)
离心式冷水机组	1231	242		255	62
螺杆式冷水机组	1045	182		211	37
风冷热泵	1090	318			
直燃机（天然气）	1163	6.5	74.7 Nm³/h	320	100
直燃机（轻油）	1125	6.3	83 kg/h	293	68

注：以上参数均为额定工况下的参数。冷却水的进水温度为32℃，出水温度为37℃；冷冻水的供水温度为7℃；供冷工况时的环境温度 T_0 按上海夏季空调室外日平均温度选取，即 $T_0 = 307\mathrm{K}$；取天然气的热值为46000kJ/Nm³，轻油的热值为43490kJ/kg。

各种制冷装置的㶲效率 表5-8

机组种类	离心机	螺杆机	热泵	直燃机（燃气）	直燃机（燃油）
二次能源㶲效率（%）	48.7	55.3	33.1	12.2	11.0

从表5-8的计算结果来看，尽管各种冷水机组的性能系数COP都大于1，离心机和螺杆机的COP甚至可以达到4~5，从能分析的角度看它们的能源效率都很高。但是从㶲分析的角度来看，空调冷源的㶲效率都比较低。这主要是因为在制冷装置的工作过程中有大

量㶲退化。对于蒸汽压缩式制冷装置而言，㶲损失主要发生在压缩机、冷凝器和蒸发器；对于吸收式制冷机而言，㶲损失主要发生在发生器，几乎占了一半，另外换热器和吸收器的㶲损失也很大。因此要想真正提高各种制冷装置的㶲效率，还必须从㶲分析的角度出发，找出㶲损耗较大的部件，采取相应措施提高其效率。另外，我们还可以看出，离心机和螺杆机的㶲效率相对较高，而直燃机的㶲效率却很低。这是因为用天然气或燃料油的直燃机，其燃料燃烧温度很高，是高品位能源。而空调对象所需要的温度与环境温度相差不大，品位较低。因此从㶲分析的角度来看，用直燃机作冷源并不合理。

第四节　建筑能效管理中的能源价格因素

商品价格是反映资源稀缺程度的杠杆。在经典的西方经济学中，对价格问题有许多精辟的分析。能源价格当然也遵循供求关系这一基本原则，但它又与经济增长速度、城市化水平、环保政策、产业结构，甚至与国际政治格局有关。所以世界上任何国家的能源价格不可能完全由市场供求关系来确定，在很大程度上受到政府的控制。

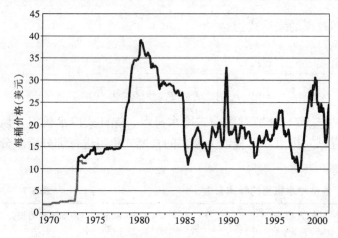

图 5-6　1970～2002 年 32 年间国际能源市场石油价格的波动

从图 5-6 可以看出，从 20 世纪 70 年代以来石油价格波动之剧烈。20 世纪 70 年代能源危机爆发之前每桶原油价格只有 3 美元，而 1973 年中东国家宣布石油禁运后，油价涨到 15 美元。80 年代初的两伊战争使油价飙升到近 40 美元/桶。90 年代初"沙漠风暴"战争开始，油价又一次上涨到近 35 美元/桶。90 年代末由于亚洲金融危机，需求减少，使油价一度骤跌至 10 美元/桶以下。而进入 2000 年后，随着世界经济复苏，石油需求激增，油价又一次上窜至 30 美元/桶。但 2001 年美国的"9·11"事件造成恐慌，油价一路跌至 15 美元/桶。在石油输出国组织（OPEC）限产措施作用下，2002 年油价反弹到 25～30 美元/桶。此后，由于国际经济好转，尤其是美国经济的复苏，刺激了国际原油市场，油价一路攀升。2004 年 10 月，油价更是突破 55 美元的历史最高记录（图 5-7）。

过去很长一段时间，中国的建筑管理者可以完全不用关心国际市场的能源价格。但随着 20 世纪 90 年代后期中国从石油输出国转变为石油进口国，特别是中国在 2001 年加入世界贸易组织（WTO）以后，国际能源市场的每一点风吹草动

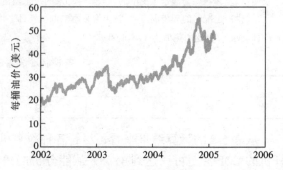

图 5-7　2002 年后国际原油价格的急剧攀升

都可能对国内能源市场产生影响。今后，中国的经济全球化进程还会进一步加快、中国的能源体制改革也会进一步深化，因此，一个高明的建筑能源管理者应该善于利用能源价格的变化，尽可能地规避风险、降低楼宇的经营成本。

以电价为例，分析能源价格的构成和特点。

电力成为商品有四个环节，即发电、输电、配电和售电。其价格，可分为发电上网电价、输配电价和销售电价。电价有两种基本的体制：单一制电价和两部制电价。单一制电价是从容量或者电量一个方面确定的电价。两部制电价是将电价分为容量电价和电量电价两个部分分别核算后相加所得的总和。在基本电价制度的基础上，针对用电的不同特征和不同的用户，又可将电价分为：容量电价、电量电价、峰谷电价、分时电价、季节电价、可中断负荷电价等。

1) 容量电价制：是按合同设备容量计收电费，不考虑其用电量的多少。即根据每个合同规定的用电设备的瓦数或伏安数，按比例定时缴纳固定电费。容量电价制只适用于用电甚少，不值得为收取电费而装表和抄表的小用户。

2) 电量电价制：即表价制。用户需按其用电量（kWh）支付一定电费。与容量电价制相比，其缺点是，如果用电量很少或用电时间不长，则不能收回电力的固定成本。因此，电量电价制规定要收取一笔固定的，按一定用电量计算的底费。

3) 两部制电价：这是上述两种电价的混合体。其电费计算包括两部分，即按合同容量（kVA）、电流（A）或负荷（kW）确定的容量电费，加上按用电量（kWh）计算的电量收费。大多数用电合同均采用两部制电价。

4) 峰谷分时电价：由于第三产业发展、建筑空调大量使用，我国城市电网负荷的高峰与低谷越拉越大。实行分时计价，目的是为了引导用户合理用电，鼓励用户多用低谷电、平段电，少用高峰电，达到移峰填谷，改善负荷特性，提高发电、输电和配电设施的利用率，减少新增装机容量，降低电力成本。分时电价按价值规律办事，高峰价高，低谷价低，平段介于高价、低价之间。

5) 可中断负荷电价：用户承诺，在高峰时段如果因调峰需要，电力公司可以部分拉闸。该部分电量以优惠价格收费。

表 5-9 ~ 表 5-12 分别给出上海地区从 2004 年开始执行的电价表。我国各地电价结构与上海地区大同小异。

上海市电网销售电价表（两部制分时电价） 表 5-9

分 类			400V 以下	10kV	35kV	110kV 及以上
电度电价	峰时段 (8~11时、18~21时)	工 业	0.956	0.944	0.929	0.914
		非工经营	0.984	0.972	0.957	0.942
		农业（试行）	0.721	0.721		
	平时段 (6~8时、11~18时、21~22时)	工 业	0.585	0.570	0.555	0.540
		非工经营	0.661	0.646	0.631	0.616
		农业（试行）	0.446	0.446		
	谷时段 (22时~次日6时)	工 业	0.269	0.264	0.259	0.254
		非工经营	0.272	0.267	0.262	0.257
		农业（试行）	0.240	0.240		
基本电价			30元/(kW·月)（按最大需量）			

上海市夏季季节性销售电价表（两部制分时电价）　　　　　表 5-10

分类			400V 以下	10kV	35kV	110kV 及以上
电度电价	峰时段 （8~11时、18~21时）	工业	1.016	1.004	0.989	0.974
		非工经营	1.044	1.032	1.017	1.002
		农业（试行）	0.721	0.721		
	平时段 （6~8时、11~18时、21~22时）	工业	0.600	0.585	0.570	0.555
		非工经营	0.676	0.661	0.646	0.631
		农业（试行）	0.446	0.446		
	谷时段 （22时~次日6时）	工业	0.229	0.224	0.219	0.214
		非工经营	0.232	0.227	0.222	0.217
		农业（试行）	0.240	0.240		
基本电价			30元/千瓦·月（按最大需量）			

上海市电网销售电价表（单一制分时电价）　　　　　表 5-11

分类		400V 以下	10kV	35kV
峰时段（6~22时）	工业	0.865	0.850	0.835
	非工经营	0.912	0.897	0.882
	农业（试行）	0.610		
	居民	0.610		
谷时段（22时~次日6时）	工业	0.393	0.378	0.363
	非工经营	0.393	0.378	0.363
	农业（试行）	0.330		
	居民	0.300		

上海市夏季季节性销售电价表（单一制分时电价）　　　　　表 5-12

分类		400V 以下	10kV	35KV
峰时段（6~22时）	工业	0.895	0.880	0.865
	非工经营	0.942	0.927	0.912
	农业（试行）	0.610		
	居民	0.610		
谷时段（22时~次日6时）	工业	0.353	0.338	0.323
	非工经营	0.353	0.338	0.323
	农业（试行）	0.330		
	居民	0.300		

上海市实行的电价政策很有代表性。其特点是：1）不再区分"工业-宾馆-商业"，而是统一为"工业-非工经营"。2）过去的电价结构中，宾馆最高，工业最低。调整以后的"非工经营"类的高峰电价较过去的宾馆电价有所降低，而较商业电价有所提高。同时，低谷电价较过去有所降低，基本达到了电网向电厂购电（竞价）的成本价。使夏季峰谷电价之比达到4.5:1以上，其他季节是3.6:1。3）需求电价有了较大增加，从过去的18元/

（kW·月）提升到30元/（kW·月）。很明显，这一电价政策是鼓励用低谷电，而对空调等大的高峰电力负荷设备予以限制。

如果想要利用峰谷电价差，节约能源费用，最好的办法是将白天的用电高峰"削"去，"填"到夜间的用电低谷之中。可以利用蓄冰空调和蓄热式电采暖。前者是空调制冷机利用便宜的夜间电力制冰，白天在空调高峰时段（同时也是电力负荷高峰时段）利用融冰全部或部分地承担空调冷负荷。后者是利用便宜的夜间电力直接加热水或相变材料，白天用热水或相变材料的凝结放热承担采暖热负荷。此处通过案例对其经济性做一个分析。

现以某商务楼为例，其空调使用时间为8:00~18:00。比较蓄冰空调和常规空调冷热源方案的经济性。因为蓄冰空调的运行电耗与建筑物的冷负荷特性、蓄冷方式、运行策略、控制模式有着密切关系，这里所选用的控制策略为时段控制，运行策略为常见的设计方案：

(1) 采用部分负荷蓄冰、制冷制冰双工况主机与蓄冰设备；
(2) 冷机上游的串联系统；
(3) 电力高峰时段蓄冰槽供冷，电力平时段主机满负荷运行，冰槽削峰，电力谷时段主机制冰。

蓄冷装置的种类很多，其蓄冷与放冷特性曲线差异也较大，而且所要求配套的制冷机也各不相同。因而不同方案初投资的差异也会有较大差别，本文中蓄冰方案与常规空调初投资之比为1.2:1。另外在初投资计算中，没有考虑蓄冰装置增加占用建筑面积的不利因素和可以降低建筑层高的有利因素。

比较蓄冰空调和常规空调冷热源分别在北京、上海和成都三地的经济性。各自利用当地的分时电价政策（见表5-13），并以北京地区常规空调的数据作为基数，比较结果见表5-14。

北京、上海、成都三市峰谷分时电价　　　　　　　表5-13

	用电时间（分时电价）	北京	上海	成都
峰时段	08:00~11:00, 18:00~21:00	0.92	0.972	0.7127
平时段	06:00~08:00, 11:00~18:00, 21:00~22:00	0.56	0.646	1.1165
谷时段	22:00~次日06:00	0.253	0.267	0.3089

冰蓄冷空调和常规空调冷热源侧经济性在北京、上海及成都三地的相对值比较结果　　　　　　　表5-14

项　目	北　京		上　海		成　都	
	常规空调	冰蓄冷	常规空调	冰蓄冷	常规空调	冰蓄冷
初投资	100	117.5	100	117.5	100	117.5
年运行成本	100	90.2	107	100.7	125	112.8
LCC	100	103.5	105.8	108.9	112.7	115
EUAC	100	103.1	105.8	108.4	112.6	114.6

从比较结果来看，蓄冰空调冷热源由于初投资昂贵，尽管其年运行成本低于常规空调，但最终的寿命周期成本和等额年度成本费用还是高于常规空调。在以上的比较中，北

京、上海、成都三地的峰、平、谷时段电价之比分别为：3.6∶2.2∶1（北京），3.6∶2.4∶1（上海），3.6∶2.3∶1（成都）。因此，应进一步调整分时电价机制，以提高蓄冰空调的经济性。

为调整能源结构，配合国家西气东输工程的实施，我国东部各城市将大力推广应用天然气。但西气东输天然气的高价格可能成为影响我国东部城市天然气市场开拓的瓶颈。

还是以上海市为例，上海市从2005年1月1日开始实行的天然气价格见表5-15。

上海市天然气价格（元/m³）　　　　　　　　　　　　　　　表5-15

用户类型	≤40000m³/月		40000～100000m³/月		>100000m³/月	
	4～11月	12～3月	4～11月	12～3月	4～11月	12～3月
非全天候	2.10	2.40	2.05	2.35	2.00	2.30
全天候	2.00	2.30	1.95	2.25	1.90	2.20

定义电力与天然气的比价：

$$电力与天然气比价 = \frac{电力单位当量热值的价格}{天然气单位当量热值的价格}$$

如果用分时电价的加权平均值，同时根据各地分别给予燃气空调和热电冷联产的天然气优惠价，可以计算得到北京、上海、成都三城市的电力与天然气比价，见表5-16。

三城市电价与天然气价格的比价关系　　　　　　　　　　表5-16

地区	天然气价格		用户平均零售电价 8:00～18:00	比价	
	商用	热电冷联产		商用	热电冷联产
上海	2.3	1.9	0.744	3.208	3.883
北京	1.7	1.4	0.668	3.897	4.732
成都	1.01	1.01	0.8338	8.188	8.188

注：天然气热值按照8500kcal/Nm³，电力热值按照857kcal/kWh计算。

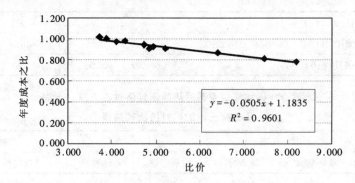

图5-8　直燃机与电动风冷热泵系统等额年度
成本之比与电/气比价之间的线性关系

分别计算同样冷量的直燃型溴化锂吸收式冷热水机组和电动风冷热泵冷热水机组的等额年度寿命周期成本及其比值，分析这一比值与电、气比价的关系，可知二者之间呈线性相关（图5-8）。从图5-8可知，如若将电力与天然气的单位热值的比价提高到3.633∶1以上，在同样产出水平下，直燃机的经济性可以超过电动风冷热泵。北京的电价与商用天然气价格之比为 3.897:1，成都为 8.188:1，所以在北京和成都，使用直燃机作为空调冷热源其经济性要好于电动风冷热泵。而在上海，如果天然气价格能在 2.03 元/m³ 以下，在现行电价下，直燃机的经济性也能超过电动风冷热泵。可以利用图 5-8 的关系分析燃气空调的经济性。

以北京市的天然气应用情况分析，1997 年陕甘宁天然气进京，2000 年天然气在北京市能源结构中已占比例达 5% 左右，用量近 11 亿 m³。对改善首都的大气环境质量起到积极的作用。但北京天然气采暖用气量占全年 50%，冬季高峰日采暖负荷占日负荷量的 75%~80%，冬夏季日均用气量差 4~5 倍。致使春、夏、秋三季管网能力闲置，严重影响陕京输气管线的投资效益。

因此，夏季使用燃气空调的意义在于：
1) 有效地平衡天然气负荷的季节差；
2) 有效地缓解夏季电力负荷的昼夜峰谷差；
3) 提高天然气输气管线的利用率，发挥输气管线的投资效益；
4) 结合电力蓄冰空调，发挥发输配电系统的投资效益；
5) 改善城市大气环境质量。

实现这一目标，就是要像电价峰谷差价一样，实行天然气价格的季节差，对夏季使用燃气空调的用户实行用量的优惠价格，或包月制的定量优惠价格。

总结本章的论述，我们可以得到以下的结论：

(1) 在建筑能效管理中，要对能耗做能量、能质和经济的综合分析。能效管理的目的，不但要做到能源使用在数量上的平衡和节约，而且要做到能源在品质上的合理利用，还要做到建筑物运行成本的最小化。

(2) 要正确处理宏观与微观、经济与技术的关系。例如，电力驱动的蓄冰空调，从微观上看在制冰工况下制冷机性能系数下降，是不节能的；但从宏观上看，电力负荷的削峰填谷可以大大提高电厂的效率，降低发电煤耗、减少环境污染。又如，以直燃机为代表的燃气空调，由于将高品位的天然气直接燃烧制冷，从能量㶲的角度看属于不合理用能；但从经济学资源配置的角度来看，将优质的、环保的天然气首先用于高端市场（建筑物的舒适性空调），又是一种合理的配置。

第六章 建筑能效的评价指标

建筑节能的目标或建筑能效管理的效果，需要用某种可以量化的指标来评价。一段时间以来，国内物业管理行业热衷于评比，评选"优秀企业"、"先进企业"、"金牌企业"等等荣誉称号。尽管这种评比也设立了一些条件，但没有量化，是一种"虚"的指标。因此评选结果往往带有水分，就好像体操比赛中的印象分。因此，这样的评选时过境迁之后很快会被遗忘。在设施管理中，有一个很重要的课题就是所谓"排序"（Benchmark），就是不同的公司之间，用统一的量化的指标进行排序。就好像田径比赛中的百米赛跑，跑10秒的是第一名，跑10秒1的是第二名。这样的排序，既公正又简单。世界上有很多著名的排序都具有很高的权威性。如美国《财富》杂志每年根据各大企业的资产额评出的"财富500强"，依据的是单一指标；美国《新闻与世界报导》每年评出的"美国大学排行榜"则是根据多项指标，对其中的"虚"指标如"学术声誉"也不是凭空得来，而是通过发送大量问卷调查表所反馈的统计数字进行排序。

在建筑节能和建筑能效管理中，这样的评价指标必须具备以下条件：

（1）不同建筑物之间具有可比性。习惯上很多人喜欢用每平方米每年（或每月）消耗多少一次能（或二次能）。但单位面积能耗量对不同档次、不同功能的建筑是不一样的。试想一家五星级酒店与一家汽车旅馆的能耗怎么可能相同呢？因此，建筑节能的评价指标应该是效率指标。如果一家五星级酒店在能耗绝对值上高于汽车旅馆，而它的能源利用效率也高于后者，那么应该肯定五星级酒店比汽车旅馆节能。

（2）数据的可获得性。评价的依据应通过建筑能源审计、能源管理系统的监测记录或简单的现场测定便可以得到。尽量用实际运行的数据，减少对模拟、仿真得到的"虚拟"数据的依赖性。

（3）用"性能性（Performance）"评价指标，即注重结果的综合性指标。即实现某一节能目标可以用各种手段和技术措施，在建筑围护结构上的性能差一点，可以通过设备系统的高性能来弥补。这样可以鼓励创新，发挥管理者的主观能动性。

性能性指标分为两类：一类是固定能耗指标（Fixed Budget），即对各类建筑设定在标准条件下每年每平方米采暖空调能耗限值。固定能耗指标的优点是能效管理的目标明确；缺点是刚性的能耗限值不一定合理。另一类是变动的能耗指标（Custom Budget），即根据实际建筑建立一个虚拟的"参考建筑"，"参考建筑"在标准条件下计算得到的采暖空调能耗作为实际建筑的能耗限值。变动的能耗指标的优点是灵活，比较合理。缺点是计算比较麻烦。

（4）规定性（Compellent）指标和性能性指标结合。所谓规定性指标，即凡是符合所有这些指标要求的建筑，运行时能耗比较低，可以被认定为节能建筑。但如何合理地列出这些指标，要经过大量的计算、分析、比较。例如墙体、屋顶等的传热系数、外表面的太阳辐射吸收系数，以及玻璃幕墙和窗户的太阳辐射吸收率、透过率等，对空调采暖负荷影响非常显著,一般要作为规定性指标加以限制。

本章介绍几种国际上比较通行的建筑节能评价指标。

第一节 围护结构总传热值（OTTV）

OTTV 是总传热值（Overall Thermal Transfer Value）的英文缩写。美国 ASHRAE 最先提出 OTTV 的概念。OTTV 是通过围护结构的以下三部分进入室内的得热量：

(1) 通过不透明围护结构的导热 Q_{wc}；

(2) 通过玻璃窗的导热 Q_{gc}；

(3) 通过玻璃窗的太阳辐射 Q_{gs}。

通过建筑围护结构的传热可以表示为：

$$\text{OTTV} = \frac{Q}{A}$$

式中 Q——通过围护结构传入的总热量，W；

A——围护结构的总面积，m^2。

如果对某一外墙来说，OTTV 可以表示为：

$$\text{OTTV} = \frac{Q_{wc} + Q_{gc} + Q_{gs}}{A}$$

外墙 OTTV 表达式的一般形式可以表示为：

$$\text{OTTV}_i = \frac{(A_w \times U_w \times \text{TD}_{eq}) + (A_f \times U_f \times \text{DT}) + (A_f \times \text{SC} \times \text{SF})}{A_i}$$

式中 A_w, A_f——墙和窗的面积，m^2，$A_i = A_w + A_f$；

U_w, U_f——墙和窗的传热系数 U 值，W/（$m^2 \cdot K$）；

TD_{eq}——墙体的冷负荷温差，℃；

DT——实际温差，℃；

SC——玻璃窗的遮阳系数；

SF——窗的日射得热因数，W/m^2。

整个围护结构的 OTTV 可以按各墙体面积加权平均：

$$\text{OTTV}_{wall} = \frac{\Sigma(\text{OTTV}_i \times A_i)}{\Sigma A_i}$$

为 OTTV 确定一定的标准，可以用来控制围护结构设计。由于规定的是围护结构的总传热量，因此在符合标准的前提下，建筑师仍可以有发挥和调整的余地。例如，如果设计较大的窗墙比（窗面积较大），可以通过选择较好的玻璃（遮阳系数较小）使 OTTV 仍然符合标准。

我国香港地区和一些东南亚国家（如新加坡、泰国）制定了各自的 OTTV 标准（见表6-1）。

各国和地区的 OTTV 标准　　　　表 6-1

国家或地区	OTTV 标准（W/m²）
中国香港	高层建筑塔楼≤35；高层建筑裙楼≤80
泰　国	屋顶≤25；空调建筑外墙≤45（新建建筑）；≤55（旧建筑）
新加坡	一般建筑≤45；空调建筑≤35
巴基斯坦	外墙≤95（平均）；屋顶≤26.8

第二节　制冷机和热泵的性能系数

建筑物在夏季空调中需要用制冷机来提供冷量。制冷机的制冷量是指在单位时间内从被冷却物质（例如空调的媒体空气或水）中提取的热量。制冷量用来度量制冷机或空调系统的制冷能力。制冷量用国际单位表示时是 W（瓦）或 kW（千瓦）；用工程单位表示时是 kcal/h（千卡/小时）；而在美国，则常用 Btu/h（英热单位/小时）。这几种单位之间存在着换算关系：

$$1W = 0.86 kcal/h = 3.412 Btu/h; \quad 1Btu/h = 0.252 kcal/h$$

在美国还常用"冷吨"来表示制冷量。1 冷吨是指 1t 0℃的水在 24 小时内凝结成 0℃的冰所需要提取的热量。

$$1USRt（美国冷吨）= 3517W = 3024 kcal/h = 12000 Btu/h$$

制冷机在制冷循环中，所产生的制冷量与所消耗的功量之比，称为制冷机的制冷系数，或称为性能系数（Coefficient Of Performance，COP）。即：

$$COP = \varepsilon = \frac{Q_e}{W}$$

式中　Q_e——制冷量，W 或 kW；

　　　W——消耗功率，W 或 kW。

在国际单位制（SI）中，性能系数是无因次量。但在美国，有时也用英热单位表示性能系数，并将用 Btu/kWh 表示的性能系数称为能效比（Energy Efficient Ratio，EER）。在中国，也有人将 COP 和 EER 混用，尽管 EER 也成为一个无因次量（kW/kW）。但其中似乎也有一个约定俗成：用 COP 时是单指制冷压缩机的性能系数；而用 EER 时则是指整台机组甚至整个系统的能效比。

这就引出了另一个问题：在评价一台制冷机组时，不仅要看压缩机的功耗，还要加上其他辅助设备的功耗。例如，有一台名义制冷量为 315kW 的空气源冷水机组，其压缩机的电机功率为 98.3kW，那么它的 COP 应为 3.2；而如果加上其冷凝器冷却风机的电机功率 4.5kW，那么它的 EER 就降低到 3.06。

对于热泵机组，在热泵循环时消耗能量 W，从低温热源提取热量 Q_e 转换为高温热源的热量 Q_1 提供给建筑物采暖。Q_1 与 W 之比，称为热泵的制热系数或性能系数。

$$COP_h = \frac{Q_1}{W}$$

因为 $Q_1 = Q_e + W$,所以 $\text{COP}_h = \dfrac{Q_e + W}{W} = \text{COP} + 1$

可见,热泵的性能系数永远大于1。用热泵供热,比用电直接加热要经济得多。

在建筑中常用的是冷热水机组。其COP值在有关国家标准中均有规定,见表6-2~表6-6。

离心式水冷冷水机组的性能系数要求　　　　　　　　　　　　　　　　表6-2

名　　称		制冷量范围(kW)		
		≤527	>527~1163	>1163
水冷式	额定工况性能系数COP	3.8	4.2	4.7
风冷式或蒸发冷却式	额定工况性能系数COP	2.65	2.4	

额定工况条件为供冷水温度7℃,回水温度12℃,水冷式机组冷却水供水温度32℃,回水温度37℃;风冷式机组室外空气温度35℃。

容积式冷水(含热泵制冷)机组的性能系数要求　　　　　　　　　　　　表6-3

压缩机类型	往　复　式			螺杆式及其他旋转容积式		
制冷量(kW)	≤45	>45~116	>116	≤116	>116~230	>230
水冷式	3.4	3.5	3.6	3.65	3.75	3.85
风冷和蒸发冷却式	2.39	2.48	2.57	2.46	2.55	2.64

容积式冷水(含热泵制冷)机组名义工况时的温度条件　　　　　　　　　表6-4

项　目	使用侧		热源侧(或放热侧)					
	冷、热水		水冷式		风冷式		蒸发冷却式	
	进口水温	出口水温	进口水温	出口水温	干球温度	湿球温度	干球温度	湿球温度
制　冷	12	7	30	35		24①	35②	24
热泵供热	40	45	15.5	7	6		—	

① 使用于湿球温度对冷凝器热交换产生影响的机组(利用凝结水等的潜热作为热源形式的机组)。
② 干球温度仅作为参考,补充水温30℃。

蒸汽溴化锂吸收式冷水机组的性能指标要求　　　　　　　　　　　　　表6-5

形式	额　定　工　况					性能指标
	加热源 蒸汽压力(表)(MPa)	冷水出口温度(℃)	冷却水进口温度(℃)	名义制冷量范围(kW)	单位制冷量冷却水流量(m³/kW)	单位制冷量蒸汽耗量(kg/kW·h)
单效型	0.10	7	32	≥116	0.285	2.35
双效型	0.25	13				1.45
	0.40	7				
		10				1.35
	0.60	7				
		10				1.30
	0.80	7				

直燃型溴化锂吸收式冷热水机组的能耗要求 表 6-6

项目			制冷	供热
额定工况	冷（热）水出口温度	℃	7	60
	冷水进、出口温度差		5	—
	冷却水进口温度		32	—
	单位制冷量冷却水流量	$m^3/(h \cdot kW)$	0.260	—
	冷（热）水、冷却水侧污垢系数	$m^2 \cdot ℃/kW$	0.086	
单位制冷（供热）量燃料耗量	轻柴油	$kg/(h \cdot kW)$	0.077	0.093
	重油		0.079	0.095
	人工煤气	$Nm^3/(h \cdot kW)$	0.221	0.271
	天然气		0.091	0.112

注：1. 标准状态（101.325kPa，0℃）下的燃气体积单位以 Nm^3 表示。
2. 单位制冷（供热）量燃料消耗量是指下列热值下的数值，即：轻柴油低热值：42.9MJ/kg；重油低热值：41.9MJ/kg；人工煤气高位热值：16.3MJ/Nm^3；天然气高位热值：39.5MJ/Nm^3。

我国很多大厦选用从美国进口的离心或螺杆机组。如果没有特别指明，这些冷水机组都是按美国制冷学会（America Refrigeration Institute，ARI）的标准（ARI 550/590）生产的。由于美国的气候条件同中国有很大差别，例如，ARI 离心式和螺杆式冷水机组标准（ARI 550-92）中对建筑负荷变化的分析便是采用美国采暖制冷空调工程师学会（ASHRAE）总部所在地——美国佐治亚州的亚特兰大市的气象参数。ARI 标准确是国际上普遍引用的标准。尽管中国加入 WTO 以后，很多标准要向国际标准靠拢，但像建筑能耗、空调制冷这类与气候条件密切相关的标准，还是需要考虑我国的国情。

ARI 550/590—1998 标准中规定的标准工况 表 6-7

	水冷式	蒸发冷却式	风冷式
冷却水			
入口温度	29.4℃		
水流量	0.054L/s per kW		
冷凝器污垢系数			
水侧	0.000044$m^2 \cdot ℃/W$		
空气侧		0.000 $m^2 \cdot ℃/W$	0.000 $m^2 \cdot ℃/W$
空气入口条件			
干球			35.0℃
湿球		23.9℃	
冷水			
出口温度	6.7℃		
水流量	0.043 L/s per kW		
蒸发器污垢系数			
水侧	0.000018 $m^2 \cdot ℃/W$		

中美之间离心机和螺杆机 COP 的最大差异在工况温度和水的污垢系数上。表 6-7 给出 ARI 550/590-1998 的标准工况参数，表 6-8 给出 ARI550/590 标准几个版本中额定工况参数的变化。

ARI 550/590 标准中额定工况参数的变化 表 6-8

工况参数		标准版本	ARI 550 – 83	ARI 550 – 92	ARI 550/590-1998
			ARI 590 – 81	ARI 590 – 92	
温度	冷冻水进出水温度		6.7℃/12.3℃		
	冷却水进出水温度		29.4℃/35℃		
水侧污垢系数	冷冻水侧		0.086$m^2 \cdot ℃/kW$	0.044$m^2 \cdot ℃/kW$	0.018$m^2 \cdot ℃/kW$
	冷却水侧		0.086$m^2 \cdot ℃/kW$	0.044$m^2 \cdot ℃/kW$	0.044$m^2 \cdot ℃/kW$

我国冷水机组应用的主要地区夏季不仅干球温度较高,而且大多数地区平均湿球温度也较高,冷却塔出水温度要达到32℃以下是相当困难的。因此冷水机组冷却水进水温度不可能以 ARI 标准中的 29.4℃或 30℃作为标准工况。我国冷水机组标准中将冷却水进水温度定为 32℃(见表 6-2)。

我国大部分地区常常应用地下水作为工业用水,也没有完备的水处理条件,水质较差。因此在我国冷水机组标准中规定冷冻水、冷却水侧的污垢系数为 $0.086m^2 \cdot ℃/kW$。在实际应用中,因为冷却水系统是开式循环,其水侧污垢系数还应有所提高。

由于我国空调工况冷却水进水温度高于 ARI 标准,机组在较高的冷凝温度下运行,压缩机要达到的压头相应升高而导致机组的效率下降,因此在 ARI 工况下运行的冷水机组在中国工况下的满负荷效率(COP)下降值可估算为 5%。

另一方面,同一台冷水机组在我国水侧污垢系数较高的条件下,与 ARI 工况相比,其满负荷效率(COP)的降低幅度平均可达 5% ~ 10%。

综合 ARI 空调工况和中国空调工况在冷却水温度和污垢系数方面的差异分析可以得出:同一台冷水机组在 ARI 空调工况时的名义满负荷效率(COP)在中国空调工况下要降低 10% ~ 15%。因此,使用进口冷水机组在运行管理中一是要注意水处理,让机组吃"细粮";二是选择冷却塔要有裕量,并保证冷却塔的通风通畅。

对于建筑能源管理者来说,更有意义的是机组的长期运行效率。制冷机组的季节能效比用 SEER(Seasonal Energy Efficiency Ratio)表示。

$$SEER = \frac{制冷机在整个供冷季节提供的冷量}{制冷机在整个供冷季节所消耗的功率}$$

SEER 取决于机组的部分负荷效率,美国的各种建筑节能标准中都要求冷水机组制造厂商提供 SEER 的数据,美国 ARI 标准也规定了测试 SEER 的工况条件。美国用的 SEER 单位是 Btu/kWh,我国用的单位是 W/W。二者之间相差 3.412 倍。

对于热泵等冬季采暖设备,其长期运行效率用采暖季节性能系数 HSPF(Heating Seasonal Performance Factor)表示。

$$HSPF = \frac{热泵在整个采暖季节所提供的热量 + 辅助加热装置提供的热量}{热泵在采暖季所消耗的总功率 + 辅助加热装置消耗的功率}$$

空气源热泵在供热工况下运行时,遇到的最大问题之一就是当室外气温很低时,建筑散热量增加、采暖负荷加大,但空气源热泵在低温下的效率降低,制热量减少。气温越低、越供不出热。因此空气源热泵有一个平衡温度。当室外气温低于平衡温度时,需要辅助热源补充供热。这个平衡温度与建筑围护结构的保温情况(即总传热系数 OTTV)有关。OTTV 越小,保温越好,平衡温度便越低。

在图 6-1 中,CD 线是空气源热泵热量随室外气温变化的曲线,AB 线是建筑散热量曲线。AB 线的斜率就是建筑的传热系数(或总传热系数 OTTV)。很显然,传热系数越小,曲线斜率也越小。图中 $A'B$ 线就表明了这种趋势。

热泵供热曲线 CD 与建筑散热曲线 AB 在 F 点相交,在 F 点,热泵供热量恰好等于建筑物散热量,该点对应的温度 E 即平衡温度。在该点右侧(即室外温度高于平衡温度),热泵的供热量有余,热泵处于部分负荷下运行。在该点左侧(即室外温度低于平衡温度),热泵的供热量不足,由 AFC 围成的三角形面积的热量需要由辅助热源提供。

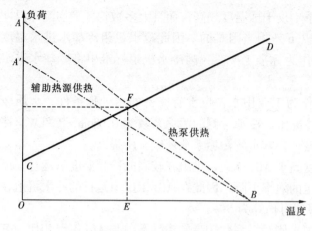

图 6-1 空气源热泵的供热平衡温度

如果增加热泵的容量，使 CD 线上移，自然可以降低平衡温度，使 E 点左移。但这样一方面会增加初投资，另一方面也会使热泵长时间处于部分负荷下运行，效率降低。因此，平衡温度应根据建筑物的保温情况、当地低于平衡温度的气温出现频率，以及热泵机组本身的性能等因素综合决定。也可以选择多台（或多压缩机）配置的模块化机组，用台数控制来保持系统的效率，同时保证采暖需求。当然这又涉及初投资和占用面积的经济性问题。

我国自 2005 年开始，实行《房间空气调节器能效限定值及能源效率等级》、《单元式空气调节机能效限定值及能源效率等级》和《冷水机组能效限定值及能源效率等级》三个国家标准。标准将空调制冷设备的能源效率分成 5 级。第 5 级最低，即产品生产标准中规定的能效值，也是强制性标准。原来按照生产标准，这一能效值允许有负偏差。但现在根据能效等级标准，是不允许有负偏差的。参见表 6-9～表 6-11。

房间空调器能源效率等级指标　　　　表 6-9

类　型	额定制冷量 (CC, W)	能　效　等　级				
		5	4	3	2	1
整体式		2.30	2.50	2.70	2.90	3.10
分体式	CC≤4500	2.60	2.80	3.00	3.20	3.40
	4500＜CC≤7100	2.50	2.70	2.90	3.10	3.30
	7100＜CC≤14000	2.40	2.60	2.80	3.00	3.20

单元式空调机能源效率等级指标　　　　表 6-10

类　型		能效等级（EER, W/W）				
		1	2	3	4	5
风冷式	不接风管	3.20	3.00	2.80	2.60	2.40
	接风管	2.90	2.70	2.50	2.30	2.10
水冷式	不接风管	3.60	3.40	3.20	3.00	2.80
	接风管	3.30	3.10	2.90	2.70	2.50

空调冷水机组能源效率等级指标　　　　表 6-11

类　型	额定制冷量 (CC) (kW)	能效等级（COP, W/W）				
		1	2	3	4	5
风冷式或蒸发冷却式	CC≤50	3.20	3.00	2.80	2.60	2.40
	50＜CC	3.40	3.20	3.00	2.80	2.60
水冷式	CC≤528	5.00	4.70	4.40	4.10	3.80
	528＜CC≤1163	5.50	5.10	4.70	4.30	4.00
	1163＜CC	6.10	5.60	5.10	4.60	4.20

第三节　空调冷水机组的综合部分负荷值 IPLV

对建筑能源管理者来说，另一个评价空调冷水机组性能的重要参数是综合部分负荷值 IPLV (Integrated Partial Load Value)。IPLV 的概念起源于美国，1986 年开始应用，1988 年被美国空调制冷协会 ARI 采用，1992 年和 1998 年进行了两次修改。

一、IPLV 的工程背景

蒸汽压缩循环冷水机组（热泵）作为一种制冷量可调节系统，需要有多个参数来描述冷机的实际性能，通常以能效比 COP (EER)、综合部分负荷值 IPLV 和季节能效比 SEER 分别作为机组额定制冷工况、部分负荷制冷工况和整个制冷季制冷工况的性能性参数。它们都有各自的应用范围和特点。尤其对于建筑能效管理而言，在考核冷水机组的满负荷 COP 指标的同时，更需要考虑机组的部分负荷性能。只有这样才能更准确地评价一台机组，乃至整幢建筑的耗能情况。一般情况下，满负荷运行情况在整台机组的运行寿命中只占 1%～5%。所以 IPLV 更能反映单台冷水机组的真正使用效率。正因为此，有些厂家在进行冷水机组的设计时候，将机组的部分负荷（50%～90%）置于机组运行的最高效率区域。这样就可以保证机组在使用最多的负荷段有最高的效率，从而带来真正意义上的节能。

IPLV 不仅是评价冷水机组性能的重要指标，而且也是建筑节能标准和评估体系中的重要环节。一个主要原因在于，作为节能标准必须考察全年负荷（能耗）值。如果通过综合部分负荷值 IPLV 就可以比较容易地计算出全年运行工况下的冷负荷，能够应用反映实际运行情况的部分负荷指标，给使用者更真实的能耗指标。

IPLV 指标目前已经在全球范围内被广泛接受和使用，在很多国家的产品认证和节能设计标准中都把机组的部分负荷作为重要的考核指标。现在，IPLV 作为冷水机组的能耗考核标准已被美国联邦政府能源管理计划 (FEMP)、美国绿色建筑评价体系 (LEED)、绿色产品标志 (Green Seal)、国际标准组织 (ISO)、欧洲暖通联盟 (EUROVENT) 等所广泛采用。欧盟并把 IPLV 改名为 emPE (European Method Partial Load Efficiency)。分别制定了制冷 (emPEc) 和采暖 (emPEh) 的部分负荷系数。

二、IPLV 的定义

1992 年美国空调制冷学会 (ARI) 颁布了 ARI 550 标准和 ARI 590 标准。在这两项标准中提出了综合部分负荷值 (IPLV) 的指标与标定测试方法。1998 年 ARI 又将这两项标准合并修订为 ARI 550/590—1998 标准。采用非标准工况下的部分负荷值 (NPLV) 指标。

IPLV 是制冷机组在部分负荷下的性能表现，实质上就是衡量了机组性能与系统负荷动态特性的匹配。它综合考虑了在不同负荷率条件下机组的 EER 值，然后再把整个负荷按照 100%、75%、50% 和 25% 四种负荷率的出现频率加权平均，最后计算得到每个负荷率占总运行时间的比例（即公式中的常数 A，B，C，D）。公式中的 4 个系数，实际上是起到了一个"时间权"的作用。

$$IPLV = A(EER_{100}) + B(EER_{75}) + C(EER_{50}) + D(EER_{25})$$

美国 ARI 550/590 标准得到制冷机组统一的 IPLV 计算公式，见表 6-12。

综合部分负荷值（IPLV）的计算公式　　表 6-12

1992 年标准	1998 年标准
$IPLV = 0.17A + 0.39B + 0.33C + 0.11D$	$IPLV = 0.01A + 0.42B + 0.45C + 0.12D$

表中，$A = 100\%$ 负荷时的 EER_{100}
$B = 75\%$ 负荷时的 EER_{75}
$C = 50\%$ 负荷时的 EER_{50}
$D = 25\%$ 负荷时的 EER_{25}

为什么两个版本的 IPLV 计算公式有较大的不同呢？从表 6-13 可以看出，ARI 对 IPLV 的计算条件做了较大的改进。

IPLV 的计算条件　　表 6-13

版本	1992 年标准	1998 年标准
方法	ASHRAE Temp BIN Method	
天气	亚特兰大，乔治亚州	美国 29 个城市加权平均
建筑类型	办公楼	所有类型加权平均
运行时间	12 小时/天，5 天/周	所有类型加权平均
建筑负荷	10℃频段以上及平均内部负荷大于 38%时，建筑负荷随温度和相应的平均湿球温度呈线性变化；在 10℃频段以下制冷机负荷为零	10℃频段以上及平均内部负荷大于 38%时，建筑负荷随温度和相应的平均湿球温度呈线性变化；10℃频段以下负荷恒定在 20%的最小平均内部负荷
开机条件	室外气温 > 12.8℃，制冷机运行 室外气温 < 12.8℃，新风供冷	室外气温 12.8℃以上和以下时制冷机运行的加权平均
ECWT（EDB）变化趋势	1.39℃/10%负荷（2.22℃/10%负荷）	2.22℃/10%负荷（3.33℃/10%负荷）
冷冻水进出水温度	6.7℃/12.3℃	
冷却水进出水温度	29.4℃/35℃	
水侧污垢系数	冷冻水侧 0.044 $m^2 \cdot ℃/kW$；冷却水侧 0.044 $m^2 \cdot ℃/kW$	冷冻水侧 0.018 $m^2 \cdot ℃/kW$；冷却水侧 0.044 $m^2 \cdot ℃/kW$
其他	使用经济器	可使用经济器

另一方面，ARI 标准还规定了部分负荷的工况条件，见表 6-14。

部分负荷的工况条件　　表 6-14

负荷(%)	1992 年标准			1998 年标准		
	水冷机组冷却水入口温度（℃）	风冷机组入口空气干球温度（℃）	蒸发冷却机组入口空气湿球温度（℃）	水冷机组冷却水入口温度（℃）	风冷机组入口空气干球温度（℃）	蒸发冷却机组入口空气湿球温度（℃）
100	29.4	35.0	23.9	29.4	35.0	23.9
75	26.0	29.4	20.4	23.9	26.7	20.4
50	22.5	23.9	17.0	18.3	18.3	17.0
25	19.0	18.3	13.5	18.3	12.8	13.5

从节能角度出发，希望机组的综合部分负荷值越大越好。在各种建筑节能标准中，都规定了 IPLV 的最低要求。表 6-15 是美国 ASHRAE 标准 90.1—1999《除低层住宅建筑外的建筑能量标准》中所规定的制冷机组最小 COP 值和 IPLV 值。

美国建筑节能标准（ASHRAE Standard 90.1—1999）中对制冷机组的能效要求　　表 6-15

设备形式	冷量范围	最低效率		2001 年 10 月 29 日后的效率		测试标准
		COP	IPLV	COP	IPLV	
电力驱动风冷机组有冷凝器	<150Rt	2.70	2.80	2.80	2.80	ARI 标准 550/590—1998
	>150Rt	2.50	2.50			
电力驱动风冷机组无冷凝器	所有	3.10	3.20	3.30	3.30	
电力驱动水冷机组往复式	所有	3.80	3.90	4.20	4.65	
电力驱动水冷机组螺杆式和涡旋式	<150Rt	3.80	3.90	4.45	4.50	
	150~300Rt	4.20	4.50	4.90	4.95	
	>300Rt	5.20	5.30	5.50	5.60	
电力驱动水冷机组离心式	<150Rt	3.80	3.90	5.00	5.00	
	150~300Rt	4.20	4.50	5.55	5.55	
	>300Rt	5.20	5.30	6.10	6.10	
风冷机组单效吸收式	所有	0.48		0.60		ARI 标准 560
水冷机组单效吸收式	所有	0.60		0.70		
非直燃型双效吸收式	所有	0.95	1.00	1.00	1.05	
直燃型双效吸收式	所有	0.95	1.00	1.00	1.00	

表 6-16 是美国 ASHRAE 标准 90.1—1999《除低层住宅建筑外的建筑能量标准》中所规定的热泵机组最小 COP 值、EER 值、SEER 值和 HSPF 值。

美国建筑节能标准（ASHRAE Standard 90.1—1999）中对热泵机组的能效要求　　表 6-16

设备形式	容量范围	标定条件	最低效率	2001 年 10 月 29 日后的效率	测试标准
风冷机组（供冷模式）	<19kW	分体式	SEER 2.93	SEER 2.93	ARI 210/240
		机组式	SEER 2.84	SEER 2.84	
	19~40kW	分体式和机组式	EER 2.60	EER 2.96	ARI 340/360
	40~70kW	分体式和机组式	EER 2.50	EER 2.72	
	≥70kW	分体式和机组式	EER 2.50 IPLV 2.20	EER 2.63 IPLV 2.70	

续表

设备形式	容量范围	标定条件	最低效率	2001年10月29日后的效率	测试标准
水源热泵（供冷模式）	<5kW	进口水温 29.4℃	EER 2.72		ARI 320
		进口水温 30℃		EER 3.28	ISO-13256-1
	5~19kW	进口水温 29.4℃	EER 2.72		ARI 320
		进口水温 30℃		EER 3.51	ISO-13256-1
	19~40kW	进口水温 29.4℃	EER 3.07		ARI 320
		进口水温 30℃		EER 3.51	ISO-13256-1
地下水源热泵（供冷模式）	<40kW	进口水温 21.1℃	EER 3.22		ARI 325
		进口水温 15℃		EER 4.74	ISO-13256-1
地源热泵（供冷模式）	<40kW	进口盐水温 25℃	EER 2.93		ARI 330
		进口水温 25℃		EER 3.92	ISO-13256-1
风冷热泵（供热模式）	<19kW（冷量）	分体式	HSPF 2.00	HSPF 2.00	ARI 210/240
		机组式	HSPF 1.93	HSPF 1.93	
	19~40kW（冷量）	室外空气 干球温度：8.3℃ 湿球温度：6.1℃	COP 3.0	COP 3.2	
	≥40kW（冷量）	室外空气 干球温度：8.3℃ 湿球温度：6.1℃	COP 2.9	COP 3.1	ARI 340/360
水源热泵（供热模式）	<40kW（冷量）	进口水温 21.1℃	COP 3.8		ARI 320
		进口水温 20℃		COP 4.2	ISO-13256-1
地下水源热泵（供热模式）	<40kW（冷量）	进口水温 21.1℃	COP 3.4		ARI 325
		进口水温 10℃		COP 3.6	ISO-13256-1
地源热泵（供热模式）	<40kW（冷量）	进口盐水温 0℃	COP 2.5		ARI 330
		进口水温 0℃		COP 3.1	ISO-13256-1

有了 IPLV、SEER 和 HSPF 数据，建筑能源管理者可以很方便地估算建筑物的能耗费用。以第四章中 BIN 参数计算的例题来说明。该例题中用 BIN 参数法计算得到夏季冷负荷为 101.7kWh/m²，建筑面积是 1859m²，所以总冷量需求为 189060kWh。如果用风冷机组，IPLV=2.8，则整个夏季空调制冷机用电约 67522kWh；如果电价为 0.80元/kWh，则制冷机一个夏季的电费开支就是 5.4 万元。

三、适合中国气象条件的综合部分负荷系数 IPLV

美国的气象条件和气候分区同中国的实际情况有许多区别。与美国 29 个城市相比，我国冬季各地平均气温偏低 8~10℃左右；夏季各地平均温度却要高出 1.3~2.5℃。因此美国 ARI 标准所给数值不能真正反映出中国气象条件对建筑的负荷分布的影响。

另外，我国东部及东南地区夏季湿度很高，这将直接影响机组冷凝侧的散热效果。这使得我国冷机额定工况的重要参数（冷却水进水温度 ECWT 或进风的干球温度 EDB）的选择也与美国有所不同（见表6-17）。

美国标准和中国标准中对冷水机组水温度条件规定的比较　　表6-17

参　　数	美国标准 ARI 550/590—98	中国标准 GB18430.1—2001
冷冻水进出水温度	6.7℃/12.3℃	7℃/12℃
冷却水进出水温度	29.4℃/34.54℃	30℃/35℃

在建立中国自己的IPLV计算式时，选择政府办公楼作为典型建筑，用跨越我国4个建筑气候分区（严寒地区、寒冷地区、夏热冬冷地区和夏热冬暖地区）的19个城市的气象参数（见表6-18）。

中国各气候区室外干球温度频率　　表6-18

干球温度频段（℃）	平均温度（℃）	严寒地区 小时数（h）	严寒地区 湿球（℃）	寒冷地区 小时数（h）	寒冷地区 湿球（℃）	夏热冬冷地区 小时数（h）	夏热冬冷地区 湿球（℃）	夏热冬暖地区 小时数（h）	夏热冬暖地区 湿球（℃）	全国平均 小时数（h）	全国平均 湿球（℃）
37.78～43.33	40.6	0	—	2.8	24.8	2.1	32.3	6	31.5	2.7	29.6
35.00～37.22	36.1	2	24.2	34.8	26.6	56.1	31.8	54	31.6	36.7	28.6
32.22～34.44	33.3	28.6	25.5	173	27.3	203.7	30.8	307.5	31	178.2	28.7
29.44～31.67	30.6	189.4	24.4	414.5	26.8	438.4	29.9	697	29.9	434.8	27.7
26.67～28.89	27.8	384.4	23.7	643.5	25.8	768.4	28.6	1466.5	29.1	815.7	26.8
23.89～26.11	25	593.8	22.8	852.5	24.8	894.6	26.7	1303	27.2	911	25.4
21.11～23.33	22.2	762.6	21.4	852.5	22.5	944.1	24.4	1003.5	23.8	890.7	23
18.33～20.56	19.4	808	19.2	761.3	19.9	809.7	21.3	978.5	21.2	839.4	20.4
15.56～17.78	16.7	603.2	16.4	632	16.8	769.1	18.6	836	18.4	710.1	17.5
12.78～15.00	13.9	539.8	13.5	589.8	14.2	693.7	15.9	795.5	16	654.7	14.9
10.00～12.22	11.1	515.4	11.1	528.8	11.5	662.4	13.2	645.5	13.3	588	12.3
7.22～9.44	8.3	448.4	8.7	545.5	8.9	837	10.8	539.5	11.3	592.6	10
4.44～6.67	5.6	450.8	6.2	692.3	6.7	828.3	8.5	115.5	9	521.7	7.6
1.67～3.89	2.8	477.2	3.8	662.3	4.3	545.1	6.2	12	6.1	424.1	5.1
−1.11～1.11	0	481	1.5	644.5	2.3	234.7	3.8	0	—	340.1	2.5

用建筑能耗模拟软件DOE-2对典型建筑进行大量模拟计算，并对中国4个气候区分别进行统计平均，可以得到各个气候区的IPLV的系数（见表6-19）。

我国4个气候区冷水机组IPLV的系数　　表6-19

IPLV的系数	A	B	C	D
严寒地区	0.7%	26.1%	52.7%	20.5%
寒冷地区	0.6%	28.9%	53.0%	17.6%
夏热冬冷地区	1.3%	30.6%	50.1%	18.0%
夏热冬暖地区	1.3%	41.6%	44.0%	13.1%

以4个气候区2003年建成的总建筑面积为权重系数，对4个气候区进行加权平均，得到中国气象条件下典型办公建筑的IPLV统一计算公式，用来反映平均气候条件下冷水机组的部分负荷性能：

$$IPLV = 1.3\% \times A + 40.1\% \times B + 47.3\% \times C + 11.3\% \times D$$

第四节 全年负荷系数 PAL 和能源消费系数 CEC

在国际上各种建筑能耗分析指标中,日本建筑界所普遍采用的全年负荷系数 PAL (Perimeter Annual Load) 和能源消费系数 CEC (Coefficient of Energy Consumption) 是很有特点的,也值得我们借鉴。

一、全年负荷系数 PAL

从字面上看,PAL (Perimeter Annual Load) 是指建筑物外周边(周边区)的全年负荷。在大型公共建筑或商用建筑中,由于每层的建筑面积(体量)很大,因此受外界气象条件干扰即建筑负荷的影响范围只是最上层(由于有屋面)、最下层(由于有与土壤或地下室相邻的地面)和中间层靠近外壁 5m 的有限区域。在这个区域,由于外温、日射和光照的逐时变化,其空调负荷和照明需求是不稳定的,并且随着季节、朝向变化。而在该区域以外的建筑物内区,影响空调负荷的是照明、人体和设备的散热,即只有内部负荷。从理论上说,内部负荷是常年有余热,因此常年需要供冷。内部负荷只随建筑物的运行时间表改变,在工作时间内它是基本稳定的。冬季内区仅当清晨上班前后的时间段内以及休假日后的上班时间段内需要采暖。因此,大型公共建筑或商用建筑(尤其是办公楼)的采暖负荷往往只有供冷负荷的 50%。PAL 实际上代表了整个建筑全年的建筑负荷。

$$PAL = \frac{周边区的全年冷热负荷(MJ/年)}{周边区的楼板面积(m^2)}$$

PAL 计算以下数项建筑负荷。全年负荷的计算要根据房间的用途和使用时间分别进行,并将供冷负荷和采暖负荷加在一起进行合计。

(1) 室内外温差形成的外壁、窗等的传热负荷。采暖负荷取 22℃ 与室外气温的温差,供冷负荷取 26℃ 与室外气温的温差。

(2) 通过外壁和窗的日射热。

(3) 周边区的室内发热量。

(4) 新风形成的负荷。新风量根据下式计算:

1) 酒店旅馆客房:$V = 3.9A_p$;

2) 医院病房:$V = 4.0A_p$;

3) 医院非病房房间:$V = 6.0A_p$;

4) 学校教室:$V = 10A_p$;

5) 旅馆非客房房间、商店店铺:$V = 20A_p/N$。

日本节能法中,将 PAL 限定值作为"建筑业主自我评价标准"而确定下来,见表 6-20。

PAL 限 定 值   表 6–20

建 筑 类 型	酒店旅馆	医院诊所	零售店铺	办公楼	学 校	饮食店
PAL(MJ/年)	420	340	380	300	320	550

考虑到不同建筑物的规模,PAL 还要乘上一个规模修正系数 f。见表 6-21。

规 模 修 正 系 数　　　　　　　　　　表 6-21

除地下室外的楼层数	平均楼层面积			
	50m² 以下	100m²	200m²	300m² 以上
1 层	2.40	1.68	1.32	1.20
2 层以上	2.00	1.40	1.10	1.00

最终计算得到的实际 PAL 应满足：

$$\text{实际 PAL} \leqslant [\text{表 6-20 数值}] \times f$$

二、设备系统的能源消费系数 CEC

1. 空调系统能耗系数 CEC（Coefficient of Energy Consumption for air conditioning）

空调系统能耗系数 CEC 是空调设备系统的能量利用效率的判断基准。空调系统的 CEC 系数定义为空调系统全年总耗能量与假想空调负荷全年累计值之比，因此可知 CEC 值越小，空调设备的能量利用效率越高。

$$\text{CEC/AC} = \frac{\text{空调系统全年一次能耗量（MJ/年）}}{\text{全年假想空调负荷（MJ/年）}}$$

$$= \frac{\Sigma(\text{冷热源能耗量}) + \Sigma(\text{风机水泵能耗量})}{\Sigma(\text{采暖负荷}) + \Sigma(\text{供冷负荷}) + \Sigma(\text{新风负荷})}$$

空调系统的能耗量应转换为一次能。其中电力的折算方法是按近年我国火力发电的平均标准煤耗量（400g/kWh）计算的（每千克标准煤的热当量为 29271kJ）。随着我国发电效率的提高，这个折算值会逐年下降。见表 6-22。

部分空调能源折一次能参考值　　　　　　　　　　表 6-22

能源名称	单位	折合一次能（kJ）	能源名称	单位	折合一次能（kJ）
洗精煤	kg	26344	天然气	m³	38931
燃料油	kg	41816	电力	kWh	11708
柴油	kg	42652	城市煤气	m³	15890
液化石油气	kg	50179			

CEC 定义中的空调系统全年总能耗量应包括所有空调设备（冷热源、冷却塔、风机、水泵等）的年耗能量。在计算 CEC 中空调系统全年总能耗量和假想空调负荷全年累计值时，都对应于同样的室内温湿度条件和同样的空调系统运转时间。在实际建筑物中，室内温湿度条件及空调设备的运转时间都是变化的。但由 CEC 的定义可知，即使室内温湿度条件和空调系统运转时间有所变化，CEC 计算式中的空调系统全年总能耗量和假想空调负荷全年累计值是向同方向变化的。因此，室内温湿度条件及空调系统的运转时间的变化对 CEC 的比值影响不大。为了用 CEC 对不同建筑或不同空调系统进行比较，在计算中用统一的室内温湿度条件和空调系统运行时间。

CEC 中的假想空调负荷，是由建筑传热、太阳辐射热、内部负荷、新风负荷及其他负荷 5 部分组成。之所以称为"假想"空调负荷，是由于以下两个原因：

1) 计算有排风热回收（全热交换器）的空调系统的假想空调负荷时，其新风负荷仍按照无排风热回收（全热交换器）的空调系统进行计算，忽略实际新风负荷的减少。

2) 计算采用 CO_2 浓度控制新风量（变新风量）的空调系统的假想空调负荷时，新风量仍按定新风量计算，忽略其实际新风量的减少。

这种假设的结果是采用省能技术使得空调设备全年总能耗量减小,而假想空调负荷不变,相应地 CEC 值也减小,故 CEC 可以有效地判断空调系统的节能效果。

空调设备消耗的能量有电能、蒸汽、煤气、轻油、重油等,计算 CEC 时必须把空调系统全年耗能量换算为一次能。这样就可以方便地对消耗不同形式能量的系统进行比较。

全年假想空调负荷的计算可以采用第四章中介绍的温频法(BIN 法)。但在办公楼等建筑中,节假日空调系统是不运行的。故需要有除节假日以外的全年工作日的 BIN 参数。表 6-23 是上海市的全年工作日 BIN 参数。

上海地区全年工作日 (8:00~18:00) BIN 参数　　　　　表 6-23

BIN (℃)	-6	-4	-2	0	2	4	6	8	10	12	14
时间频率 (h)	0	3	17	55	138	132	129	144	141	128	129
平均焓值 (kJ/kg)	0	0.1	3.9	7.4	9.2	11.2	15.6	20.4	23.4	28.6	31.0
BIN (℃)	16	18	20	22	24	26	28	30	32	34	36
时间频率 (h)	123	138	165	204	179	161	204	179	105	55	11
平均焓值 (kJ/kg)	35.4	41.3	48.0	49.9	57.5	64.5	73.4	79.9	82.9	87.5	88.5

空调系统中冷水机组的全年总能耗 E_1 近似等于冷水机组全年制冷量与部分负荷综合指标 IPLV 的乘积,冷水机组年制冷量 Q 可以用空调假想负荷乘以 1.2 得到。

$$E_1 = Q \times \text{IPLV}$$

风机、水泵设备的全年能耗 E_2 的计算采用当量满负荷运行时间法。

$$E_2 = P\tau(1-r)$$

式中,E_2 为风机或水泵的全年能耗,kWh;P 为设备额定输入功率,kW;τ 为累计运行时间,h;r 为效果率;$\tau(1-r)$ 为当量满负荷运行时间,h。效果率 r 反映不同的控制方法(如台数控制,变频调速控制等)而使得总能耗减小的效果。

2. 通风换气能源消费系数 CEC/V (Coefficient of Energy Consumption for Ventilation)

同样,还有通风换气能源消费系数 CEC/V:

$$\text{CEC/V} = \frac{\text{全年换气一次能耗量(MJ/年)}}{\text{全年假想换气耗能量(MJ/年)}}$$

CEC/V 主要指空调设备以外的机械换气设备的效率。即:
(1) 设计中尽量减少风道等处的能量损失。
(2) 采用适当的机械换气的控制方法。
(3) 采用满足必要的换气量的能效高的机器。

换气能耗量是送风机、排风机和换气所需要的其他设备全年所消耗的电量。而假想换气耗能量可用下式计算:

$$E = Q \times T \times 3.7 \times 10^{-4}$$

式中　E——假想换气消费能量,kWh;
　　　Q——设计换气量,m³/h;

T——全年运行时间，h。

常数 3.7×10^{-4} 是风机动力的换算：

$$\frac{\text{全压(Pa)}}{3.6\times10^6\times\text{风机效率}\times\text{传动装置效率}}\times\text{冗余率}$$

$$=\frac{440}{3.6\times10^6\times0.4}\times1.2\approx3.7\times10^{-4}[\text{kW}/(\text{m}^3\cdot\text{h})]$$

同样，在有 CO_2 浓度控制时，在假想换气能耗计算中仍按没有控制考虑。

3. 照明能耗系数 CEC/L（Coefficient of Energy Consumption for Lighting）

用照明能耗系数 CEC/L 做评价的目的是：

(1) 采用照明效率高的照明器具；
(2) 采用适当的照明控制；
(3) 从维护管理角度考虑的照明设置方法；
(4) 恰当地进行照明设备的配置、照度的设定、房间形状和内装修的选定等工作。

$$\text{CEC/L}=\frac{\text{全年照明能耗量(MJ/年)}}{\text{全年假想照明能耗量(MJ/年)}}$$

全年照明耗能量 E_T 可以用下式计算：

$$E_T = W_T \times A \times T \times F/1000$$

式中　E_T——各房间和各通道的照明消耗电量，kWh；
　　　W_T——各房间和各通道的照明消耗电力，W/m²；
　　　A——各房间和各通道的面积，m²；
　　　T——各房间和各通道的全年照明点灯时间，h；
　　　F——根据不同控制方法得到的系数，见表6-24。

照 明 控 制 系 数　　　　表 6-24

控 制 方 法	系数 F	控 制 方 法	系数 F
根据IC卡、人体传感器等进行的在室人员数控制	0.80	时间表控制	0.90
		昼光利用照明控制	
		分区控制	
根据亮度传感器进行的自动点灭控制		局部控制	
恰当照度调光控制	0.85	其他控制方式	1.00

对假想照明能耗量，可以按所有房间和通道计算合计能耗量：

$$E_S = W_S \times A \times T \times Q_1 \times Q_2/1000$$

式中　E_S——各房间和各通道的假想照明耗电量，kWh；
　　　W_S——各房间和各通道的标准照明用电，W/m²；
　　　A——各房间和各通道的地板面积，m²；
　　　T——各房间和各通道的全年点灯时间，h；
　　　Q_1——对应于不同照明设备种类的系数，见表6-25；
　　　Q_2——对应于不同用途和照明设备的照度系数，见表6-26。

照明设备种类系数	表 6-25
照明设备的种类	系数 Q_1
采用防眩光格栅、透光罩等特别措施的照明设备	1.3
其他	1.0

照 度 系 数	表 6-26
用 途	系数 Q_2
零售商店和办公室	$L/750$
学校教室	$L/500$
其他	1.0
表中，L是设计照度，lx	

4. 热水供应能源消费系数 CEC/HW（Coefficient of Energy Consumption for Hot Water supply）

用热水供应能源消费系数 CEC/HW 可以评价热水供应系统的能源效率：

(1) 配管路径缩短、管道保温等适当的设计措施；
(2) 采用适当的供热水设备的控制方法；
(3) 采用能效高的热源系统。

热水供应能源消费系数 CEC/HW 可用下式计算：

$$\text{CEC/HW} = \frac{\text{全年热水供应系统能耗量(MJ/年)}}{\text{全年假想供热水负荷(MJ/年)}}$$

分子中热水供应系统的能耗量包括锅炉等热源设备、循环水泵和其他相关设备的能耗量。而假想供热水负荷可用下式计算：

$$L = 4.2V \times (T_1 - T_2)$$

式中　L——假想供热水负荷，kJ；
　　　V——使用热水量，L；
　　　T_1——热水温度，℃；
　　　T_2——不同地区的给水温度，℃。

5. 升降机的能源消费系数 CEC/EV（Coefficient of Energy Consumption for Elevator）

用升降机的能源消费系数 CEC/EV 可以评价大楼升降机系统的能效：

(1) 采用适当的升降机控制方式；
(2) 采用能量效率高的驱动方式；
(3) 根据所需要的输送能力恰当地进行升降机设置和设计。

$$\text{CEC/EV} = \frac{\text{全年升降机能耗量(MJ/年)}}{\text{全年假想升降机耗能量(MJ/年)}}$$

升降机的全年耗能量可以用下式计算：

$$E_T = L \times V \times F_T \times T/860$$

式中　E_T——升降机的耗电量，kWh；
　　　L——载重量，kg；
　　　V——额定速度，m/min；
　　　F——速度控制方式系数，见表 6-27；
　　　T——全年运行时间，h。

速度控制方式系数　　　　　　　　　　表6-27

速 度 控 制 方 式	系数 F	速 度 控 制 方 式	系数 F
变电压变频控制方式（有电力再生控制）	1/45	自动变阻方式	1/30
变电压变频控制方式（无电力再生控制）	1/40	交流	1/20
静止变阻方式	1/35		

假想升降梯消耗电力量可以用下式计算：

$$E_S = L \times V \times F_S \times T/860$$

式中　E_S——假想升降梯消耗电力量，kWh；

　　　L——载重量，kg；

　　　V——额定速度，m/min；

　　　F_S——速度控制方式系数，1/40；

　　　T——全年运行时间，h。

应把各电梯、步梯的假想消耗电力量计算出来，然后乘以输送能力系数 M，将结果相加，从而得到建筑物升降梯的假想能耗量。输送能力系数如下式：

$$M = A_1/A_2$$

式中　A_1——根据建筑物的用途和实际情况从表6-28中查得的标准输送能力；

　　　A_2——升降梯利用人数除以5分钟内可能输送的人数得到的设计输送能力。

日本节能法中对能源消费系数做了规定，见表6-29。

标准输送能力　　表6-28

建筑物的用途	建筑物的实际使用情况	标准输送能力
办公楼	一个单位专用	0.25
	其　他	0.20
酒店旅馆	—	0.15

CEC 限定值　　表6-29

	旅馆	医院	零售商店	办公楼	学校
CEC/AC	2.5	2.5	1.7	1.5	1.5
CEC/V	1.5	1.2	1.2	1.2	0.9
CEC/L	1.2	1.0	1.2	1.0	1.0
CEC/HW	1.6	1.8	—	—	—
CEC/EV	—	—	—	1.0	—

三、计算例题

1. 建筑基本情况

上海某11层办公楼（地上10层，地下1层），总建筑面积14400m²，每层1200m²，层高4.15m，夏季室内设计参数为22℃，相对湿度50%，冬季22℃，相对湿度50%，全楼1500人工作，平均每层50人，每人新风量30m³/h，共45000m³/h。有中间色百叶窗，工作时间9:00~17:00，法定节假日休息，空调系统带有加湿器，照明为20W/m² 荧光灯。该建筑围护结构面积如下：

1) 屋面：传热系数 K 为 0.852W/(m²·℃)，面积1200m²。

2) 外墙：内面抹灰240砖墙。南北墙均为1740m²，东西墙630m²，总面积4740m²。

3) 窗：单层5mm玻璃钢窗，南北窗750m²，东西窗200m²，总面积1900m²。

2. 建筑设备情况

办公楼的建筑设备

设备名称	设备情况		
热 泵	制冷量 349kW	额定功率 120kW	6台
	制热量 365kW	额定功率 116kW	
冷热水泵	功率 15kW	5台	
照明（日光灯）	总功率 800kW		
电 梯	功率 13.5kW	3台	
风机盘管	每台 125W	283台	共 35.4kW
新风处理机组	每台 3.3kW	10台	共 33kW

3．办公楼假想负荷的计算

1）假想供冷采暖负荷：

根据温频法（BIN 方法）计算得到

$$CL(HL) = 1.494t + 1.0625h - 41.81$$

2）用 BIN 参数进行年假想供冷和供热负荷计算，结果下表。

用 BIN 参数进行年假想供热负荷计算表

BIN（℃）	-6	-4	-2	0	2	4	6	8	10
时间频率（h）	0	1	7	41	126	121	113	127	128
h（kJ/kg）	0.0	0.4	3.5	7.3	9.1	11.0	15.5	20.1	23.0
HL（W/m²）	50.8	47.4	41.1	34.1	29.2	24.1	16.4	8.5	2.4
热量（Wh/m²）	0	47	288	1396	3673	2922	1851	1080	311
总和（kWh/m²）	11.5								

用 BIN 参数进行年假想供冷负荷计算表

BIN（℃）	12	14	16	18	20	22	24	26	28	30	32	34	36
时间频率（h）	117	115	113	116	144	190	164	147	178	167	105	55	11
h（kJ/kg）	28.3	30.6	35.1	40.4	47.6	49.3	56.7	63.7	72.6	79.5	82.9	87.5	88.5
CL（W/m²）	6.2	11.6	19.4	28.0	38.6	43.4	54.3	64.7	77.2	87.5	94.1	102.0	106.0
冷量（Wh/m²）	724	1336	2191	3249	5565	8253	8904	9513	13734	14609	9878	5608	1166
总和（kWh/m²）	84.6												

因此，空调年假想负荷为 84.6 + 11.5 = 96.1kWh/m²，转化为一次能形式为 4.98TJ（1TJ = 10^{12}J）。

4．空调年能耗量的计算

热泵机组的供暖年耗能量计算表

BIN（℃）	-4	-2	0	2	4	6	8	10
时间频率（h）	1	7	41	126	121	113	127	128
假想 HL（W/m²）	47.4	41.1	34.1	29.2	24.1	16.4	8.5	2.4
室内负荷 Q_t（kW）	818.4	709.8	588.4	503.8	417.3	283.0	146.9	42.0
运行台数（台）	3	2	2	2	2	1	1	1
热泵供暖负荷率（%）	75	98	81	69	57	78	40	12
功率比（%）	75	97	79	67	57	69	47	44
输入轴功率（kW）	261	225	183	155	132	80	55	51
耗电量（kWh）	261	1575	7514	19585	16001	9045	6924	6533
采暖耗电量（kWh）	67439							

热泵机组的空调制冷年耗能量计算表

BIN（℃）	12	14	16	18	20	22	24
时间频率（h）	70	114	113	116	144	190	164
假想 CL（W/m²）	6.2	11.6	19.4	28.0	38.6	43.4	54.3
室内负荷 Q_t（kW）	107	201	335	484	668	751	938
运行台数（台）	1	1	1	2	2	3	3
热泵供冷负荷率（%）	31	58	96	69	96	72	90
功率比（%）	30	43	78	50	74	54	72
输入轴功率（kW）	36	52	94	120	178	194	259
耗电量（kWh）	4212	5934	10577	13920	25574	36936	42509

BIN（℃）	26	28	30	32	34	36
时间频率（h）	147	178	167	105	55	11
假想 CL（W/m²）	64.7	77.2	87.5	94.1	102.0	106.0
室内负荷 Q_t（kW）	1118	1333	1512	1626	1762	1832
运行台数（台）	4	4	5	5	6	6
热泵供冷负荷率（%）	80	96	87	93	84	87
功率比（%）	65	87	84	96	89	100
输入轴功率（kW）	312	418	504	576	641	720
耗电量（kWh）	45864	74333	84168	60480	35244	7920
期间耗电量（kWh）	447671					

从上表的计算可得出办公大楼的热泵机组年供热耗电量为 67439kWh，年供冷耗电量为 447671kWh，热泵机组年总耗电量为 515110kWh。

此外冷热水泵、风机盘管、新风机组的耗电量分别是 72009kWh、80924kWh、75438kWh。空调系统总耗电量 743481kWh，转化为一次能为 9.02TJ。

从而得到该办公楼的 CEC/AC 为 1.81。大于日本标准。说明该办公楼空调系统还有很大节能潜力。

第七章 建筑能耗的计量与测定

第一节 测试技术

一、电（Electricity）

最常用的检测交流电（AC）能效和节能措施的方法是使用电流互感器（CT）。互感器装在连接特定负荷的线路上，如电动机、水泵、照明，然后再接到电表或功率表上。互感器有分裂铁芯和环状铁芯两种构造。环状铁芯互感器通常要比分裂铁芯构造的经济，但在安装时需要短时间断开负载。分裂铁芯互感器安装时不必断开负载。两种构造的变频器精度均高于 0.01。

可以直接在电源上测量电压。用伏特计和电力测量仪器直接连接到低压电源上。在电压较高时，可以借助电压互感器来降低伏特数以增强安全性。

尽管电力负荷是电压和电流的乘积，但在测试电动机或电磁镇流器的负荷时不应单独作电压和电流的测量，而应该使用实际均方根（RMS）数字电力采样表。当在同一电路上安装有变频器或其他谐波发生装置时，会在电动机接线端产生谐波电压，这时候 RMS 表就非常重要了。以数字取样原理为基础的 RMS 电力和能源计量技术能准确测量失真波形、记录负荷曲线，在电力测试中被广泛使用。

当有谐波问题存在时，应使用符合 IEEE（美国电工电子工程师学会）标准（519—1992）、取样率为 3 kHz 的电力测量装置。大多计量仪器均采取一定的取样办法来解决谐波问题。但用户也应向仪表制造商索要证明文件，证明仪器在波形失真的情况下仍能准确测定所使用的电量。

二、温度（Temperature）

最常用的电子温度测量仪器有电阻式温度检测器、热电偶、热敏电阻，以及集成电路温度传感器。

（1）电阻式温度检测器（RTD）是能源管理中测量气温和水温常用的仪器，是最精确的、可重现的、稳定的和敏感的热元件。电阻式温度检测器用来测量材料中电阻随温度的变化。最常用的是规格为 100Ω 和 1000Ω 的铂金属 RTD，有陶瓷片、柔性片和套管等不同形式的温度计。

RTD 有二、三、四线等不同形式适应不同的应用需要。四线 RTD 较少用于节能测试，而常用于高精度仪表或实验室中。三线 RTD 在需要安装长导线、暴露在多样化周边环境的情况下可以起到补偿作用。长度和材料相同的电线表现出相似的阻-热特性，并能在设计适当的桥路中消除长导线效应。双线 RTD 必须现场校正以补偿导线长度，而且不能将导线暴露在与测试环境差异大的条件下。

由于可以使用普通的铜导线，因此 RTD 的安装相对简单，不必使用昂贵的热电偶线。大多数测量仪器都可以直接接到 RTD 上，以提供内部信号调节、进行补偿及系数校正。

(2) 热电偶用两块不同的、一端连在一起的金属来测量温度。连在一起的一端在给定温度（由其他热电偶恒温仪标定）下，能产生较小的特定电压。热电偶可以用不同的金属连接起来，每一种都有不同的温度范围。选择热电偶时，除了考虑温度范围外，还应考虑化学磨损，抗振性和安装要求。

只有在需要相当精度的温度数据时才使用热电偶。热电偶主要的缺点是输出信号弱，使得它们对电噪声敏感，常常需要放大器。在一般节能计量中所需精度不很高、技术不很复杂，因此较少使用热电偶。

(3) 热敏电阻是一种半导体温度传感器，通常由含有锰、镍、钴或其他材料的氧化物组成。热敏电阻与 RTD 的主要不同点在于前者对温度变化的阻抗大。热敏电阻是不可互换的，温度-电阻关系是非线性的。这种仪器易损坏，需要使用屏蔽的电源线、滤波器或直流电压。像热电偶一样，这种仪器在节能计量中不常用。

(4) 集成电路温度传感器。某些半导体二极管和晶体管也表现出可重现的温度敏感性。这种仪器通常是预制的集成电路（IC）传感器，有多种形式和规格。这些仪器偶尔在需要低成本和对测试结果线性要求比较高的暖通空调系统中应用。IC 传感器绝对误差相当小，但需要外加电源，易损坏，由于内部发热而产生误差。

三、湿度（Humidity）

准确、价廉、可靠的湿度测量往往是一项艰巨的、耗时的工作。测量相对湿度的仪器可以从不同渠道买到，安装相对简单。但是，湿度传感器的标定是一件需要特别当心的事情。

四、流量（Flow）

有多种形式的流量计可以用来计量天然气、石油、蒸汽、冷凝液、水或压缩空气等不同的介质。这里讨论的是最常见的液体流量测量仪器。一般来说，流量传感器可以分为两类：

(1) 插入式流量计（压差和阻力）；

(2) 非插入式流量计（超声波和电磁）。

选择流量计时需要知道所测液体的种类、液体是否清洁、它的最大和最小流速。

(1) 压差流量计是建筑能源管理中最常用的流量测试仪器。压差流量计通过测量节流管的压力损失计算出液体的流速。利用压差原理工作的流量计有：孔板流量计，文丘里流量计，毕托管式流量计。每种都有在具体应用中的优缺点。压差流量计的精度通常为标定满量程的 1%～5% 左右。

(2) 阻力流量计能够在很宽的范围内提供线性输出信号，通常没有孔板或文丘里管中那么大的流动压力损失。总的说来，这种流量计的原理都是在被测来流中放置小靶、重物或旋转轮，这样来流的速度可以通过流量计的旋转速度（涡轮）或流量计上的受力来测量。

1) 涡轮流量计是通过放置在流体中的转子的转数来测量流体的流量。涡轮流量计可以是轴向式的或插入式的。轴向式涡轮流量计通常有一个轴向转子和安装用的机架。插入式涡轮流量计将轴向涡轮插入到流体中，用管子作为流量计壳体。因为插入式流量计仅仅测量管子截面的某一点液体流速，所以必须严格按照要求安装，才能够准确地测量管内的总流量。最重要的一点是必须将流量计安装在远离内部湍流的管断面上。涡轮流量计的输出结果与流速成线性关系。使用涡轮流量计时必须非常小心，防止流量计被损坏或被腐蚀。

2）涡街流量计的原理与电话线在电线杆之间受风振动的原理相同。当低压流体的流动受到一个垂直于流动方向的非流线性柱体阻碍时，流体被分为两股，柱体下游会交替产生旋涡，流体流动产生振荡。振荡频率与流体流速成正比。涡街流量计就是检测频率，从而得到流速。涡街流量计具有维护量小、精确度高、有长期重复性等优点。

(3) 非插入式流量计。使用插入式流量计会引起流体前后压差变化。在对流体压力变化要求较高的场合，就需要采用非插入式流量计。它也适于测量脏污流体的流量，如废水、泥浆、原油、酸等。

1）超声波流量计是通过测量沿流体流向的声波传递时间的细微差异来测量洁净流体流速。其测量精度在满量程的 $1\% \sim 2\%$。还有一种利用多普勒定律来代替传输时间的超声波流量计。在这种流量计中，为了得到信号反馈，需要一定量的粒子或空气。多普勒流量计误差在 $2\% \sim 5\%$，价格比时间原理的超声波流量计便宜。超声波流量计安装费用低，因为它们不需要断开管道来安装。

2）电磁流量计的工作原理是测量流动液体在强磁场内的振动。电磁流量计要比其他形式的流量计贵得多。它们具有高准确度、无移动部分等优点。电磁流量计的误差一般为 $1\% \sim 2\%$。

五、压力（Pressure）

测量压力的机械原理早就为人们熟知。U形管（毕托管）测压计是最早用来测量压力的仪表之一。但是这种压力计体积大、笨重、不适于集成化的自动控制系统。因此，U形管测压计通常用于试验室。依靠使用的参照压力，可以显示出绝对压力、相对压力。在选择压力计时应考虑准确性、压力范围、温度作用、输出和使用环境等因素。

现代压力变送器源于流量计中的压差传感器，广泛应用于建筑能效管理系统，能够按照不同的精确度要求来测量压力。

六、热能（Thermal energy）

要测量热能就需要测量流量和温差。例如，制冷机的冷量是通过测量冷水量和冷水供回水温差来计算的。电子式热量计的测量精度高于 0.01。能够同时提供流速、温度等其他有用的数据。

当热力系统在低负荷下运行时，其供回水的温差可能只有 2℃。为了避免热能测量的严重误差，两个温度传感器的最小允许误差应当相匹配。因此，两个传感器之间的相互校正比单个传感器的标定更为重要。

用于热计量中的温度传感器的安装应当考虑以下因素引起的误差：传感器在管道中的位置、热敏电阻的导电性，以及变送器、电源和模数转换的相似性。由于准确测量十分困难，因此要作整个测量系统的系统误差分析。

第二节 建筑能量平衡

建筑能量平衡的基本理论是根据热力学第一定律，即：

对建筑物输入的总能量 = 输出的总能量

图 7-1 是建筑物的热平衡示意图。我们可以把带入热 Q_R 理解为建筑物的外扰和内扰，

即通过围护结构传入的热量，人体、设备和照明散发的热量，工艺物料所带入的显热和潜热。供入热 Q_S 是建筑冷热源系统提供的热量或冷量，它由一次能源或二次能源（燃料和电力）转换而来。排出热 Q_{Ex} 是建筑物通过围护结构向大气环境中散发的热量，通过冷却塔、排风机、烟囱等排出的热量。建筑物的排出热是造成城市热岛效应的主要原因之一。

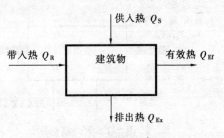

图 7-1 建筑物的热平衡

而有效热 Q_{Ef} 是工艺过程中必须消耗的热量或冷量。对于主要用于舒适性目的的民用建筑而言，有效热就是维持室内适宜的热环境、保证建筑物功能所必须消耗的热量或冷量。因此建筑物的能量平衡方程式为：

$$Q_R + Q_S = Q_{Ex} + Q_{Ef}$$

在排出热 Q_{Ex} 中，一部分是维持建筑室内环境所必须排除的热量，但也有一部分是因为建筑物用能不合理而造成的。图 7-1 中还要注意箭头的方向，它实际上代表热量（能量）的方向。

建筑能源管理者经常要进行设备的能量平衡测试，即确定输入系统的能量应等于输出系统的能量。现在以一台空调箱（AHU，Air Handling Unit）为例说明。

空调箱由盘管热交换器、空气过滤器、风机（一般采用前向多翼离心风机）和箱体组成。图 7-2 是几种空调箱的外形图片和内部结构示意。

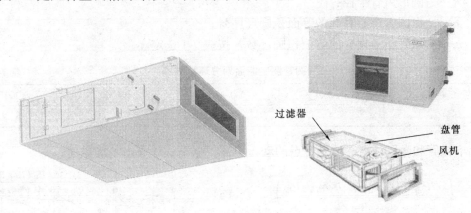

图 7-2 空调箱结构

进出空调箱的能量流和质量流有：

(1) 空气侧：进入空调箱的空气（新风、回风）经盘管热交换，由风机经风道送入室内。空气经盘管处理焓值发生变化，即冷量（热量）发生变化。

(2) 水侧：来自冷热源的冷水（热水）进入空调箱的盘管，经热交换对盘管外的空气进行冷却或加热，再回到冷热源。水的温度发生变化，即冷量（热量）发生变化。

(3) 风机电机消耗电力，产生动力，输送空气。

在图 7-3 的空调箱中应有：空气侧冷量 = 水侧冷量。在实际工程中应分别测得空气侧冷量和水侧冷量进行比较。

(1) 空气侧冷量测定：

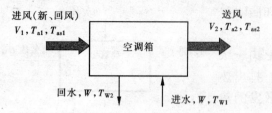

1）使用仪器：热线风速仪或毕托管；
    微压差计；
    干球温度计；
    湿球温度计。

图 7-3 空调箱热平衡
V_1—进风量；V_2—送风量；T_{a1}、T_{a2}—进风、送风的干球温度；T_{as1}、T_{as2}—进风、送风的湿球温度；W—盘管水量；T_{W1}—进水水温；T_{W2}—回水水温

2）风量 V_2 的测定：在主送风道的平直段上，即距风道局部阻力部件，例如弯头、风阀等，距离在 4 倍管径或风道边长以上的位置作为测点测得风速。一般测点数越多，所测得的平均风速越准确。对于矩形风道，每个测点对应的断面面积一般不大于 $0.05m^2$，测点位于该小面积中心。对于半径为 R 的圆形风道，可将断面面积划分为 m 个面积相等的同心圆。第 n 个测点位置可按下式计算：

$$\pi R_n^2 = \frac{\pi R^2}{2m} + \pi R_{n-1}^2 = \frac{\pi R^2}{2m} + \frac{\pi R^2}{m}(n-1) = \frac{2n-1}{2m} \cdot \pi R^2$$

则得到：
$$R_n = R\sqrt{\frac{2n-1}{2m}}$$

式中　R_n——从圆心到第 n 个测点的距离；
　　　R——圆形风管半径；
　　　n——由圆管中心算起的等面积圆环序号；
　　　m——风管断面划分的等面积圆环数，按表 7-1 选定。

圆管测定断面划分环数 m　　　　　　表 7-1

管径（mm）	<200	200~400	400~700	>700
环数 m	3	4	5	6

用毕托管和微压计测得的是各点的动压，需根据下式计算出平均风速：

$$\overline{P}_d = \left(\frac{\sqrt{P_{d1}} + \sqrt{P_{d2}} + \cdots + \sqrt{P_{dn}}}{n}\right)^2 \quad (Pa)$$

$$\overline{v} = \sqrt{\frac{2\overline{P}_d}{\rho}} \quad (m/s)$$

式中　P_{d1}，P_{d2}，…，P_{dn}——各测点动压值；
　　　n——测点数；
　　　ρ——空气密度。

3）测出测点处的干球、湿球温度。从焓湿图中查得空气的焓值 i，如图 7-4 所示。

4）计算得到送风冷量 Q_1：

$$Q_1 = G \cdot i = \overline{v} \cdot A \cdot \rho \cdot 3600 \cdot i$$

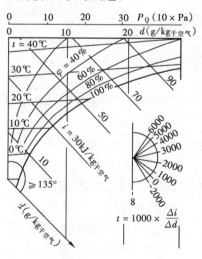

图 7-4　焓湿图

式中 G——送风量，m^3/h；

$\bar{v}$——测得的断面平均风速，m/s；

A——风管断面积，m^2；

ρ——送风空气密度，可取值1.2，kg/m^3；

i——测得的送风焓值，kJ/kg。

在实际工程中也可以用多功能风速仪（见图7-5），可以一次性测得风速、干球温度、相对湿度，输入风管尺寸后可直接给出送风量。在仪器传感器测杆上有尺寸刻度，便于在风管外通过一个测孔测得不同断面的风速。测试时要注意始终使传感器热线风速仪的热线垂直于气流。

(2) 水侧冷量的测定：

1) 使用仪器：

① 流量计：常用的固定式（即安装在管路上的）流量计有压差流量计（孔板流量计）、转子流量计（电远传）、涡轮式流量计等多种。在实际工程中也可以利用便携式的、与流体非接触式的流量计，最典型的就是超声波流量计，如图7-6所示。

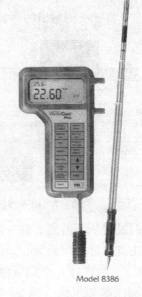

图7-5 多功能风速仪

当超声波束在液体中传播时，液体的流动将传播时间产生微小变化，并且其传播时间的变化与液体的流速成正比：

图7-6 几种便携时差式超声波流量计

$$V = \frac{MD}{\sin 2\theta} \times \frac{\Delta T}{T_{up} \cdot T_{down}}$$

式中 M——声束在液体中的直线传播次数；

D——管径；

θ——声束与液体流动方向的夹角；

T_{up}——为声束在水流正方向上的传播时间；

T_{down}——为声束在逆方向上的传播时间。

$$\Delta T = T_{up} - T_{down}$$

上式可以演变为：

$$V = \frac{K \cdot \Delta T}{T_L}$$

式中 K——标定系数，单位为：体积/单位时间；
T_L——测量出的声波平均穿过流体的时间。

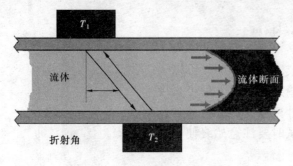

图7-7 超声波流量计工作原理

时差式超声波流量计用于测量流体流速对双向声波信号的影响。上游换能器（T_1）向下游换能器（T_2）发射一个信号，同时下游也向上游发射信号。当流体静止时，从 T_1 到 T_2 的声波信号传送时间与从 T_2 到 T_1 的传送时间是相同的。但是，当流体流动时，由于流体流速对声波信号的作用，将加快从上游到下游方向的信号速度，同时减慢从下游到上游方向的信号速度。也就是由于流体流速的存在，产生了时间差，最终由此可计算出流量。如图7-7所示。

② 温度计：在盘管供水管和回水管上都应安装温度计，以测量供回水温差。在现场测试时如果没有固定的插入式温度计，也可以测管壁温度，用点式温度计（接触式）或红外线温度计（非接触式）。但应注意其误差在所测试的温度范围内均为同一方向。例如，空调供水温度为7℃、回水温度为12℃，测得的管壁温度可能分别是8℃和13℃。在该范围内温度计如果都是正误差，则测得的实际温度可能是8.5℃和13.3℃，尽管与真实的管壁温度有误差，但仍可保证温差为4.8℃，与实际温差（5℃）有4%的误差。而如果该温度计在10℃以下是负误差，10℃以上变成正误差，测得的实际温度可能会变成7.5℃和13.3℃，温差为5.8℃，与实际温差的误差变成16%，测试数据就不可用了。

红外测温仪（见图7-8）主要由光学系统，红外探测器和电子测量线路构成。红外探测器是接收被测物体红外辐射能并转换成电信号的器件，热敏型的红外探测器使用热敏电阻，它在接收红外辐射后，温度升高，从而引起电阻值的变化。热敏电阻的输出接成桥路形式，电阻值变化使桥路失去平衡，产生的交流电信号经放大、检波、放大调节及输出转换，在LCD上显示温度。

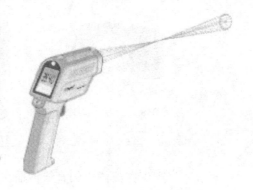

图7-8 非接触式红外线温度计

2) 水侧冷量：

用流量计（一般在回水管道上）测得流经盘管的水流量 G，用温度计测得供水水温 t_{W1} 和回水水温 t_{W2}，则可以计算出水侧冷量 Q_2。

$$Q_2 = G \times (t_{W2} - t_{W1})$$

也可以用将超声波流量计和点式温度计组合在一起的热量计直接测得水侧冷量，如图7-9所示。

(3) 空调箱的热平衡：

测得空气侧和水侧的冷量应有 $Q_1 = Q_2$。但实际情况下会有测量误差和计算误差。

$$\Delta\delta = |Q_1 - Q_2|$$

$\Delta\delta$ 是平衡误差（绝对误差）。通常要以相对误差来评价系统或设备的能耗情况，即：

$$\delta = \frac{\Delta\delta}{Q_2}$$

如果相对误差小于 5% 可以认为该空调箱能耗正常。而如果大于 5%，一种可能是测试的问题，流量、风量和温度（焓值）都有测不准的可能。如果排除了测试的问题，那么这个误差就是由空调箱本身的问题所引起。最大的可能是空调箱的漏风引起的能量损失。

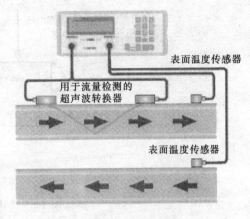

图 7-9 热量计示意图

第三节 制冷机能效比测定

空调系统能耗占建筑物的能耗比例最大。而制冷机在空调系统中又是能耗比例最大的设备组件。如第六章所述，能源管理者不仅关心制冷机在额定工况下的性能系数，更关心制冷机在长期运行的部分负荷条件下的能效比。很多制造厂商在供应制冷机时会提供产品的部分负荷综合值（IPLV），但该值是在严格的实验室条件下测试并计算得到的。在实际条件下，有许多影响制冷机和制冷系统效率的因素：

（1）室外气温（干球和湿球温度）。对水冷机组而言，会影响冷却塔效率并影响冷凝温度。对空气源热泵而言，夏季会直接影响冷凝温度；冬季会影响室外侧蒸发温度，同时会导致结霜、影响化霜时间。

（2）室内负荷的波动。

（3）用一级泵（Primary Pump）系统的变流量水系统，在部分负荷下流经蒸发器的水量减少，会导致机组能效比的改变。

（4）水质。较差的水质会使蒸发器管内壁结垢，影响换热效率。由于水冷机组的冷却水系统是开启式系统，冷却水直接接触大气，这种影响更不容忽视。

（5）冷量衰减。无论何种制冷机在连续使用之后都会有一定程度的冷量衰减，即效率下降。

（6）冷却塔或风冷机组安装位置。通常把冷却塔或风冷机组安装在裙楼或塔楼屋顶。出于建筑和景观的需要，常常要把设备隐蔽起来，造成通风不畅、局部环境劣化，会严重影响制冷机效率。

设施管理和能源管理人员需要经常检测制冷机能效比，以便发现问题，及时予以解决。

在图 7-10 中，设制冷机供水温度 t_{W1}，冷水流量 G，回水温度 t_{W2}；冷水水泵耗功 W_{Pl}；某时刻室外空气干球温度 t_a，湿球温度 t_{wb}；制冷机冷却水出水温度 t_{Cl}，冷却水流

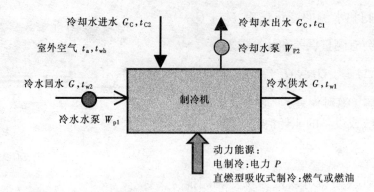

图 7-10 制冷机能效比示意

量 G_C，冷却水进水温度 t_{C2}；冷却水水泵耗功 W_{P2}；电力驱动制冷机耗功 P。

有很多制冷机带有电子控制装置，可以自动检测和记录 t_{W1}、t_{W2}、G、t_{C1}、t_{C2}、G_C 乃至 P。也有的楼宇自动化系统（BAS）中具备这种检测和记录功能。这使得制冷机能效比测定变得十分简单。在某一时刻，制冷机提供的冷量为：

$$Q_0 = G \times (t_{W2} - t_{W1}) \times 1.163 \quad (kW)$$

则制冷机的能效比为：

$$EER = Q_0 / P \quad (kW/kW)$$

但在没有 BAS 系统或自动检测装置的条件下，就需要用人工方式进行检测。特别是在进行能源审计现场测试时需要校验制冷机在运行工况下的 EER 以及 EER 随负荷的变化情况。

(1) 负荷侧测试：与本章第二节相仿，负荷侧测试只要测得制冷机冷水冷量即可。在没有自动检测装置的条件下要用超声波流量计和点式温度计或红外线温度计。分别测得冷水流量 G 和供回水温度 t_{W1} 和 t_{W2}。计算得到制冷机冷量 Q_0。

(2) 能源侧测试：

1) 电制冷：使用电能综合测试仪（国外产品称"电能质量分析仪"，Power Quality Analyzer）。电能综合测试仪可对各种工况的工业用电设备、工频各线制电路进行不断电综合测量，同时完成交流电流、交流电压、有功功率、无功功率、功率因数、电网频率等项目的瞬时值及任意时间平均值的测定。由于采用了微电脑技术，可以用一表完成多项电能测试项目，并能自动打印和存储实测数据。如图 7-11 所示。

用这种电能综合测试仪测得的已经是三相有功功率 P，因此便很容易地得到制冷机组的 EER。

2) 燃气空调（直燃机）：现场测试可以有两种方法。

第一种方法：根据燃气计量表读数 N (m^3/h)，乘以当地燃气热值 q_N (kJ/m^3)，可以得到燃气提供的能量 Q_N。

$$Q_N = N \times q_N / 3600 \quad (kW)$$

第二种方法：用超声波流量计测得冷却水流量 G_C，用温度计测得冷却水进出水温度 t_{C1} 和 t_{C2}，则可以得到冷却量 Q_C。

$$Q_C = G_C \times (t_{C1} - t_{C2}) \times 1.163 \quad (kW)$$

图 7-11 一种电能质量分析仪及使用该仪器做现场测试的情景

直燃机的冷却量包括了冷凝热量和燃气提供的热量。因此可以得到消耗的燃气能量为：

$$Q_N = Q_C - Q_O$$

直燃机的能效比为：

$$EER = Q_O/Q_N$$

这里有两点要注意：1）用上述方法测得的 EER 并不准确。因为燃气热值会因为燃气压力和燃气中的含水率的不同而不同，是一个波动值。2）直燃机在消耗燃气的同时也要消耗一定的电力（溶液泵、真空泵等），在计算直燃机的能效比时理应在分母上加上这部分电耗。不过应把电耗量转换为一次能。

尽管上述方法比较"粗糙"，误差比较大，但从管理者的视角来看，重要的是考察设备本身，即它的比较对象是自己。因此还是可以通过这样的测试发现设备的问题。

第四节 能 耗 计 量

能耗计量是建筑能效管理工作中的重要环节。我国能源法规定："用能单位应当加强能源计量管理，健全能源消费统计和能源利用状况分析制度。"能耗计量的重要性体现在：

（1）通过计量能及时定量地把握建筑物能源消耗的变化。通过对楼宇设备系统分项计量以及对计量数据的分析，可以发现节能潜力和找到用能不合理的薄弱环节。因此，能耗计量是能源审计工作的基础。

（2）通过计量可以检验节能措施的效果，是执行合同制能源管理（CEM，Contracting Energy Management）的依据。

（3）通过计量可以将能量消耗与用户利益挂钩。计量是收取能源费用的惟一依据。按照我国节能法，单位职工和其他城乡居民使用企业生产的电、煤气、天然气、煤等能源应当按照国家规定计量和交费，不得无偿使用或者实行包费制。通过经济手段优化资源配置，是社会主义市场经济的一条重要原则。"大锅饭"的机制不利于建筑节能的开展。

（4）通过计量收费，也可以促进建筑能源管理水平的提高。由于向用户收费，用户就有权要求能源管理者提供优质价廉的能源。在大楼里，用户会对室内环境品质（热环境、光环境和空气品质）提出更高的要求，希望以较少的代价，得到舒适、健康和有效率的工作环境和生活质量。能源管理实际是能源服务。管理者只有不断改进工作、提高效率、降低成本，才能满足用户需求。

（5）计量收费是需求侧管理的重要措施。在市场经济条件下，可以通过价格杠杆调整供求关系，促进节能，鼓励采取节能措施，推动能源结构调整。

在建筑物常用的能源计量装置很多，现介绍主要的几种。

一、电度表

无论是住宅建筑还是公共建筑，电度表都是不可或缺的计量装置。常用的感应式电度表，已经问世100多年了。电度表按照所测不同电流种类可分为直流式和交流式；按照不同用途可分为单相电度表、三相电度表和特种用途电度表（包括标准电度表、最高需量表、损耗表、定量电度表、分时计费电度表、多路综合需量表等）；按照准确度等级可分为普通电度表（有3.0级、2.0级、1.0级、0.5级）和标准电度表（有0.5级、0.2级、0.1级、0.05级），如图7-12所示。

感应系电能表的种类、型号尽管很多，但是它们的基本结构相似。即由测量机构（如驱动元件、转动元件、制动元件、轴承、计度器等），补偿调整装置和辅助部件（如表壳、基架、端钮盒和铭牌等）所组成。

测量机构是电能表实现电能测量的核心。它由驱动元件、转动元件、制动元件、轴承和计度器等五个部分组成，其结构简图见图7-13。

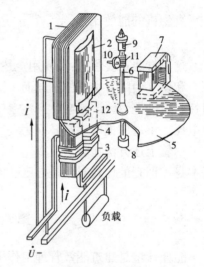

图7-13 电度表结构简图
1—电压铁芯；2—电压线圈；3—电流铁芯；4—电流线圈；5—圆盘；6—转轴；7—制动元件；8—下轴承；9—上轴承；10—蜗轮；11—蜗杆；12—回磁极

图7-12 普通单相和三相电度表

电子式电能表是由电子电路为主构成的。因为它的测量元件是由模拟乘法器或数字乘法器构成，所以也称为静止式电能表。随着电子技术的普及和发展，其功能、性能的优势越加明显，使用范围也越来越广泛。

由于电度表的测量电流有一定范围，因此常需电流互感器作为辅助。电流互感器是由两个相互绝缘的线圈与公共铁芯组成。与电源相连的线圈叫一次线圈，与负载相连的线圈叫二次线圈。在将大电流变为小电流时，电流互感器的一次线圈匝数少，串联在被测电路中。二次线圈匝数多，与电度表的电流线圈相连。一般电流互感器的二次电流定为5A。

电流互感器的额定电流比是一次额定电流与二次额定电流之比，通常用不约分的分数表示。例如，额定电流比100/5表示该电流互感器的一次额定电流为100A，二次额定电流为 5A。在额定电流下，互感器能长期工作而不会发热损坏。

二、燃气流量计

燃气计量常用气体涡轮流量计。气体涡轮流量计是一种精确测量气体流量的仪表，适于测量各种燃气及工业领域中各种气体，如天然气、城市煤气、丙烷、丁烷、乙烯、空气、氮气等。由于仪表精确度高、重复性好，特别适用于能源计量。

气体涡轮流量计的工作原理为：进入仪表的被测气体，经截面收缩的导流体加速，然后通过进口通道作用在涡轮叶片上。涡轮轴安装在滚珠轴承上。与被测气体体积成正比的涡轮转数，经多级齿轮减速后传送到多位数的计数器上，显示出被测气体的体积量。如图 7-14 所示。

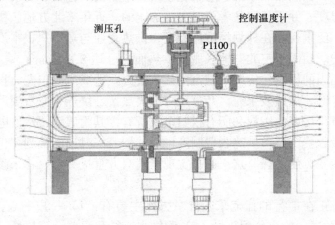

图 7-14 涡轮流量计结构原理图

在建筑中还常用容积式流量仪表——膜式煤气表。膜式煤气表的工作原理如图 7-15 所示。

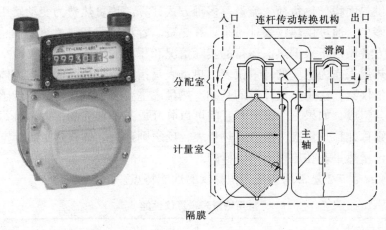

图 7-15 膜式煤气表

在进出口的压差作用下，燃气通过滑阀和分配室使两个计量室的隔膜形成交替进排气的往复运动。由于隔膜每一个往复的排出气量是定值，可以以两个隔膜相互交替、各自往复进排气一次的体积作为计量单位。随着燃气流经计量室的流速大小，隔膜的往复运动速度也随之变化。连接在隔膜主轴上的传动转换机构则将隔膜所产生的回转次数读入仪表的计数机构，并进行流量累计，显示出燃气总量。

燃气供应企业与大楼管理者的管理界线就在燃气计量表处。燃气计量表和燃气计量表出口前的管道及其附属设施，由燃气销售企业负责维护和更新，用户应当给予配合，燃气计量表出口后的管道及其附属设施，由用户负责维护和更新。

三、热计量

采暖空调用热（冷）同用电和用燃气相比，有其特殊性。影响采暖空调用热量的多少，有居住者的主观因素，例如活动量的大小、个人生活习惯、对热环境的适应性、对舒适环境的可接受程度等，都是因人而异的。但同时客观条件也会有很大差异，例如，外围护结构的面积大小和保温隔热水准、房间在建筑物中所处的位置、房间与房间之间的热传递、特别是室外温度，并不是居住者可以主观确定的。近年来北方地区住宅集中采暖的分户计量问题引起广泛重视。在计划经济体制下，供热企业与热用户根本没有计量仪表，按建筑面积结算收费。我国"三北"地区城市供热面积已达 8.6 亿 m^2，遍布 15 个省、自治区、直辖市，有相当的规模。传统的城市供热收费方式造成能源浪费、投资增加、供热企业技术与管理水平低、供热效果差，乃至用户拖欠热费、供热企业亏损严重等弊病。随着城市住房制度改革，房屋使用权和所有权归个人所有，其附属设施水、电、气等均按供需双方直接交易计量收费。城市供热收费制度也由计划经济时期的福利"包烧制"向社会主义市场经济体制转变，使"热"这一商品实现产销双方直接交易，将采暖福利工资化，由"暗补"变为明补。

目前北方城市正在推行的住宅采暖计量方式主要有：1）一户一表，按户计量热量；2）单元入口安装总表，按户分配热量；3）测供水流量和温差计算热量。

目前北方城市住宅采暖的热费计价办法由容量热费和热量热费两部分组成。容量热费为固定费用部分，主要由用于保证热网正常运行的固定资产投资和供热企业的管理费用。容量热费可按供热面积、热负荷、流量等多种方式计算。热量热费为变动费用部分，是按用户的耗热量多少，通过供热仪表计量来计算热费。容量热费和热量热费在总热费中各占多少比例，北方各城市正根据热网运行的实际情况和积累的数据逐步完善。

热计量以热量表作为主要的计量仪表。热量表是指在一个热流回路中流体吸收或释放热量多少的测量仪器，它是热量计量的基础。热量表主要由积算仪，流量传感器和配对温度传感器三部分组成，如果三个部分相互间可以分开成三个独立的部件，且每一个部件都可单独测量，则称此种热量表为组合式热量表，反之则称为一体式热量表。空调计量用的热量表与采暖计量热量表在原理上是一样的。

（1）积算仪：表 7-2 是常用热量表积算仪的性能特点。

常用热量表积算仪性能　　　　表 7-2

热量计算方法	焓值法 优点：数据存贮空间少 缺点：计算较复杂	内部日历	有
		供电方式	电池（>5 年）或交流电
温度测量方法	两线制，三线制，四线制	通信方式	M-BUS 总线 热量值脉冲输出 便携式读表机接口 RS485 总线
温度分辨率	0.01~0.05℃		
AD 转换精度	0.02~0.05℃		
最小温差	3℃，4℃，5℃	预付费	有
数据存储	累积数据定时存储 历史数据可选择不同的存储卡进行存储	测量冷量	有
		外接水表	无

(2) 流量传感器：常用的有叶轮式、超声波式和电磁式三种形式。

叶轮式流量传感器是通过叶轮的转动测量水的流量，按流束的形式分单流束式和多流束式两种。单流束式流量传感器主要优点是体积小，质量轻，外形美观，但由于流量仅从一个方向冲击叶轮，对叶轮和轴的材质要求较高，同时由于其腔体较小，对水质要求较高。多流束式传感器主要优点是，由于流量从多个方向冲击叶轮，对叶轮和轴的材质要求相对较低，其腔体较大，内置过滤网，极大提高了抗污水的能力，其缺点是体积较大，质量重，外观笨拙。叶轮式流量传感器因其测量原理和结构相对简单，价格较低，在热量表中普遍采用。表 7-3 是国内外热量计产品中叶轮流量传感器的性能比较。

国内外热量计比较 表 7-3

	国 内 产 品	国 外 产 品
结构形式	小口径表： 单流束干式 多流束干式 大口径表： 多流束干式	小口径表： 单流束干式 大口径表： 多流束干式
测量精度	分界流量以上至最大流量时 ±5% 分界流量以下至最小流量时 ±3%	流量范围内 $\pm \left(3 + 0.05 \dfrac{q_p}{q}\right) \leqslant \pm 5\%$ q_p 为公称流量 q 为流量
流量信号采集方式	干簧管和磁性表针 优点：成本较低，结构简单，功耗较低 缺点：瞬时流量的精度较低，由于齿轮减速机构的存在，使流量传感器的始动流量较高，磁性传动对磁极的距离有较严格的要求	动态磁场导通率变化 优点：提高瞬时流量的测量精度，去除了齿轮机构，降低了始动流量 缺点：功耗和成本稍高，线路复杂
始动流量	较高	低
压力损失	较高	低
安装位置	进水或回水	一般为回水

超声波式流量传感器是通过超声波射线直射或反射的方法测量热水的流量，其测量腔体内部没有任何可动部件，对介质的成分没有要求。但当测量区腔体内存在结垢问题时将极大地降低测量精度，且成本较高，功耗较大。

电磁式流量传感器是根据法拉第定律测量热水的流量，其测量腔体内部没有任何可动部件，但对供热介质的电导率有要求。同样，其结构复杂、成本较高、功耗较大。

(3) 配对温度传感器：配对温度传感器是指分别测量管路系统的入口和出口温度的 2 支温度传感器，分别安装在管路系统的入口和出口，采集系统内介质的温度并发出温度信号。配对温度传感器种类较多，有 PT 电阻，热敏电阻和新型半导体测温元件。无论采用何种形式的配对温度传感器，都需要根据最小测量温差的要求，满足相应的标准。

第五节　公共建筑集中空调的冷量计量

公共建筑尤其是出租办公楼中的空调计量收费问题已经逐渐成为一个新的热点。大多数物业管理企业还是在按照建筑面积收费。节假日或下班后的加班空调则按小时计费，费用一般是平时的数倍。也有的物业管理公司将空调费用统算在物业管理费中,是一种"打闷包"方式。总体上还是在沿袭传统的住宅采暖计量收费方式。因此造成能源利用上的许多问题:

(1) 因为按建筑面积收费或将空调费统算在物业管理费中,造成用户"不用白不用"的心理。用户室内温控器普遍调至最高(冬天)或最低(夏天)、室内有没有人都开空调,甚至开着空调的同时还开着门窗。由于室内状态参数不合理,导致建筑病综合症(Sick Building Syndrome)的症状在许多大楼用户身上普遍存在。

(2) 由于"大锅饭"体制,能源费并不计入运行成本,使业主少有节能改造的积极性。因为用户并不清楚自己究竟消耗多少冷量或热量,个别业主甚至可以从空调收费中牟取利益。这也是造成用户与业主之间纠纷的原因之一。

(3) 许多大楼采取下班关机和周末节假日停机的运行策略,致使许多需要加班和需要与欧美国家保持不间断业务联系的用户无法正常工作。有的用户不得不在室内准备电风扇和电取暖器等应急设施。有的大楼为领导人或贵宾提供连续空调,似乎只有这少部分人才需要加班。这就违背了设施管理以人为本的服务宗旨。在一些设施齐全、装修豪华的办公楼里,空调的间歇运行成了唯一的缺憾。

(4) 有的大楼楼宇智能化系统集成度很高,对所有空调末端均采用集中控制。其实像风机盘管机组这种空调末端,本来就是很具个性化的、给人有一定调节余地的设备。调查发现,集中控制的空调系统用户对室内热环境的不满意率上升,多数人感觉过冷或过热。这种管理模式会给人带来"人受电脑控制"的感觉。

在住宅或小型建筑中,凭热量表计量收费是比较合理的。但在大型建筑的集中空调系统中,由于运行情况复杂得多,所以还应考虑其他因素。

在大型建筑集中空调系统中,风机盘管系统仍是最主要的空调方式。办公楼建筑的风机盘管系统的冷量计量难以采用水侧热量表方法解决。其原因主要有以下几点:1) 风机盘管系统的制冷主机与末端机组并不在同一个配电系统却在同一个冷水系统中,因此计量时除了热量计量外还必须将末端机组的工作状态考虑在内。2) 用户和空调系统不能相对独立分开。这是办公楼功能和使用的特殊性所决定的,系统在设计的时候不可能考虑到以后的出租方式而分户设计,并且办公楼里还经常出现用户使用面积分隔的变化,这些都制约了从水侧进行分户计量。3) 如果考虑在每个末端的支管处安装热量计进行计量,其成本巨大。4) 水侧计量安装复杂,维修困难;对于既有建筑而言,安装水侧计量装置需要破坏水系统。这些缺点都限制了水侧计量方式在办公楼风机盘管空调系统中的推广应用。

在稳定条件下,风机盘管系统的水侧换热量和风侧换热量是平衡的。既然在办公楼风机盘管空调系统中水侧计量难以实现,就可以考虑通过风侧进行冷量计量。

$$Q = G(h_1 - h_2) = W_C(t_{W2} - t_{W1})$$

从上式可以看出,风侧换热量与三个变量有关,即风量 G、进口空气焓值 h_1 和出口空气焓值 h_2。由于湿空气的状态可由任意两个状态参数确定,因此,进出口焓值可以通过测量进出口处湿空气的各两个状态参数计算得到,例如干球温度和相对湿度。而风量 G 则可以通过测量风机功率得到。风量和风机转速成正比,而功率又和风机转速的三次方成正比,这样,风量和功率之间就是三次方关系。可以通过实验数据分析,回归得出风机盘管风量和功率之间的关系曲线,如下式:

$$G = a \cdot N^{1/3} + b$$

其中，N 为风机功率，a、b 为系数。

风机盘管进口处的气流为汇流，空气状态基本一致，因此进口测点的位置容易确定。而出口测点的情况要比进口情况复杂。空气经过盘管时发生管外横掠强迫对流换热，而盘管内的冷水是以逆流方式流动，沿管程水温逐渐升高，所以在不同的管段位置水管的外表面温度也不同，因此，在出口断面的不同位置上空气状态是不相同的。需要通过实验，找到能够代表机组出口断面的空气状态的一个测点，并且在风量变化、进口空气状态变化时这个点的位置不发生改变。

风机盘管的风量还与风侧阻力有关。在工程实际中风侧阻力是个不确定的因素，但风侧阻力中盘管的阻力是主要因素。对于一定形式的盘管，其盘管阻力已经确定。而如果忽略其他次要因素，那么风侧阻力可以认为是一定的。

焓差法冷量计量装置的工作过程如图 7-16 所示。进出口温度、湿度传感器 3、4 和功率测量装置 5 将计算需要的 5 个量测出，通过信号线 6 传送到计量装置 2 中，计量装置内的计算器完成对冷量的计算，然后通过计算累积仪记录盘管的耗冷情况，计量装置的面板可以显示即时耗冷量、月度累积用冷量等数据。末端各计量装置将各自计量结果通过通信网络

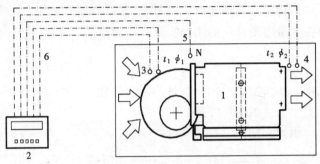

图 7-16　焓差法计量装置工作示意图

1—风机盘管；2—计量装置；3—进口温湿度传感器；4—出口温湿度传感器；5—功率测量装置；6—传感器信号传输线

传送到上位机。由上位机对系统冷量进行统计和管理，并且可以对末端测得的冷量进行集中修正和处理，以便减少末端计量的偏差。

这里有必要提出空调采暖冷热量计量中的一个原则：空调系统的冷热量计量并不要求精确，而要求公平。计量有误差是必然的，但必须是对所有的用户都有同样的误差。而且，如果是正（负）误差，那么大家应该都是正（负）误差。

计量公平是为了收费合理。冷热量应如何计费？要从冷热量价格的构成分析。

冷热量价格包括生产冷热量的成本和必要的赢利两部分。其中支出部分又可分为固定成本和运行成本两部分。

(1) 固定成本：

固定成本包括空调系统的设备投资、安装调试费用、设备占地费、初投资的年利息、维护管理费、设备折旧费，以及其他相关的收费，如电力或燃气的增容费、环保收费等。这些成本应按面积分摊。对用于出售的大楼，这一成本计入售房价内。对用于出租的大楼，则将这一费用计入空调使用费。空调使用费一般是固定每月收取，并应当含有一定额度的免费使用量。其定价也可以在空调季的几个月里高一些、在非空调月份低一些。

年固定使用费 C_{ac} 可用下式计算：

$$C_{ac} = \frac{A}{F}\left(M + c + d + P \cdot \frac{i(1+i)^T}{(1+i)^T - 1}\right)$$

式中，A 为用户使用建筑面积；F 为大楼总建筑面积；M 为年维护管理费；c 为各种附加收费；d 为设备折旧费；P 为空调系统初投资；i 为年利率；T 为设备使用年限。

括号中的分式就是第五章中介绍过的资金回收系数。

设备折旧费用 d（Depreciation）有多种计算方法。在《智能化大楼的建筑设备》一书中有详细论述。典型的计算方法有三种：

1）直线折旧（Straight-Line Depreciation）；
2）加速折旧；
3）利息法。

由设备折旧而形成的资金收入，应提存积累起来，作为设备报废之后重新购置设备的基金。这部分基金称为设备的基本折旧基金。

（2）运行成本：

运行成本主要是产生冷量所消耗的能源费用（包括水费、电费、燃料费）。运行费用应按热量表所计量的用户实际耗冷量计费。单个用户的运行费用 C_{op} 可表示为：

$$C_{op} = B\frac{q}{Q}$$

式中，B 为空调季内一个月的运行费用；q 为某一用户在该时段计量所得的冷量；Q 为该月整个大楼的总耗冷量。

因此，用户每月应缴付费用为：

$$C_T = \frac{C_{ac}}{12} + C_{op}$$

第六节 远 程 抄 表

远程抄表计量计费管理系统，是面向用户的信息化、网络化、智能化的综合能源管理系统。它能对智能大楼、智能小区内的自来水、电、煤气和中央空调（冷、暖）用量进行自动计量、自动计费、在线监控与异常报警。从而对建筑能源进行科学、系统、高效的管理。

分线制集中抄表方式是我国现今自动抄表系统的主要模式。根据水、电、煤气、热量表等的输出脉冲数计量，通常是四层次结构：现场采集仪表、信号采集器、区域管理器、信息管理器。

（1）现场采集仪表：采集水、电、煤气、热量表的脉冲数。

（2）信号采集器（SSU）：对脉冲信号进行取样，当断线时向物业管理中心报警。

（3）区域管理器（FMU）：处理各信号采集器的计量信息，计算各用户的能源使用费，实时观察、记录、保存某一楼层或整栋大楼的使用状况和相关数据。在规定时间（如每月月底）自动生成各用户的能源使用量报表及计费报表。FMU 可配制一个操作终端，便于管理人员现场查询用户的各项相关信息。

（4）信息管理站：安装在物业管理中心处。通过软件，管理人员可根据系统密码的权限随时查询各用户实时及历史使用情况，也可通过门牌号、用户名等多种方式查询某个指定用户的能源费用。利用智能布线，可以将分散在各处的计量装置连接成网络。

分线制集中抄表模式技术上比较成熟，也节约成本（多户表共享一个采集器）。但其缺点也很明显：

（1）由于一次表的信号穿越较长距离到达采集器，中间任何一个环节出现故障都将使得采集器采集不到数据。线路的维护工作也很困难。

（2）如果采集器掉电或出现其他严重故障则会使该采集器上的所有用户数据丢失，集中抄表的风险无法有效分散。

总线制集中抄表模式将各工作单元均装配在智能计量表内并密封。能源计量的数据采集、处理、存储等基础工作全由计量表本身完成。电脑不参与底层数据采集，仅进行通信联系，消除了外界因素对计量的影响。有较好的安全性、稳定性和可靠性。

总线模式按其数据通信介质的不同分为通过电话网（PSTN）远程通信、通过RS485总线通信和通过路由器/交换机/Hub网络通信；在网络通信方式中，又按其通信协议的不同分为TCP/IP以太网通信和LongWorks网络通信。

《全国住宅小区智能化系统示范工程建设要点与技术导则》中要求智能化住宅必须设水、电、气三表的远程抄表与收费系统。远程智能化抄表系统已逐渐成为楼宇智能化和建筑能源管理中的一个不可缺少的部分。

第八章 建筑能源审计

第一节 能源审计的基本概念

建筑能源审计（Building Energy Audit）是建筑能效管理的重要内容。所谓能源审计，就是对一个能源系统的能效所作的定期检查，以确保建筑物的能源利用能达到最大效益。之所以称这种检查为"审计"，是因为在许多方面能源审计与财务审计十分相似。能源审计中的重要一环是审查能源费支出的账目，从能源费的开支情况来检查能源使用是否合理，找出可以减少浪费的地方。如果审计结果显示建筑物的能源开支过高，或某种能源的费用反常，就需要进行研究，找出究竟是设备系统存在隐患还是管理上存在漏洞。

通过能源审计过程中对设备系统和建筑物的诊断，可以使管理者对设施的现状有一个全面的、清晰的和量化的认识，找出设备系统和建筑物的问题所在，并作必要的改进和改造。在现代企业里，设施（建筑物和楼宇设备系统）是企业经营的主要资源之一。它为企业的主营业务服务，起到主营业务的功能和环境保障的作用。因此，通过设备系统和建筑物的不断改造和完善，一方面可以减少能源费开支，降低经营成本；另一方面可以为业主提供更好的有支持力的工作环境，创造更大的效益。

但是，能源审计并不是建筑能效管理的全部。能源审计只是为建筑能效管理提供必要的信息。如果没有有支持力的管理和有效率的实施体制，能源审计就像一个"孤儿"。就是说，通过能源审计找出的"病症"，如果不"治"，那么能源审计就成了白费精力的"无用功"。

建筑能源审计的目的可以归结为：
1）计量建筑物的能耗和能源费开支；
2）检查建筑物能源利用在技术上和在经济上是否合理；
3）诊断主要耗能系统的性能状态；
4）找出大楼的节能和节约能源费开支的潜力，确定节能改造方案；
5）改进管理，改善服务。

在确定建筑能源审计的目标时，应正确处理节能和节支的关系。一般情况下，二者是不矛盾的。但有的技术措施可以减少能源成本但不一定节能，例如用蓄冰空调可以转移用电高峰、削峰填谷、使用便宜的夜间电力，但实际在用户侧并不节能。

能源审计有四种形式：

（1）初步审计（Preliminary Audit）：

初步审计又称为"简单审计（Simple Audit）"或"初级审计（Walk-through Audit）"。这是能源审计中最简单和最快的一种形式。在初步审计中，只与运行管理人员进行简单的交流；对能源账目只做简要的审查；对节能改造成本、节能效益和节能项目的投资回报只是做概算。这种审计的结果还不足以作为节能改造项目的决策依据。它只能用来对多个节能改造方案做出优先排序，并确定是否有必要进行更深入的能源审计。

(2) 一般审计（General Audit）：

一般审计是初步审计的扩大。它要收集更多的设施运行数据，对建筑节能措施进行比较深入的评价。因此，必须收集 12～36 个月的能源费账单才能使审计人员正确评价建筑物的能源需求结构和能源利用状况。除了审查能源费账单之外，一般审计还需要进行一些现场实测、与运行管理人员进行深入交流。

可以用一般审计来鉴定所有建筑节能措施的效用。通过节能技术措施的实施方案预算、运行成本估算和投资回报率的预测，一般审计可以做出节能措施的详细的财务分析。

(3) 单一审计（Single Purpose Audit）或目标审计（Targeted Audit）：

这种审计其实是一般审计的一种形式。在初步审计的基础上，可能发现大楼的某一个系统有较大节能潜力，需要进一步分析。有时，由大楼业主提出对自己的某一系统进行更新改造。因此，单一审计或目标审计只是针对一两个系统（例如，照明系统或空调系统）开展。但对被审计的系统做得要比较仔细。例如照明系统，需要详细了解楼内所有照明灯具的种类、数量、性能和使用时间，并抽样测试室内照度水平，计算实际照明能耗，分析改造后的节能率、投资回报率和室内光环境的改善程度。

(4) 投资级审计（Investment-Grade Audit）：

投资级审计又被称为"高级审计（Comprehensive Audit）"或"详细审计（Detailed Audit）"。它是在一般审计基础上的扩展。它要提供现有建筑和经节能改造后的建筑能源特性的动态模型。在许多企业的经营架构中，投资能源基础设施的升级换代或节能改造，必须在同一个财务标准上与其他非能源项目进行比较。重点是它们各自的效益，即投资回报。而节能项目的效益又不像某个产品可以在事先有比较准确的估计。因此，用数学模型进行预测就显得尤为重要。在很多情况下，投资者还需要得到节能率的承诺和担保。所以在国外一般都用 DOE-2 这样的权威性软件进行分析。

在实施投资级审计时，不但要分析节能措施所能产生的效益，还要充分地估计各种风险因素。例如，气候的变化、建筑功能的改变、能源费率的提高等。也就是说，最好要有多个应变方案。另外，在评估节能措施的实际效果时，除了依靠建筑物原有的能源计量表具，对被改造的系统还应该安装辅助计量表具。

从建筑业主的角度来说，对自己的物业究竟进行哪一种审计？可以根据下面的问答表（表 8-1）来选择。

如何确定进行哪一种能源审计　　　　　表 8-1

帮助你确定选择哪一种能源审计的问题	回答"是"	回答"否"
你是否仅需要对你的物业的能源项目作一次粗略的分析？	初步能源审计	单一审计或高级审计
你是否已经做过一次能源审计？	已有的审计结果只需进行完善以便取得项目经费	四种审计均有可能
是否已经安装了节能设施？	针对尚未分析过的特定项目的单一审计	四种审计均有可能
你是否只有有限的经费用于能源审计？	初步审计或单一审计	高级审计
你是否知道你希望实施什么项目？	单一审计	初步审计或高级审计
你是否想得到一份你的物业的能源规划文件？	高级审计	初步审计或单一审计
你是否很关心节能量和成本？	高级审计	单一审计

能源审计在建筑能效管理中的地位和作用可以见图8-1。

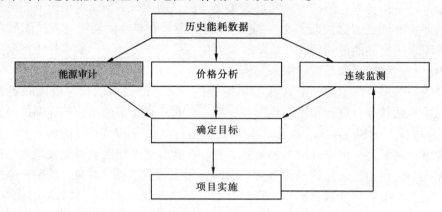

图 8-1 能源审计是建筑能效管理中的重要环节

第二节 建筑能源审计的实施

第一步，与关键岗位的物业管理人员进行交流。

作为项目的启动，召开一次有审计人员和关键岗位的物业管理人员一起参加的能源审计会议。会议内容是：确定审计的对象和工作目标、所遵循的标准和规范、项目组成员的角色和责任，以及审计工作实施的计划。

除了上述管理内容外，会议还要讨论：建筑物的运营特点、能源系统的规格、运行和维护的程序、初步的投资范围、预期的设备增加或改造，以及其他与设备运行有关的事宜。

第二步，建筑物巡视。

在能源审计会议之后，要安排一次对建筑物的巡视，实地了解建筑物运营的第一手情况。重点在会议上所确定的主要耗能系统，包括建筑系统、照明和电气系统、机械系统等。

第三步，浏览文件。

在会议和巡视的同时，要浏览有关建筑物的文件资料。这些资料应该包括建筑和工程图纸、建筑运行和维护的程序和日志，以及前三年的能源费账单。要注意所看的图纸应该是竣工图而不是设计图。否则，审计中所评价的系统会与建筑物中实际安装的系统有一些差异。

第四步，设施检查。

在全面浏览了建筑图纸和运行资料之后，要进一步调查建筑中的主要能耗过程。适当条件下还应作现场测试以验证运行参数。

第五步，与员工交流。

为了证实检查结果，审计人员要再次会见大楼员工，向他们汇报初步的检查结果和正在考虑之中的建议。了解根据这些审计对象所确定的项目对用户来说是否有价值，以便建立能源审计的优先次序。此外，还要安排会见对建筑设施来说是关键性的代表人物，例如，主要耗能设备的制造商、外包的维修人员，以及公用事业公司的代表。

第六步，能源费分析。

能源费的分析需要对过去12~36个月的能源费账单做详细的审查。必须包括全部外购的能源，包括电、天然气、燃料油、液化石油气（LPG）和外购的蒸汽，还有所有就地生产的能源。如果有可能，最好在访问建筑物之前便得到并浏览能源数据，以便在现场能审计最关键的部位。审查能源账单应包括能源使用费、能源需求费以及能源费率结构。最好把这些能源费数据规格化，以排除气候变化的影响（例如，第五章中介绍的将能耗与度日数建立起关系）和建筑使用情况的影响（例如，在旅馆建筑中可以按每床位全年能源费开支来做平均），并作为基准，计算预期的节能率。

一般而言，公用事业公司提供的能源价目是十分复杂的。而在能源体制改革之后，可以根据合同从不同的供应商那里买到能源。通过对现有能源费账单的详细分析，可以深入了解大楼的能耗和需求特性，从而确定最佳的能源供应方案。

对于能源成本较高的大楼，经济的方案就是在现场自己生产能源。这些方案可能包括：应急和削峰用的发电机、太阳能电池、风能发电和热电联产。

第七步，确定和评价可行的能源改造方案。

通过详尽的经济分析，能源审计可以提出对主要设施的改造项目和对运行管理的改进计划，并计算出其简单投资回报。对每一主要的能耗系统（如围护结构、暖通空调、照明、电力和工艺）可以提出一系列能源改造计划。然后，根据对能源审计中得到的有关设施的所有数据和信息的审查，以及大楼员工对现场调查结论的反馈意见，最终形成能源改造的计划，并交大楼管理者审查。

第八步，经济分析。

审计人员回到自己的办公室之后，还要对审计中收集的数据做进一步的处理和分析。这时要借助计算机软件进行建模和模拟，重新生成现场观察得到的结果并重新计算一个基础能耗值。这个基础值将用来确定节能的潜力。然后，还要计算实施节能改造的成本、节能量以及每个节能改造项目的简单投资回报。

第九步，撰写能源审计报告。

在最终报告里，要提供能源审计的结果和改造项目的建议。报告应包括对所审计的设施及其运营状况的描述、所有能耗系统的讨论，以及对能源改造方案的解释（对能耗的影响、实施成本、效益和投资回报）。报告中还应有在整个项目中所涉及的工作内容。

第十步，设施管理者对方案的审查。

需要就最终方案对设施管理者进行一次正式的陈述，以便使他们掌握方案的效益和成本的充分的数据，从而做出实施方案的决策。

在能源审计过程中应该注意：

（1）保持与客户的联系。通常，大楼里所使用的所有能源都应进入能源审计的范畴。尽管大楼的用水并不属于能源，但在某些大楼里，客户会对水费的高昂提出抱怨。因此，能源审计人员应根据客户的需求决定审计内容。

（2）能源审计者往往局限在技术领域对某个设施或单位进行审计。但仅从技术角度进行审计是不够的，还应该对大楼的能源管理状况、设备系统的运行管理状况和能源费的构成情况进行了解。

(3) 在技术分析中要了解设备系统的下述信息：
1) 设备系统的现状和剩余的工作寿命；
2) 维护；
3) 设备系统使用的持续性；
4) 安全状况；
5) 是否符合相关的规范和标准；
6) 能耗；
7) 与已有的能源使用基准作比较；
8) 改进或更新的方案；
9) 替代方案的效益和成本。

下面是一份建筑能源审计的报告样本，来自美国密西西比州。

第 一 表

(1) 建筑名称：_____
　　业主/代理：_____
　　地址：_____
　　市/州/邮政编码：_____
　　电话：_____
　　能源经理：_____
　　联系人：_____
(2) 建筑结构数据：_____
　　竣工年份：_____
　　原有建筑面积：_____
　　扩建日期：_____
　　增加面积：_____
　　现有总面积：_____
(3) 能耗统计：

最近 12 个月的统计数据。

	消耗单位	转换	
		转换系数	MJ
电 力	kWh	×3.6 =	
天 然 气	m³	×37.681 =	
燃 料 油	kg	×41.868 =	
其他燃料	kg		
总 计			

能耗指标：_____ MJ/_____ m²（建筑面积）= _____ MJ/（m²·年）

(4) 建筑使用日程表：

全年平均被占用小时数或平方米数
或：全年平均被占用小时或平方米的百分比

工作日：
  白天
  夜间
周末：
  白天
  夜间

(5) 建筑条件：

室内温度：冬天 = _____ ℃；夏天 = _____ ℃

建筑物的特殊工艺或用途（例如，实验室、厨房、洗衣房、金属加工等）

_____

_____

(6) 建筑照明系统：

	所服务的建筑面积百分比	照明的总功率（W）
室内照明		
白炽灯		
荧光灯		
高密度照明		
室外照明		
白炽灯		
荧光灯		
水银灯		
金属卤素灯		

(7) 暖通空调系统：

	采暖系统	空调系统
使用燃料		
额定输入：MJ/h		
额定输出：MJ/h		
系统形式	燃气锅炉_____台 燃油锅炉_____台 采暖炉_____台 整体机组_____台	蒸汽型吸收式制冷机_____台 直燃型吸收式制冷机_____台 离心式制冷机_____台 往复式制冷机 水冷式_____台 风冷式_____台
运行特点	每年_____周 每天_____小时（工作日） 每天_____小时（星期六） 每天_____小时（星期日） 每年_____月	每年_____周 每天_____小时（工作日） 每天_____小时（星期六） 每天_____小时（星期日） 每年_____月

风系统：

	风　量	风机功率（kW）	最小新风比
末端再热			
单　区			
多　区			
双风道			
诱导式			
变风量			
风机盘管			
辐　射			
其　他			

是否有全新风经济运行？＿＿＿＿＿＿有；＿＿＿＿＿＿无

如果有，其转换干球温度为＿＿＿＿＿＿℃

如果有，是否还有焓值（湿球温度）控制？＿＿＿＿＿＿有；＿＿＿＿＿＿无

(8) 其他能源系统：

热水供应系统

每天约用热水＿＿＿＿＿＿kg

热水温度＿＿＿＿＿＿℃

热水来源：燃气热水器＿＿＿＿＿＿

　　　　　电热水器＿＿＿＿＿＿

　　　　　中心锅炉＿＿＿＿＿＿

　　　　　其他＿＿＿＿＿＿

厨房设备

	台　数	燃料形式
炉　子		
洗碗机		
冷冻机		
冷藏箱		
红外烤炉		
微波炉		
排气罩		

厨房是否有空调？＿＿＿＿＿＿有；＿＿＿＿＿＿无

每天准备多少份餐食？＿＿＿＿＿＿

每年使用＿＿＿＿＿＿天

洗衣房

	台　数	燃料形式
洗衣机		
烘干机		
熨　斗		
其　他		

每天洗衣量_____ kg；干衣量_____ kg

洗衣房是否有空调？_____有；_____无

（9）各种设备：

	台　数	燃料形式
复印机		
自动售货机		
台式电脑		
笔记本电脑		
其　他		

（10）建筑围护结构：

总玻璃面积_____

南墙_____%

北墙_____%

西墙_____%

东墙_____%

外墙结构：_____木；_____砖；_____混凝土

隔热保温：

　　　外墙热阻_____

　　　屋顶热阻_____

　　　如果热阻未知，标明各层材料及厚度。

绘出建筑物平面草图：

第 二 表

建筑能源审计的现场观察

花一两个小时在楼内巡视观察，并指出下述问题（或现象）是否存在。

编号	问　　题	存在	不存在
管理（Administration）			
A-1	采暖空调机组的恒温调节器容易进行调整		
A-2	恒温器不随季节变化而调整		
A-3	无人区域或很少使用的区域仍然采暖和供冷		
A-4	经过空调的空气或经过加热的热水被丢弃		

续表

编号	问题	存在	不存在
A-5	下班后的活动也纳入时间表		
A-6	在无人时间段内室内温度不作调整		
A-7	入口大厅的采暖空调设备正在运行		
A-8	在用户到达之前采暖空调设备便启动，一直运行到所有人都离开		
A-10	没有用已有的百叶帘和窗帘作为建筑物辅助的隔热保温措施		
A-11	没有电动机和电动设备的维修记录		
A-12	控制装置没有作定期检查		
建筑围护结构			
B-1	窗户的不恰当的组合和使用造成过量的空气渗透		
B-2	门的尺寸不合适或关闭太慢造成过量的空气渗透		
B-3	屋顶保温不当或受到水害		
B-4	门窗挡雨条和密封条已经损坏或已经没有了		
B-5	百叶和窗帘不能用		
B-6	垂直通道或楼梯间使热空气排走		
照明			
L-1	对一定的任务照明水平高于需求		
L-2	使用了对保安目的没有必要的室外照明		
L-3	在办公室里使用白炽灯		
L-4	在四管荧光灯具中四个灯管都亮着，使该区域过亮		
L-5	在拆除了荧光灯管的灯具中没有撤除起辉器		
L-6	灯泡和灯具不干净		
L-7	用标准灯管替换烧坏的灯管		
L-8	在无人区域开着灯		
L-9	未充分利用天然照明		
采暖			
H-1	同时烧多台锅炉或热水器		
H-2	排烟温度显得过高（比水温或蒸汽温度高出93℃）		
H-3	在没有采暖需求时仍继续加热水		
H-4	在温暖季节里热水温度过高		
H-5	没有定期进行锅炉分析和调整		
H-6	在供冷季热水器指示灯仍然亮着		
H-7	燃油锅炉运行中有过量烟尘		
H-8	锅炉或加热炉有故障或低效率的征兆		
H-9	燃烧器短路		
H-10	进入锅炉的空气未经预热		
H-11	房间温度高于或低于恒温器设定值		

续表

编号	问题	存在	不存在
H-12	散热器运行不正常		
H-13	蒸汽、凝水、热水管道保温失修		
供 冷			
C-1	制冷压缩机连续运行		
C-2	制冷压缩机或冷水机组短路		
C-3	暖通空调系统需要同时供冷供热		
C-4	房间温度高于或低于恒温器设定温度		
C-5	送风量或送风温度不合适		
C-6	供冷管道或风道的保温不合适		
C-7	冷水管路、阀门或管件有渗漏		
C-8	制冷冷凝器和盘管脏污,不能有效地起作用		
C-9	建筑物里没有人时制冷系统仍在运行		
通 风			
V-1	通风用了过量新风,超过健康标准和规范要求		
V-2	建筑物里没有人时新风阀依然开启		
V-3	新风系统没有自然冷却能力		
V-4	排风系统的运行没有按程序设定		
V-5	新风、排风和回风阀开启顺序不恰当		
V-6	在采暖季,送入房间的空气温度感觉太冷		
V-7	送入某一房间的空气量特别低,或各房间之间空气量不均匀		
V-8	厨房排气的补风空调程度与其他重要房间一样		
水			
W-1	对某一特定用途,热水温度过高		
W-2	储水箱、管道、阀门和热水器的保温不恰当		
W-3	在采暖季电热水器的使用没有时间限制		
W-4	没有热水储存装置		
W-5	在热水系统中跑冒滴漏十分明显		
W-6	大楼有热水供应,但大楼没有热水需求,或从来不使用		

这份报告样本(特别是第二表)是一份初步能源审计(即所谓"Walk-Through")的报告。表中所列的各种现象,只需用最简单的仪表(例如温度计)或仅靠肉眼和感觉便可以发现。而且不用分析便知道这些都是浪费能源的现象。因此,一个称职的建筑能源管理人员,应当经常进行这种 Walk-Through 走马观花似的巡视,将不节能的现象消灭在萌芽状态。

在国外,不同级别的能源审计有不同的价格标准。对初步能源审计(Walk-Through)可以不要求做经济分析。在规模比较小的建筑物中,一般只需要 1~2 天便可以完成,根据设施的复杂程度,费用在 500~2000 美元之间。一般审计的费用在每幢建筑 3000~5000

美元之间。而高级审计则根据审计对象的建筑面积,费用在 1~2 美元/m² 之间。而且系统越复杂、建筑规模越小,收费越高。

在实施能源审计时,有两种实施策略:一是基于系统进行审计(System-Based Audits);二是基于方案进行审计(Solution-Based Audits)。

基于系统的能源审计需要把建筑物中的各个能耗系统区分开来(例如分成照明系统、空调系统、热水系统等等),并需要对一个能耗系统中各主要设备(例如,制冷机、水泵、风机、冷却塔)的能效都进行评价和测试。这种能源审计的目标是提高整个建筑的能效,因此其结果会形成一些比较大的改造方案,例如:

1) 根据大楼的冷热负荷和电力需求量,采用热电冷联产系统;
2) 根据峰谷电价结构将空调系统改造成蓄冰空调和低温送风系统;
3) 将分散空调系统改成集中空调系统;
4) 根据需求变化在水泵风机上加装变频调速装置,将定流量系统改造成变流量系统;
5) 安装建筑自动化(BA)系统中的能源管理系统(BMS)或设备系统的自控装置;
6) 正确确定空调采暖设备的容量。

基于方案的能源审计相对容易实施。这种审计是带着几种比较成熟的节能技术方案,看审计对象建筑中是否适合应用。由于有了"先入为主"的方案,因此这种审计的目标是提高某个系统甚至只是某种设备的能效。其结果形成的改造方案比较简单易行,例如:

1) 将白炽灯改成荧光灯、金属卤素灯或高压钠灯;
2) 根据气象条件(可以用自控装置)开闭建筑物的开口部位;
3) 用双层窗替代单层窗,或在外墙和屋顶上加保温;
4) 根据制造商的建议对设备系统进行预防维修。

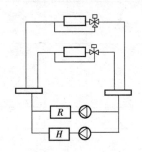

图 8-2 一级泵空调水系统

很明显,基于系统的能源审计所能得到的节能效果明显、节省能源费很可观,而且节能效果容易得到验证,但技术含量高、投入大,融资有一定风险。因此,这种能源审计一般采取合同制能源管理(CEM)方式,委托专业公司进行。基于方案的能源审计相对而言技术含量较低,节能效果不太容易验证(除照明改造)。因此,有条件的设施管理公司可以依靠自己的技术力量实施。当然也可以外委,但不太适合用 CEM 方式。

在实施基于方案的能源审计时有一点一定要注意,提高某一单体设备的能效并不等于系统能效一定能得到优化。尤其是在暖通空调系统中,牵一发往往会动全身。例如在冷源系统和末端系统共用一台水泵的所谓"一级泵(Primary Pump)"系统(见图 8-2)中,如果系统负荷减小,水泵根据负荷变化而减小冷水流量,显然就水泵而言效率会提高,但流经制冷机(R)蒸发器的水流量同时变小,会使制冷机效率下降,可能会使整个系统能效下降,得不偿失。

第三节 建筑能耗比较

尽管同类建筑物的能耗有差异,彼此之间有许多不可比的因素,但我们还是可以遵循统计规律,考察自己的楼宇处在同类建筑的什么排序位置,可以大致了解自己的楼宇能耗是否合理。

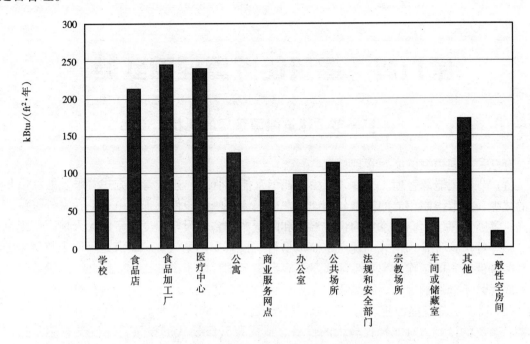

图 8-3 美国 1995 年各类建筑全年能耗统计

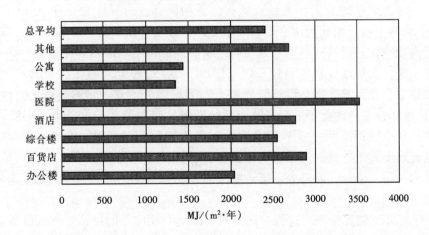

图 8-4 日本 1998 年各类建筑全年能耗统计

我国目前还刚刚开始开展这样的调查统计。在北京，由清华大学进行建筑能耗数据库的建设。在上海，由同济大学建立公共建筑能耗数据库。这些数据是建筑能源管理和建筑节能工作的基础数据。美国是由能源部（DOE）出面组织调查，日本是由财团法人（即政府属下的非赢利机构）出面组织调查。参见图 8-3、图 8-4。

第九章 建筑能源管理的实施

第一节 建筑能源管理的现状

有三种不同类型的能源管理：

(1) 节约型能源管理。又称"减少能耗型"能源管理。这种管理方式着眼于能耗数量上的减少，采取限制用能的措施。例如，在非人流高峰时段停开部分电梯、在室外气温特别高时关断新风、提高夏季室内设定温度和降低冬季室内设定温度、室内无人情况下强制关灯，等等。这种管理模式的优点是简单易行、投入少、见效快。缺点是降低了整体服务水平、降低用户的工作效率和生活质量、容易引起用户的不满和投诉。因此，这种管理模式的底线是不能影响室内环境品质。

(2) 设备更新型能源管理。或称为"设备改善型"能源管理。这种管理方式着眼于对设备、系统的诊断，对能耗比较大的设备、或需要升级换代的设备，即使没有达到折旧期，也毅然决定更换或改造。在设备更新型管理中，一种是"小改"，如在输送设备上安装变频器，将定流量系统改为变流量系统；将手动设备改为自控设备等。另一种是"大改"，如更换制冷主机，用非淘汰冷媒、效率更高的设备替换旧的、冷量衰减（效率降低）的或仍使用淘汰冷媒的设备；根据当地能源结构和能源价格增加冰蓄冷装置、蓄热装置和热电冷联产系统；大楼增设楼宇自控系统（EMS）等。这种方式的优点是能效提高明显、新的设备和楼宇自控系统能提高设施管理水平、实现减员增效。它的缺点是：1) 初期投入较大；2) 单体设备的改造不一定与整个系统匹配，有时节能的设备不一定能连成一个节能的系统，甚至适得其反；3) 在设备改造时和改造后的调试期间可能会影响建筑的正常运行，因此对实施改造的时间段会有十分严格的要求。这种管理模式的底线是资金量，有多少钱办多少事。当然，在建筑节能改造中可以引入合同制能源管理机制，由第三方负责融资和项目实施。

(3) 优化管理型能源管理。这种管理模式着眼于"软件"的更新，通过设备运行、维护和管理的优化实现节能。它有两种方式：1) 负荷追踪型的动态运行管理，即根据建筑负荷的变化调整运行策略，如全新风经济运行、新风需求控制、夜间通风、制冷机台数控制等；2) 成本追踪型的动态运行管理，即根据能源价格的变化调整运行策略，一般建筑物里有多路能源供应或多元（多品种）能源供应，充分利用电力的昼夜峰谷差价、天然气的季节峰谷差价、在期货市场上利用燃料油价格的起伏等。有条件时还可以选择不同的能源供应商，利用能源市场的竞争获取最大的利益。这种管理模式对建筑能源管理者的素质要求较高。

在经济发达地区的企业（尤其是第三产业和高新技术产业）里，一般而言人力资源成本（即员工工资）是企业经营的最大支出，其次便是能源费用开支。因此在设施管理中，把建筑能源管理看作是降低企业经营成本的最重要的环节，而把建筑室内环境管理看作是提高员工生产率的最重要的环节。即建筑能源管理是"节流"的需要，建筑室内环境管理是"开源"的需要。而"节流"的目的是为了更好地"开源"，两者是辩证的统一。建筑能源管理始终要把提高能源利用率、即合理用能放在首位。从这个意义上说，建筑能源管理首先是一种服务，为建筑使用者服务、为企业的主业服务。

因此，建筑能源管理者的职责决不是从数量上限制用户，或因为节能而给用户带来许多不便。应该是选择恰当的能源品种、发挥设备系统的最高效率、通过先进的技术和管理方法，为创造建筑良好的环境提供保障，使用户能发挥最大的潜能、创造更多的效益。所谓"有支持力的"、"有创造力的"和健康的环境是建筑能源管理者的工作目标。

建筑能源管理者所管理的设施或建筑是一个由建筑物、建筑设备和用户组成的系统，建筑能耗又涉及工艺、室内装修、供应链、气候、室外环境等方方面面。因此，管理者必须建立"系统"的思想，不能头痛医头、脚痛医脚，要选择社会成本最低、能源效率较高、能够满足需求的技术。在采取一项节能措施时，不但要看这项措施本身的节能效益，还要充分评估它的关联影响，特别要做好投入产出分析。从能源政策、能源价格、需求、成本、技术水平和环境影响等多方面考虑。

建筑能源管理者还要追踪国际国内建筑节能技术的发展动向，采用先进技术。在互联网普及的今天，更容易了解节能技术的进展。但有三点要引起注意：1）先进技术往往初期投入比较大而节能效益比较好，因此要做好经济性分析，选择投资回报率高的项目；2）有时候，最先进的技术不一定是最适宜的技术，可能倒是"次"先进的技术更适合自己。有一种形象的说法：最适合的技术是介于镰刀和收割机之间的技术；3）任何先进技术都不可能违背科学规律，只要掌握基本的科学知识，就可以识别社会上"水变油"之类打着"先进节能技术"幌子的骗术和巫术。

建筑能源管理者更要有动态节能的思想。任何先进设备，如果不用，就发挥不了效益。有的管理者觉得花了很多钱改造或添置的设备舍不得用，要保持它的完好无损，这恰恰使昂贵的设备变得一文不值。现代技术是以几何级数的速度发展，例如电脑芯片就遵循"摩尔定律"，即每隔18个月运算速度提高一倍而价格降低一倍。因此建筑能源管理者一定要有"与时俱进"的思想。

《中华人民共和国节能法》规定：重点用能单位（即年综合能源消费总量1万t标准煤以上的用能单位；国务院有关部门或者省、自治区、直辖市人民政府管理节能工作的部门指定的年综合能源消费总量5000t以上不满1万t标准煤的用能单位）应当设立能源管理岗位，在具有节能专业知识、实际经验以及工程师以上技术职称的人员中聘任能源管理人员。

但在我国各大城市很多商用和公共建筑中，业主和管理者的节能环保意识还不够。建筑节能和能源管理工作的开展大体上有以下三种情况：

（1）自有自用建筑：拥有自主产权的物业并主要是自己使用的单位一般有三类，1）大型制造业企业的厂房和办公设施；2）大型金融企业（如银行和保险公司）的办公楼；3）党政机关和事业单位的办公楼。前两类的管理者往往在能源费占据企业成本比例比较大时、或在企业主业经营效益滑坡时才会重视能源管理。相比较而言，金融企业更重视室内环境，因为它清楚地知道，员工生产效率的提高带来的是数以亿计的效益。为了保障室内环境品质，多花能源费用也在所不惜。前两类建筑更倾向于节约型能源管理，特别在企业的主业效益不好时更是如此。后一类建筑由于是靠财政拨款（即纳税人的钱）来缴付能源费，在公务员工资还不很高的情况下，能源费就是这些单位最大开支。因此这些单位相对比较重视建筑能源管理。而采用节约型管理会有损政府的"窗口"形象，所以比较容易接受采用合同制能源管理（CEM）方式的设备更新型能源管理。本章将要介绍的美国联邦政府能源管理计划（FEMP）就是最典型的例子。但另一方面，某些政府官员的个人意志往往会左右一个单位的建筑能源使用，造成能源使用的不合理。在高官云集的政府部门里，设施管理人员的地位低下，很难有话语权，因此也就很难有优化型管理的积极性。

（2）出售型楼宇：设施管理公司是由业主委员会雇来的，它要面对大楼里众多的小业主，众口难调。这类楼宇的管理者不会采用节约型管理，怕引起业主们的不满。但也很难让众多小业主达成投资设备改造的共识。所以在出售型楼宇中容易推行优化管理型的能源管理。管理者对能耗计量、运行控制和收费制度会比较重视。

（3）出租型楼宇：在我国商用建筑中，这类出租型楼宇占很大一个比例，但也是建筑能源管理工作比较薄弱的一个领域。由于能源费用多是按用户建筑面积分摊，在商用建筑里又没有分户的能源计量，常常会因为用户对环境品质差和不合理的能源收费不满意而引起争议和投诉。在此类建筑中规范能源管理应从计量和收费制度做起。

第二节 建筑能源管理的组织

建筑能源管理的组织有五个步骤，其过程可见图9-1。

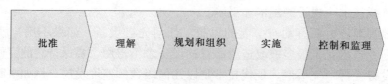

图9-1 建筑能源管理的组织流程

第一步，为使建筑能源管理工作能持续发展，首先要获得最高管理层的批准，使建筑能源管理人员或管理队伍成为企业的重要组成部分。

一般而言，最高管理层要批准建筑能源管理项目，他首先要考虑：
（1）先在局部示范，建立样板；
（2）支持必要的资源；
（3）设定节能目标并要求有反馈；
（4）激励机制和成功后的奖励措施。

因此，建筑能源管理工作要取得最高管理层的认可，就需要向管理层提供如下的信息：
（1）令人信服的成功案例；
（2）清晰的行动计划；
（3）节能项目有利于企业或机构的战略发展目标并满足客户的要求。

这三个因素需要做认真的准备。

第二步，理解。即需要对建筑物能耗现状作全面了解，也就是进行一次能源审计：
（1）了解现在的能耗水平和能源开支情况；
（2）掌握能源消耗的途径；
（3）确定本企业或机构有效使用能源的标准；
（4）分析通过降低能耗而节约成本的可行性，从而可以设定一个切实可行的节能目标；
（5）了解建筑能耗的环境影响。

第三步，规划和组织。首先是为自己的企业或机构制定一个可行的节能政策。有这样一个政策，可以提升最高管理层对搞好建筑能源管理的信心，并将它融入企业文化之中。

制定机构的节能政策必然会引起机构某些方面的改变，因此能源经理应该特别注意引入新的节能政策的方式，以创造一个使这些政策能够成功的外部环境。这时能源经理应该：
（1）加强与各部门负责人和处在重要岗位上的员工的沟通，让他们先看一遍新的节能政策并提出意见，以获得他们的支持。
（2）计划和组织能源管理队伍，将有关运行管理人员和未来的节能政策的具体执行者召集到一起，确保现有设备都工作正常，并找出可以做节能改进的场合。
（3）给出清晰的工作导向，即长期的和中期的节能目标。

很明显，在这一阶段最好要有一个能源经理来负责规划和组织。但规划和组织工作要比任命一个能源经理更为重要，因此管理层也可以亲自做这件工作，指定一个人作为能源经理的角色协助进行。

第四步，实施。企业的节能政策确定以后，每一个员工都应该被涉及。但是，从管理的角度来看，首先要指定一个责任人，即：
（1）在公司里建立一套能源管理和汇报的体制，任命一位董事会成员负责能源管理工作；
（2）以这位董事会成员为首，成立一个节能委员会，其成员中应包括主要的耗能户、能源经理、物业经理等。
（3）要求能源管理队伍（即能源经理所负责的一班人马）根据公司中期节能目标制定短期的节能目标，并确定实现这些目标所要开展的具体项目。
（4）把要达到的节能目标告诉每一个员工，同时建立起双向沟通的渠道。
（5）重要的是把节能项目融入企业的日常管理工作之中。

第五步，控制和监理。对每一个实施的项目都要指定一位负责人（项目经理），控制项目的进展。能源管理经理应通过听取定期汇报和宣传项目成果的方式推动项目的进展。

能源管理矩阵是非常有用的工具，它可以用来检查能源管理各方面的进展情况，见表9-1。

能源管理矩阵中的六列，代表了建筑能源管理组织重要的六方面事务，即能源政策、组织、动机、信息系统、宣传培训和投资。能源管理矩阵中上升的五行（从0到4），分别代表处理这些事务的完善程度。目的是不断提升能源管理的水平，同时又在各列（各项事务）之间寻求平衡。

能源管理矩阵表　　　　　　　　　　　　　　　表 9-1

等级	能源政策	组织	动机	信息系统	宣传培训	投资
4	经最高管理层批准的能源政策、行动计划和定期汇报制度	将能源管理完全融入日常管理之中，能耗的责、权、利分明	由能源经理和各级能源管理人员通过正式和非正式的渠道定期进行沟通	有先进系统设定节能目标、监控能耗、诊断故障、量化节能、提供成本分析	在机构内外大力宣传节能的价值和能源管理工作的性质	通过所有新建和改建项目详细的投资评估对"绿色"项目做出正面的积极评价
3	正式的能源政策，但未经最高管理层批准	有向代表全体用户的能源委员会负责的能源经理，该委员会由一位最高管理层成员领导	能源委员会作为主要的渠道，与主要用户联系	根据分户计量汇总数据，但节约量并没有有效地报告给用户	有员工节能培训计划，有定期的公开活动	采取和其他项目一样的投资回报期
2	未被采纳的由能源经理和其他部门经理制定的能源政策	有能源经理，向特别委员会汇报，职责权限不明	通过一个由高级部门经理领导的特别委员会与主要用户联系	根据计量仪表汇总数据。能耗作为预算中的一个特别单位	某些特别员工接受节能培训	投资只用于回报期短的项目
1	未成文的指南	只具有有限权力和影响力的兼职人员从事能源管理	只有在工程师和少数用户之间的非正式联系	根据收据和发票记录能耗成本。由工程师整理数据作为工程部内部使用	用来促进节能的非正式的联系	只采取一些低成本的节能措施
0	没有直接的政策	没有能源管理或能耗的责任人	与用户没有联系	没有信息系统，没有能耗计量	没有提高能效的措施	没有用于提高能效的投资

在能源管理矩阵的各列（各项事务）中标注出最接近你所在机构现状的方框。并将能源管理矩阵分别交给几位来自不同专业的同事，请他们标注出他们心目中最接近现状的方框。要向这几位同事解释清楚，这是一次对机构里能源管理工作的简单考查，需要他们提供直率的意见。然后将你自己的结果与你同事的结果做比较，并找出"平均"分布。如果你的结果与同事们做出的结果差别比较大，那就需要与他们做进一步的沟通，分析形成差别的原因。

这样得到的结果，作为规划以后的节能项目的重要依据。但是，并不是所有的节能管理事务都要达到最高一级（即第 4 级）水平，尤其对比较小的单位或比较小的楼宇更是如此。达到什么样的管理水平，要根据自己的财力和节能所取得的效益决定。

根据经验，在一个企业里或一幢大楼里，大约有 40% 的能耗是浪费掉的。这也就意味着，能源管理水平每提高一个等级，就可以减少 10% 的浪费。但能源管理矩阵的各列之间不是孤立的，不能想象你在信息系统处在 0 级的条件下把能源管理的组织工作提升到第 4 级。

在能源管理矩阵中"组织"这一列的 2 级水平以上的组织形式可以有多种选择：

（1）全员参与方式：以最高管理层（经营者或单位领导人）为责任人组成节能推进委员会或节能领导小组。能源经理直接向最高管理层负责，并具体准备和实施委员会批准的节能项目。项目的目的、意义、效益要向全体员工交代。

(2) 会议方式：由各部门推派代表参加定期会议。在会上能源经理要汇报企业能耗情况、能源费开支情况、各部门能耗有无异常以及准备实施的节能项目，求得与各部门的沟通。

(3) 项目方式：由各部门代表和能源专家、专业人员组成项目组，完成节能规划。遇到多部门或跨部门的问题，通过项目组协调，具体技术实施则由专业人员完成。

(4) 业务方式：成立专门的能源管理部门，将建筑节能作为该部门的日常业务工作。

无论哪种方式，能源经理都是当然的参与者。而无论哪种方式，最高管理层都必须亲自过问或指派一位成员分管。

组织确定之后，建筑能源管理的重要环节就是设定管理目标。可以设定如下目标：

(1) 量化目标：例如全年能耗量、单位面积能耗量、单位服务产品（如旅馆、医院的每床位）能耗量等绝对值目标；系统效率（如 CEC）、节能率等相对值目标。

(2) 财务目标：例如能源成本降低的百分比、节能项目的投资回报率，以及实现节能项目的经费上限等。

(3) 时间目标：完成项目的期限、在每一分阶段时间节点上要达到的阶段性标准等。

(4) 外部目标：达到国际、国内或行业内的某一等级或某一评价标准、在同业中的排序位置等。

设定目标的原则只有一句话，即"实事求是"。根据自己的财力、物力和资源能力恰如其分地确定目标。而要做到"实事求是"，首先就必须做到"知己知彼"。对自己管理的大楼的能耗现状、先天条件、节能潜力、与其他建筑相比的优势和劣势，都要心中有"数"，即有一个量化的概念。

在节能目标确定之后，就是要根据目标分解，设定节能管理标准。在建筑物中，凡涉及以下 7 个领域的设备和系统都应该设定管理标准：

1) 燃料燃烧的合理化；
2) 以加热和冷却为目的的传热的合理化；
3) 由辐射、热传导引起的热损失的防止；
4) 废热的回收利用；
5) 热能转换为动力的合理化；
6) 由阻抗引起的电气损失的防止；
7) 电气转换为动力、热能的合理化。

在以上 7 个领域之外，能源使用比率高的设备、重要度高的设备、运行或设备构造复杂的设备等都应该制定管理标准。表 9-2 列出了涉及以上 7 个领域的建筑设备。

设定管理标准的对象设备　　　　　　表 9-2

合理用能项目	对　象　设　备
燃料燃烧合理化	锅炉
加热、冷却、传热合理化	蒸汽加热器、吸收式制冷机、供热水设备、锅炉给水、空调系统
辐射、传导等热损失防止	蒸汽配管、冷热水配管、蒸汽加热器、吸收式制冷机、
废热的回收利用	锅炉、蒸汽凝结水、热电联产设备
热能-动力转换合理化	发电设备、热电联产设备
阻抗等电气损失防止	受变电设备、配电设备
电气-动力、热能转换合理化	电动机、水泵、风机、压缩机、升降机、办公设备、照明设备

在大规模建筑物中，有许许多多耗能设备，使用形态也是千差万别。如果每一台设备都设定管理标准，会使建筑能源管理工作变得十分繁琐，实际管理效果反而不好。因此对有些设备可以简化管理程序：

1）能耗在一定量以下的设备；
2）运行上没有变化的设备；
3）重要度比较低的设备。

在节能管理标准中，以下3项内容是必须包括的：

（1）管理：

1）根据耗能设备的特性和功能，给出将能耗控制在最低限度的运行策略和管理措施，同时明确什么是该设备的理想状态。

2）在有同类、同型号设备的场合，可以只给出一套节能管理标准，但如果这些设备运行条件有差异，要针对这些差异制定相应条款。

3）所采用的判断基准以及根据判断基准所设定的相应管理标准。

4）对特别重要的项目，要给出运行中的标准（目标）值和管理值。

5）在有计算机控制的场合，要记述控制的概念和特征，明确地给出控制目标值。

6）以空调管理标准为例，要划分空调分区，根据各分区的建筑构造和设备的配置、业务内容进行管理，设定供冷和采暖的温度、湿度、换气次数等管理标准。

（2）计量、检测和记录：

1）根据设定的标准值和管理值，要求进行定期的检测和记录。在记录表上应明确地给出标准值和管理值。应确定检测的周期（例如每小时一次还是每日一次）。记录表上有按期记录检测数据的栏目、与标准值和管理值比较的栏目、以及当检测值与标准值不符时记录所采取的措施的栏目。

2）在有计算机控制的场合，要切实保存好重要项目按一定时间检测得到的数据。

3）仍以空调管理标准为例，必须检测和记录温度、湿度和其他关系到空调效果的空气参数。还要检测和记录标准值所设定的、与改善效率有关的数据（例如，制冷机的冷量和耗功量）。

（3）维护、保养和检修：

1）为了防止设备的故障和劣化，在管理标准中应明确重要设备的维护、保养和检修的要领，并规定维护检修的周期，实施定期的保养。

2）设立保养检修记录簿，每一次的保养、检测和修理的内容和结果都要记录下来。

3）以空调系统为例，必须设定过滤器的清洗、盘管的清洁和空调效率的改善所必需的管理标准，并根据这些标准实施定期保养，以保持系统的良好状态。

这些管理标准，应该用文件形式确定而明晰地表述出来。图9-2给出建筑能源管理的文件体系。最高一级的文件，即能源管理规程，应该包含以下内容：

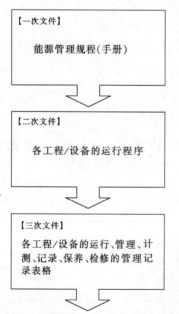

图9-2 能源管理标准的文件体系

1）目的；

2）能源管理的体制（组织形式和权限）；

3）适用范围；

4）遵循的标准；

5）管理项目（7个领域）和对象设备；

6）管理标准的项目和内容（管理基准值、计测、记录、检修、保养和新设的措施的概略内容）。

在制定规程时，要考虑与机构的其他规定或标准相协调，不要有相互矛盾的地方。还要考虑遵循国家的和地方的政策、法规和标准。

二次文件是操作层面的文件，要针对本单位特定情况和特殊环境制定，没有也不应该有统一的模式。

在能源管理的文件体系建立起来以后，能源管理的组织和规划阶段便基本完成。在项目的全面质量管理中，有一个著名的戴明理论，即由美国著名的质

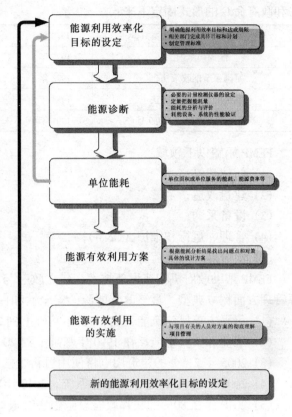

图9-3 PDCA循环

量管理专家戴明博士提出的 PDCA 循环（Plan-Do-Check-Action）。本节所述的内容，还只是PDCA 循环的第一个环节。建筑能源管理的整个 PDCA 循环见图 9-3。

第三节 政府率先垂范——政府设施的能源管理

在任何一个国家，政府都拥有最大的物业。各国政府的财政开支都在逐年增长，而政府主要是依靠税收收入来维持运转的，即用纳税人的钱支付公务员的工资和物业设施的运转。因此，建筑节能就成了政府廉洁高效的重要举措。在中国，更是"三个代表"重要思想的具体体现。

以美国为例，美国政府的庞大开支是其他任何国家无法望其项背的。美国政府每年约花费 2000 亿美元用在产品和服务的采购上、80 亿美元用于能源开支。美国政府拥有约 50 万幢建筑物（约 3 亿 m^2 建筑面积），每年消耗 540 亿度电。1999 年联邦政府建筑设施消耗能源 3.362×10^{14} Btu（约合 3.547×10^{14} kJ），建筑能源开支 34 亿美元。美国联邦政府成为美国最大的耗能户。因此，能源管理是美国政府设施管理者所面临的最有挑战性的任务之一。

1973 年，美国政府开始实行联邦政府能源管理计划（FEMP）。该计划用于引导政府各部门更为有效地利用能源。它的职责是帮助政府机构用最有效的办法实施能源管理，获得更高的能源效率以节省纳税人的费用。FEMP 也成为美国政府能源政策的一部分，并用立

法和政府命令的形式固定下来：

能源政策和节能法案	1975 年	能源政策法案	1992 年
能源部组织法	1977 年	美国总统行政命令 12902 号	1994 年
国家节能政策法	1978 年	美国总统行政命令 13123 号	1999 年
联邦能源管理改进法	1988 年	总统指示	2001 年
美国总统行政命令 12759 号	1991 年	美国总统行政命令 13221 号	2001 年

FEMP 涵盖以下领域：

(1) 新建建筑；
(2) 建筑改造；
(3) 设备采购；
(4) 管理、运行和维护（O&M）；
(5) 水电煤气和负荷管理。

FEMP 帮助政府机构获得新技术，建立政府与民营企业的新的合作关系，为国家在能源管理方面树立典型，最终改善能源的安全性和保护环境。它的目标是：

(1) 每平方英尺建筑能耗在 1985 年基础上到 2005 年减少 30%，到 2010 年减少 35%；
(2) 工业和实验室能耗在 1990 年基础上到 2005 年减少 20%，到 2010 年减少 25%；
(3) 2005 年 2.5% 的建筑用电将使用可再生能源；
(4) 2000 年建设 2000 个太阳能系统，2010 年建设 2 万个太阳能系统；
(5) 2010 年在 80% 的联邦政府设施中实行最好的节水管理措施；
(6) 与 1990 年相比，2010 年减少温室气体排放量 30%。

FEMP 的服务内容可分为四个方面：融资、技术支持，拓展活动和相关政策。通过 FEMP 的服务为各政府部门的节能提供支持。如图 9-4 所示。

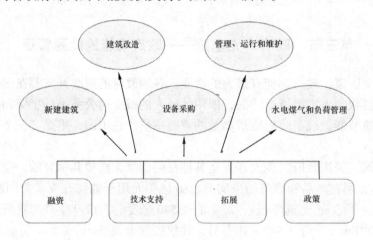

图 9-4　FEMP 所提供的服务内容

一、融资

由于美国政府的物业大多数建于 20 世纪 70 年代能源危机之前，是高能耗的建筑，因此这些建筑的运行需要投入相当可观的费用。但另一方面，美国联邦政府面临着财政预算的紧缩，用于建筑改造和运行维护项目的可用资金缩减了。

为了实现 FEMP 的节能目标，从 2001 年至 2005 年的 5 年间，大约需要 50 亿美元的投资来维修或更换建筑物内的陈旧设备。这项投资带来的高效率和低能耗可以显著地弥补财政赤字。一般来说，在节能项目中每投资 1 美元，在整个项目寿命周期内的收益可达 4 美元。除此之外，还将产生将近 15000 个就业岗位。因此，美国政府认识到，实施节能项目是一项新的经济增长点，将为建筑业、制造业和服务业创造新的就业机会。

对于巨大的资金缺口，美国政府采取了市场化运作方式。政府投入的资金非常有限。图 9-5 显示从 1978 年以来的资金投入情况。

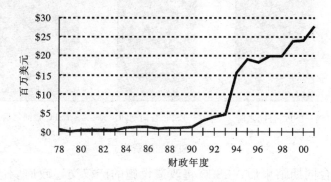

图 9-5　1978 年以来美国财政预算中对联邦政府能源管理计划的投入

有限的投入用作：
（1）节能改造项目的启动经费；
（2）技术支持和技术指导，例如投入美国五大国家实验室，支持它们开展建筑节能技术研究，并将研究成果应用于政府设施的节能改造；
（3）支持节能项目的规划、总结和评价；
（4）加强和改善政府设施的建筑能效管理；
（5）FEMP 项目成员的工资报酬。

FEMP 为政府机构获得项目资金提供专门支持，它通过以下渠道获得项目经费：
（1）节能效益合同（ESPCs）；
（2）公用事业能源服务合同（UESCs）；
（3）公益基金。

1. 节能效益合同（ESPCs, Energy savings performance contracts）

节能效益合同（ESPCs）是 FEMP 中重要的资金来源。它利用节约下来的能源费资金来支付节能改造所需的费用。ESPCs 是政府和民营企业之间的合作关系，当民营的能源服务公司（ESCOs, Energy Services Corporations）支付了购买和安装高能效设备所需的前期资金后，在整个合同期内它都会得到来自政府的回报。这种回报来源于省下的能源费用（见图 9-6）。

节能效益合同（ESPCs）使得政府机构无需依靠国会拨款就能够提高设施的能源效率。它允许民营的能源服务公司（ESCOs）在政府设施内投资安装节能和节水设备及可再生能源系统。ESCO 向银行贷款，在 ESPCs 合同条款中保证固定的节能成效。在合同期内，政府将节省的一部分能源费支付给 ESCO 公司，ESCO 公司用这笔钱偿还银行贷款和利息，

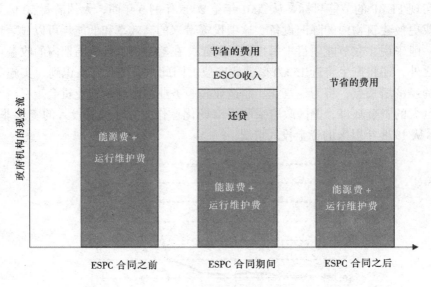

图 9-6　ESPC 的融资方式

并直接从中受益。合同期结束后，ESCO 将改造设施的产权交还政府。这是一种"多赢"的方式。自 1988 年来，由于采用了 ESPCs，政府机构至少利用了私营企业 8 亿美元的投资来改善政府内设施，以达到节能、节水和降低排放的目标。

很明显，ESPC 将投资风险转移给 ESCO 公司。因此，在挑选项目时，ESCO 公司必然会选那些"短、平、快"的项目和投资回收期短的项目。另外，在 ESPCs 合同期内将一部分政府设施的运行管理权交给 ESCO 公司也会涉及许多法律问题，要经过繁琐的审批手续。以往联邦政府人员需要花费长达 18 个月才能谈妥一个节能效益合同，FEMP 为了简化作业流程，近年来特别建立"超级"ESPCs（Super ESPC），经过事先评选过程，列出具备资格的 ESCO 公司名单，与其签订"无限期交付、不确定数量"的合同（IDIQ，Indefinite Delivery/Indefinite Quantity contracts）。Super ESPCs 是遵照所有可适用的政府条例的要求制定的，政府人员可以直接与数家预先选择的 ESCO 洽谈项目细节，最后再将项目发包给最适当的公司，签订正式的项目合约，节省费时冗长的项目竞标发包过程，省时又省力。借助这种新的工作模式，FEMP 已经将项目发展的协商时间平均缩短至 10 个月。FEMP 同时还向政府机构提供 ESPCs 要求的测试和验证。这项举措受到许多政府机构的欢迎，Super ESPCs 已经成为现在美国政府机构进行建筑节能改造的主要融资方式。根据项目，合同期最长可达 25 年。

Super ESPCs 对政府机构的好处是：

（1）改善建筑能源效率，无需初期投入便可获得新设备；

（2）取代国会拨款的融资渠道；

（3）灵活的项目执行过程；

（4）担保能源费的节省；

（5）降低运行维护成本；

（6）有权使用民营企业在节能、节水和利用可再生能源方面的经验；

（7）改进基础设施，适应工作任务；

(8) 创造健康、安全和有支持力的工作条件；
(9) 满足政府节能、节水和减排的目标；
(10) 有可能做出能源费开支的规划和预算；
(11) 减少由于能源价格的不稳定、气候变化和设备故障带来的风险。

超级 ESPCs 有两种类型：地方性的、"全目标"的超级 ESPCs 和针对特殊技术的超级 ESPCs。前者涉及的技术范围较广，包括：

(1) 锅炉、制冷机的改造；
(2) 楼宇自动化系统和能源管理系统；
(3) 其他暖通空调设备改造；
(4) 照明和围护结构的改造（例如低辐射 Low-e 窗）；
(5) 冷热水和蒸汽输配系统；
(6) 电动机和驱动系统；
(7) 分布式能源系统和可再生能源系统；
(8) 能源输配系统；
(9) 电力负荷削峰填谷；
(10) 通过费率调整降低能源费；
(11) 耗能工艺过程的改进。

后者涉及一些节能新技术，采用这些技术会有一定风险，因此可以在世界范围内找寻 ESCO。这些节能新技术可能在市场上还未得到推广，但具有强大的节能潜力。比如：

(1) 生物质燃料和甲烷燃料；
(2) 地热热泵；
(3) 光伏电池；
(4) 太阳能系统。

这类合同执行时必须以上述新技术为中心，同时附带其他节能技术。

2. 公用事业能源服务合同（UESCs，Utility Energy Services Contracts）

FEMP 提供另外一种融资渠道即公用事业能源服务合同（UESCs），它是长期合同，可获得长期收益。据估算，通过 UESCs，在 1995~2005 的 10 年间在能源项目上大约可获得 10 亿美元的支持。在 UESC 中，公用事业公司与政府机构结成合作伙伴，提供能源改造的资金、服务和产品，使政府内的设施更为高效地运行。在合同服务期内，政府将节省下来的能源费用的一部分支付给公用事业公司。或者，公用事业公司从自身效益的提高来获得回报（例如蓄冰空调）。

为了协调 UESC 的开展，FEMP 于 1994 年建立了联邦公用事业合作关系工作组（FUP-WG，Federal Utility Partnership Working Group），在政府机构、公用事业公司和能源服务公司之间建立信息沟通渠道。

二、技术支持

FEMP 帮助联邦政府的能源管理者设计并实施建筑及其设备的节能改造项目。FEMP 依靠美国橡树岭国家实验室（ORNL）以及其他国家实验室和技术中心来获得技术支持，以保证项目的实施。它在以下领域内提供公正的、专家级的技术支持：

(1) 建筑和工业设施的能源和水资源审计；

(2) 尖峰负荷管理；
(3) 建筑的整体设计和可持续性；
(4) 可再生能源技术；
(5) 分布式能源；
(6) 热电联产技术；
(7) 节能产品；
(8) 实验室设计；
(9) 新技术采用。

FEMP提供分析软件来帮助政府机构选择最为节能和节水的项目。为便于从专家处学习第一手经验，政府职员和其他相关人员可以参加FEMP的高级培训。这些培训的内容涵盖了诸如项目投资、寿命周期费用、运行与维护以及可持续设计等领域。

FEMP的技术支持小组提供综合措施来促进节能，这些措施包括设施评估、技术鉴定以及项目评价。

FEMP通过新技术认证程序向政府机构介绍新型节能技术，使得政府机构能够对新技术作出评估并在合适的时候加以应用来实现节能目的。这一认证程序采用两种策略来实现它的目标：1）技术认证程序，即对在政府设施中采用的新技术作出评价；2）通过技术评论来传播信息。

技术认证为政府的决策者提供第一手的信息并且支持政府及时采纳节能和环保的新技术。认证遵照合作研究和共同发展的模式，政府及其民营企业的合作者共同承担项目的费用和成果。

一项新技术的认证把政府、产品制造商、销售商、公用事业公司以及国家实验室等多方召集在一起。政府提供现场技术评价，目的是降低能耗和维护成本；制造商提供设备，希望能建立政府使用记录，并通过性能分析改善这项技术；公用事业机构验证此项技术的收效；销售商传播技术信息，与广大用户交流以促进该项技术的发展；国家实验室提供技术人员进行技术性能分析，为该项技术认证提供完整的技术报告。

FEMP的技术评论向能源和设施的管理者提供有关节能、节水和新能源技术的信息，以便于他们更好地决策。这些技术已经进入市场，有了一些应用经验，但还有待推广。技术评论的内容包括对该项技术的总体描述、技术特性、应用总结、来自用户的现场经验、设计案例、经过鉴定的制造商名单，以及获取更多信息的渠道。

三、拓展活动

FEMP的拓展活动是为了帮助政府官员增强这样一种意识，即提高用能效率能获得巨大收益。拓展活动内容包括：

(1) 出版"FEMP焦点"报；
(2) FEMP网站和热线电话；
(3) "You Have The Power"活动；
(4) 年度嘉奖、培训班和展览会。

"FEMP焦点"报一年出版8期，将近10000名政府能源和设施的管理者、政府官员以及其他人员是它的读者。在2001财政年度，超过220万人次访问了FEMP的网站以获取信息来实现各自机构的节能目标。FEMP的热线电话（800-363-3732）每年向数以万计的人提供及时的信息服务。

有20个政府机构活跃于FEMP的"You Have The Power"活动中。这个活动通过分发印刷品、张贴公告、发行专门出版物以及其他有针对性的材料来散布及时的、围绕某个主题的信息。

FEMP对个人、团体和机构在节能、节水以及新能源、可再生能源技术利用方面的突出成绩给予嘉奖。在由FEMP主办、国防部和总务管理局协办的年度培训班和展览会上，通过专家演讲、学术报告和各种展示向上千的与会者提供信息。

2001年，有18项设施被指定作为联邦政府的节能示范项目。2000年全年有43位个人、团体和机构获得了政府颁发的能源嘉奖。FEMP还与国家预算管理办公室联合颁发总统奖，授予来自联邦政府各部门的杰出的能源管理团队，以表彰它们在能源管理方面的突出成就。在2001年的颁奖仪式上，美国副总统切尼亲自出席，向获奖者表示祝贺。

四、政策

1992年的能源政策法案、近期的总统行政命令以及总统的指令性文件都要求政府机构削减其能源消费，到2010年要在1985年的水平上降低能耗35%。政府机构需要依靠有效的合作和良好的指导来帮助他们完成这一目标。FEMP对政府机构的成绩作年度汇报，协调机构间的合作，以及给予政策性的引导。主要内容包括：

(1) 向国会和总统作年度汇报；
(2) 成立政府机构间能源管理的特别工作组；
(3) 政策指导；
(4) 立法更新和追踪。

FEMP还是协调政府能源管理咨询委员会工作的领导机构，该委员会提供内容广泛的咨询服务，它对于一些重要问题诸如ESPCs和UESCs的应用、可持续建筑的设计以及采用先进的能源技术等提供建议。

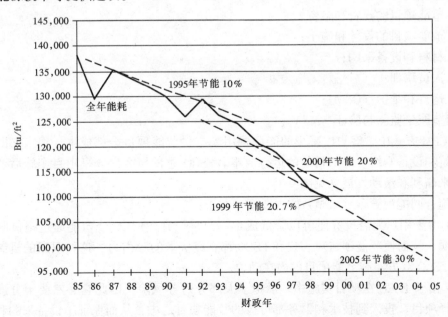

图9-7 1999年提前实现节能目标

由于卓有成效地实行了 FEMP，使美国联邦政府节能计划的节能目标得以提前实现。从图 9-7 可以看出，1999 年美国政府机构的能耗已经在 1985 年基础上降低了 20.7%，提前实现 2000 年节能 20% 的目标。

FEMP 的成功经验可以归纳为：

(1) 政府重视节能环保，把节能节支视为政府清正廉明的实际行动之一。节能先从政府自身做起，率先垂范。

(2) 以法律法规的形式，将政府能源管理工作变成政府日常工作的一部分。

(3) 运用市场机制，首先解决融资问题。而政府的能源管理计划又形成了一个新的经济增长点。

(4) 合同制能源管理形成新的市场，推动了能源体制改革。

第四节 合同能源管理（CEM，Contracting Energy Management）

一、能源服务公司（ESCO）

20 世纪 70 年代以来，一种基于市场的、全新的节能新机制——"合同能源管理"在市场经济国家中逐步发展起来。在美国、加拿大、日本和欧洲，形成了基于这种节能新机制运作的专业化的"节能服务公司"（ESCO，Energy Service Company，我国也有将其称之为 EMC，Energy Management Company），并且已经发展成为一种新兴的节能产业。

ESCO 公司是一种基于"合同能源管理"机制运作的、以赢利为直接目的的专业化公司。ESCO 与愿意进行节能改造的客户签订节能效益合同（ESPC，Energy Savings Performance Contracts），对客户提供节能服务，并保证在一定的期限内达成某一个数量的节能金额。ESCO 向客户提供的服务包括：

1) 建筑能源审计；
2) 节能项目的投资和融资；
3) 节能项目的设计和施工；
4) 材料和设备采购；
5) 人员培训；
6) 运行和维护（O&M）；
7) 节能量监测与验证（M&V）。

在 CEM 方式中，客户以减少的能源费用来支付节能项目全部成本，用未来的节能收益为建筑和设备升级，降低目前的运行成本。ESCO 通过与客户分享项目实施后产生的节能效益来赢利和滚动发展（见图 9-8）。

实施合同能源管理（CEM）的主要意义在于：

(1) 由于用户无需投资便可以降低成本、改善设施，ESCO 公司能通过提供服务赚取应有利润，从而使节能项目对客户和 ESCO 都有经济上的吸引力。这种双赢的机制形成了客户和 ESCO 双方实施节能项目的内在动力。

(2) 由于 ESCO 在项目实施中，承担了大部分财务风险，因此它必然要十分谨慎和仔细地选择项目，投入到技术和财务都可行的节能项目之中，从而保证了设备采购和项目完成的质量。就政府而言，这是协助政府推动节能事业的一种助力；就银行而言，贷款风险

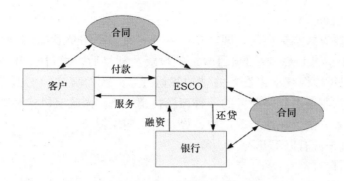

图 9-8 客户、ESCO 和银行的契约关系

较小,ESCO 替银行开拓了一种新型金融产品,推动能源服务业在国内的发展,可以创造能源服务业、能源用户、金融机构与政府多赢的机会。对银行来说,在这个意义上,是一种客户、ESCO、银行、设备制造商多赢的局面。

(3) 能源服务业以民营企业为主开展节能业务,提供能源用户能源使用效率的改善,迎合顾客需求量身订做的节能。ESCO 是专业化的节能服务公司,由于它所提供的服务的多元化,因此公司里要汇集多专业的技术专家、管理经理人和财经专家等多方面的人才。应该说 ESCO 公司具备智力密集型和资本密集型企业的特征,能够吸引更多的投资者组建更多的 ESCO,在全社会实施更多的节能项目。ESCO 的发展将大大推动建筑节能的产业化。

二、能源管理合同

比较成熟能源管理合同模式有以下三种:

1. 节能效益合同 (ESPC)

这种合同是 ESCO 向客户担保一定的节能量,或向客户担保降低一定数额的能源费开支。这种合同由 ESCO 承担主要风险,客户完全没有风险。在合同期内,节能效益归 ESCO。即客户将节省下来的能源费交给 ESCO。在合同中还要约定如果节能量超过保证值,对超额部分的处置办法。一般来说有两种方式,一种是超额部分完全归 ESCO,另一种是由用户与 ESCO 分成。由于保持良好的客户关系是合同能源管理成功的关键之一,所以常用后一种方式。此外,有时也有担保客户能源费用维持在某一水平上的合同形式。在合同期内,节能改造所添置的设备或资产的产权归 ESCO,并由 ESCO 负责管理(也可以由客户自己的设施管理人员管理,ESCO 负责指导)。合同期结束,ESCO 将产权移交给客户。节能效益合同对 ESCO 存在着较大的风险,所以,一般都采用可靠性高、比较成熟、投资回收期短、节能效果容易量化的技术。投资回收期控制在 3 年以内。

2. 效益共享合同

效益共享合同是最常使用的一种合同,即 ESCO 与用户按合同规定的分成办法分享节能效益。对于合同期覆盖若干年的项目,一般在合同执行的头几年,全部节能效益归 ESCO,使其尽快回收投资、偿还贷款、减少利息损失。而在合同执行的后几年,则采取客户和 ESCO 分成的办法。这种合同方式比节能效益合同的执行期长(5 年或更长)。同样,在合同期结束时 ESCO 才把固定资产移交给客户。这种合同方式要求 ESCO 公司有较强的调试、运行和管理能力。

3. 设备租赁合同

客户采用租赁方式购买设备，即客户付款的名义是"租赁费"。在租赁期内，设备的所有权属于 ESCO。当 ESCO 收回项目改造的投资及利息后，设备归用户所有，产权交还客户后，ESCO 仍可以继续承担设备的维护和运行。一般而言这种 ESCO 公司是由设备制造商投资的，作为制造商延伸服务的一种市场营销策略。而政府机构和事业单位比较欢迎这种设备租赁方式。因为在这类单位中，设备折旧期比较长。

ESCO 的资金来源有以下几种：

(1) ESCO 的自有资本；
(2) 银行商业贷款；
(3) 政府贴息的节能专项贷款；
(4) 设备供应商允许的分期支付；
(5) 电力公司的能源需求侧管理（DSM）基金；
(6) 国际资本（如跨国开发银行）等。

对项目风险的分析和管理是实施合同能源管理项目的重要环节。在 CEM 项目中的主要风险有以下几项：

(1) 影响节能效果（即投资回收）的主要因素：
1) ESCO 公司的技术水平——方案的实际性能能否达到预期节能目标。
2) 客户自身管理水平——对设备特性的把握和运行管理的能力。
3) ESCO 和（或）客户的管理水平——运行和维护。
4) 合同双方之外的不确定因素——气候变化、能源价格、自然灾害。

(2) 偿还能力：预期节约的经费占还贷额的比例是判断风险的重要指标。如果这个比例比较小（例如小于 125%），则贷方就应仔细地审查该项目的可行性报告。有一点很重要，即这个比例是可以计算出来并可以测量出来的。

(3) 施工风险：普通施工项目合同中所包括的风险条款在能源管理合同中也是适用的。它涉及到的问题是：
1) 谁负责设计？谁负责建造？何时开工？
2) 谁向谁付款？付款金额是多少？何时开始支付？
3) 允许多少成本超支？影响预算的偶然因素是什么？超支后的追加金额从哪里来？
4) 拖延工期的最大影响因素是什么？如何解决？

(4) 运作风险：在履行能源管理合同时，要尽力避免某些"变化"带来的影响。例如，针对以下的一些因素，应该考虑如何估计节能值、由谁承担所发生的费用：
1) 运行时间改变；
2) 天气变化；
3) 制冷机能效降低；
4) 颁布新标准，或现行标准做了修订；
5) 部分设备停机；
6) 生产班次的延长；
7) 维护质量，等等。

这些变化对项目资金的影响可能是直接的、也可能是间接的，合同中必须明确规定谁受益谁受损。例如，ESCO不可能获得由业主行为所产生的节能效益；同样，ESCO也不应该被要求承担由于业主增加或减少项目规定的内容、或由于项目之外的使用所提高的成本。

项目节能值通常是在设备按一定的时间表运行以及一定的负荷分布规律下做出的估算。计划的改变会影响项目产生的节能结果。规定这些改变的责任是合同中重要的内容。因此，需要由各方事先评估可能的风险，同时，必须考虑使用规定的M&V方法进行性能测试。执行者往往是在事后才仔细分析检查上述问题，这就太迟了。

三、测试与验证（M&V，Measurement & Verification）

著名的管理大师——GE公司的CEO杰克·威尔奇（Jack Welch）说过："对于不能测试的事物你永远无法管理。"在合同能源管理实施中，有许多双边甚至多边的问题需要有公正的裁判。

（1）ESCO在合同中承诺的节能效果的确认；

（2）项目执行前的基础能耗值和项目执行后的实际节能值；

（3）实际节约的经费是否达到预期值；

（4）项目执行期间双方的风险责任定位，某些影响因素的责任确定；

（5）银行需要债务人的资信证明；

（6）验证项目的社会效益（例如，室内空气品质的改善、污染排放的减少等）。

这些都需要用数据说话。在CEM执行期间就要出现一个第三方，它所提供的测试和验证的结果可以作为用户（业主）验收和ESCO确定收益的依据。

为了规范合同能源管理市场，美国能源部从1994年开始与工业界联手寻求一个大家都能接受的方法，用来计量和验证节能投资的效益。1996年首次发布了国际性能测试与验证协议（IPMVP，有时称MVP），它是由美国、加拿大和墨西哥的数百名专家组成的技术委员会汇编而成的。1996年和1997年，来自12个国家的20个国家团体（包括中国的国家经贸委和北京节能中心）共同工作，于1997年12月改版、扩充和出版了IPMVP的新版。第二版被国际上广泛接受，真正成为一个国际性协议。2000年又出版了第三版。IPMVP第三版的编辑工作是由来自16个国家和25个组织的上百名专家参与的。IPMVP被翻译成了中文、日文、韩文、葡萄牙文、西班牙文等文本。

IPMVP介绍了用来验证能效、用水效率和可再生能源项目等各种节能效果的最新操作技术，它也适用于设施管理人员进行设施评价和提高设施使用性能。其中节能测试（Energy Conservation Measurements）包括燃料节能测试，水效率，通过设备安装、改造和改进运行程序来削减负荷和降低能耗。

IPMVP分为三个独立卷：

第一卷，确定节能量的概念和有关方案。

第二卷，室内环境品质。

第三卷，应用。

IPMVP的特点是：

（1）为节能项目的买卖双方和财务人员提供一套共同条款，用来讨论与M&V相关的事宜，同时建立起一种能应用于能源管理合同中的通用方法。

（2）规定了确定整套设备和单台设备的节能量的主要技术。

（3）可应用于各类设施，包括居住建筑、商用建筑、工业建筑和工艺过程等。

（4）提供一般实施程序，这些实施程序适用于所有地域的类似项目，并且是被国际认可的、公正的和可靠的。

（5）提出不同精度和不同成本的测试和验证程序，包括基准值、项目实施条件和长期节能量。

（6）提供了一套确保室内环境品质的节能测试的设计、实施和维护方法。

（7）是有活力的、包括实施方法和实施程序的文件体系，确保文件能与时俱进。

在 IPMVP 中，给出了节能测试和验证的一般方法和具体实例。节能量值用下式计算：

$$节能值 = 基准年耗能量 - 节能改造后耗能量 \pm 调整量$$

式中的"调整"项是指把两个时间段的用能量放到同等条件下考察。一般情况下影响用能量的因素有天气、入住率、设备能力及其运行状况。调整量可正可负。IPMVP 推荐了四种测试和验证方案，见表9-3。

M&V 方 案　　　　　　　　　　　　　　　　表 9-3

M&V 方案	如何计算节能量	典型应用
A：部分测试独立改造项 对整个系统中做为节能改造的设备进行部分现场测试，并与其余未做改造的设备区分开来，以此来确定节能量，这种测试可以是短期的或连续的 部分测试是指，如果某些规定条件对整个节能结果的预测影响不大的话，则只需对部分而非全部参数进行测试。仔细理解节能改造的设计施工方案则可确保那些规定值的合理性。这些定值要在 M&V 方案中明确给出，并分析它们对预测结果所造成的误差	用短期或连续的测试数据以及规定值进行工程计算	在照明改造工程中，定期测量用电量。假设每天的照明时间比商店营业时间长 1.5 小时
B：独立改造项测试 对整个系统中做过节能改造的设备进行现场测试，并与其余未做改造的设备区分开来，以此来确定节能量，在改造后的整个阶段都采取短期的或连续的测试方式	用短期或连续的测试数据进行工程计算	在定速泵上安装变速驱动改变负荷，可采用功率表测量水泵电动机的耗电量。在基准年中用此表测试一星期来验证恒定负荷；节能改造后继续用这个表来监测能耗的变化量
C：整个设施测试 对整个设施都进行能耗测试，以此来确定节能量。在改造后的整个阶段都采取短期的或连续的测试方式	对整个设施中的所有能源计量表或分计量表的测试数据进行分析，采用简单比较或回归分析的方法	多因素的能源管理计划影响到大楼中的许多系统。在 12 个月的基准年和节能改造后的整个阶段，都采用煤气表或电度表来计量能耗值
D：验证模拟 通过模拟设施的一部分或整个设施的能耗来确定节能量，模拟程序必须能够反映在该建筑中实际测试到的能耗状况。这一方案需要具备计算机模拟的丰富经验	能耗模拟，采用逐时或逐月的能耗记录数据或终端用户的计量数据进行验证	多因素的能源管理计划影响到大楼中的许多系统。由于缺乏基准年数据，因此可以在节能改造后用煤气表或电表来测量能耗，并采用经改造后的实测数据验证的模型来模拟基准年的耗能量

业主一般应聘请在节能方面经验丰富的第三方来担负测试与验证工作。业主可以请第

三方帮助更加仔细地审核节能报告。第三方单位应当在第一次审核节能改造计划时就开始介入，以确保整个节能方案符合业主利益。第三方人员应该深入了解设施及其运行情况，经常检查日常的节能报告和基准年调整量。如果业主能够自行总结设备的运行状况，将减小第三方验证者的工作范围、工作量和成本。

有经验的第三方可以帮助监督执行能源管理合同。如果在项目偿付期间合同双方产生分歧，第三方能够帮助进行调解。

第三方参与节能测试和验证的人员应该是典型的工程咨询人员，他们在节能改造方面有经验，有专业知识，懂得测试和验证技术以及相关的能源性能合同。

节能改造不能以牺牲室内环境为代价。由于室内环境品质（IEQ）的劣化造成的对居住者健康的影响以及对工作效率的降低，往往是节约下来的能源费所无法补偿的。因此，IPMVP的第二卷中把室内环境品质也作为节能效果测试和验证的主要内容之一。它列举了某些节能措施可能对IEQ产生的影响以及消除这些影响的措施（见表9-4）。

节能措施对 IEQ 的潜在影响及消除这些影响的措施　　　　　　　　　　表 9-4

节能措施	对 IEQ 的潜在影响	IEQ 问题的预防和缓解
照　　明		
选用能效高的灯具等照明设备	如果正确地设计和安装照明系统，可以改善照明质量	在设计时就要强调照明质量。在电脑显示器屏幕（VDT）上检查照明质量和反射影像。安装优质的照明设备，确保不会散发石棉、玻璃棉和灰尘等污染物
自动化的照明控制装置：人体感应、调光设备	尽可能改善照明质量。不适当的控制系统会使照明的质量下降	设计时要强调照明质量。对照明控制系统进行调试。在适合的地方安装工作照明
拆除灯和灯具	可能有局部或全部照度不够的危险	保证合理的照明设备的布局。在适合的地方提供给居住者可自由控制的工作照明
用窗、天窗、遮光设施和光导管作天然照明	根据提供天然光的建筑构件位置和光学特性，可以改进或降低照明质量。有证据表明，在靠近窗户处，即使窗户关着，也能减少急性的和不明确的建筑病相关症的发病率	保证天然照明系统的合理设计，以避免光照过于强烈或不均匀的照度等级等问题。检查照度水平。给居住者提供可自由控制的工作照明
自动或手动调节的遮阳控制、固定的遮阳装置、窗表面贴薄膜	可能会改善照明质量。但不正确的使用遮阳控制装置会使照明质量下降，遮阳装置可以减少由于室内材料直接暴露于阳光下而产生或增加的污染物	对遮阳控制进行调试，确保其正常运转。给居住者提供可自由控制的工作照明
暖通空调系统节能措施		
改进 HVAC 系统组成部分的效率（电动机、水泵、风机、冷水机组）	如果 HVAC 系统组成部分有足够的容量，不会对 IEQ 有负面影响	对 HVAC 系统进行调试，以确保其在采暖和制冷模式下、在满负荷和部分负荷时都能正常运行
对排风和其他废热进行热回收	如果用了热回收系统可以使新风量增加，通常将会改善 IEQ。某些热回收系统可能将排气中的水分和污染物带给新风	确保热回收系统不会将排气中的水分和污染物带给新风

续表

节能措施	对 IEQ 的潜在影响	IEQ 问题的预防和缓解
暖通空调系统节能措施		
减少 HVAC 系统部件的使用时间（如：风机、冷水机组），从而节省能源或限制能源需求量高峰	如果在室内有人期间 HVAC 系统不运行，则有可能降低室内热舒适度，也可能增加室内空气污染的程度。还有，在 HVAC 系统停止运行时，室内各房间之间以及室内外的空气压差和污染物的传播等都无法控制	HVAC 系统的运行时间应该足够长，以确保在有人期间室内达到较好的舒适度和通风效果。应该在建筑物使用之前进行全新风通风，以降低在无人时或低通风量期间从建筑材料和家具中散发出的空气污染物浓度。尽量减少室内污染源以降低通风系统的负担。尽量少用或限时使用设备停止运行的办法来限制能源高峰用量。使用高效节能的 HVAC 系统或者是蓄热装置可以限制能源高峰用量而不至于牺牲热舒适。顺序开启 HVAC 设备也可以减少高峰能耗，且不会对 IEQ 产生负面影响
采用全新风装置以获得免费供冷	一般情况下，增加通风量可以提高 IEQ。当室外污染物浓度较高时，全新风装置的使用可能会增加室外污染物在室内的浓度。在潮湿气候下，全新风装置的使用也可能增加室内湿度并带来潜在的与湿度有关的 IEQ 问题	室外新风口应布置得远离强污染源，比如汽车尾气、空调排风、垃圾箱以及餐厅的排风。如果室外空气被有害颗粒物严重污染，那么就要使用高效的空气过滤器。如果室外空气被臭氧严重污染，就要考虑检查室内的臭氧浓度或使用活性炭过滤器。设计和控制 HVAC 系统的全新风装置以避免湿度问题。应定期检查全新风装置的控制状况，并核查是否满足最小新风量
采用晚间通风进行预冷	晚间通风可降低室内在工作期间所产生的总污染物浓度。当然，采用湿空气进行晚间通风可能导致 HVAC 或建筑设备的凝水现象，由此可能造成微生物滋生的后果	在设计和使用晚间通风系统时要避免湿度问题。通常，在室外温度低于露点温度时，则应避免使用晚间通风供冷
使用变风量（VAV）系统代替定风量（CAV）系统	当室内冷热负荷较小时，可能导致新风量不足。尤其在具有固定新风比的 HAVC 系统中，如果只保证最小新风量而送风温度又不提高，则当冷负荷较小时可能造成过冷和热舒适问题，送风下沉也会引起热舒适问题	在所有送风量下都保证进入 AHU 的新风量达到或超过所规定的最小值。当室内温度适宜时，应避免 VAV 控制系统的风门完全关闭。当冷负荷较小时，应提高送风温度。在冷负荷范围内，检查送入室内的新风量和室内温度。采用控制送风量、维持最小送风量和送风温度等措施，避免造成送风气流下沉和热舒适问题
采用变风机转速取代风阀进行风量控制	对 IEQ 没有任何影响	最好根据实测风量而不是理论风量或设计风量进行控制
采用计算机化的 HVAC 数字控制系统、能源监测和控制系统	恰当的 HAVC 运行控制系统能提高系统的灵活性和便利性，从而可以改善 IEQ。数字式控制器容易实现根据污染物传感器进行需求量通风控制	通过调试确保控制系统的功能。确保对建筑管理人员进行严格的培训
减小风管内的风压降以及管道渗漏问题	可以改善送风量和送风状态控制，可以降低风管噪声	完成改造后需要对系统进行风量平衡，确保风管安装质量，降低噪声

续表

节能措施	对 IEQ 的潜在影响	IEQ 问题的预防和缓解
暖通空调系统节能措施		
采用热水辐射采暖和辐射供冷系统,可以大大降低风机能耗	平均辐射温度会受到影响。可能改善也可能降低热舒适性(比如,可能减少吹风感,却会增加低风速引起的热不舒适性)。热水和冷水的辐射采暖供冷系统还可能引起漏水和凝水问题,从而造成微生物的滋生。用辐射供冷取代全新风装置,由于风机和管道性能的下降会导致平均新风量的减少	辐射供冷系统的设计、运行和维护必须保证可接受的热舒适性、新风供给量、防止水渗漏和凝水现象的发生。应定期清洁辐射板和散热器。一旦发现水渗漏就应该立即进行修复。遭受水害的材料,应立即进行干燥或更换
降低平均或最小新风量(尤其是关闭新风阀门)	主要影响是,尽管从室外进入室内的空气污染物浓度可能会降低(尤其像臭氧及颗粒物会与室内表面相互作用或沉降在表面上),但室内产生的空气污染物浓度的增加可能导致用户的投诉和不良的健康影响。在有空调的大楼内,室内湿度也会降低	根据规范和标准确保一定的新风量。当有人居住时不要完全关闭新风阀门。尽可能减少室内污染源以减小通风系统的负担。采用过滤器和空气洁净技术
当负荷减少时提高送风温度(可能降低冷水机组能耗,但同时增加风机能耗)	在 VAV 系统中提高送风温度会使送风量增加。在许多 VAV 系统中,室外新风量的增加可以使室内污染物浓度降低。提高冷冻水温度通常会降低 HVAC 系统的去湿功能,而引起室内湿度加大	保持冷冻水温足够低,以此来控制室内湿度
在供冷期提高室温设定值,而在采暖期降低室温设定值,以此达到节能和限制峰值耗能的目的	室温接近或超出规定的热舒适度范围的界限,则有可能增加用户的投诉率,尤其是在居住者无法自行调节的空调建筑中。在 18～28℃范围内,居住者对室内空气品质的可接受度将随温度的升高而下降。有研究表面,增加室温,可能会增加建筑病综合症的发病率	将温度保持在热舒适标准范围内。为居住者提供可自行控制的风扇和取暖器。有效的隔热窗和墙有助于保持室内的舒适性。即使想限制峰值能耗,也不要频繁改变室温的设定值。应努力提高 HVAC 系统的用能效率,鼓励使用蓄冷蓄热空调系统,以此减少峰值耗能
提高管道内外的保温性能	加强保温通常对 IEQ 的影响是微不足道的。加强保温隔热使 HVAC 系统满足负荷高峰的需求,从而可以提高热舒适度。用隔汽保温材料还可以减少水汽凝结,减少微生物的滋生。如果保温材料的纤维或微粒进入室内、或者如果保温材料释放挥发性有机物(VOCs),那就有可能导致居住者患上一些炎症。在管道内部敷设保温材料可以降低风机噪声。当然,这种管道内保温方式可能会引起微生物孳生,从而增加室内微生物悬浮颗粒及生物 VOCs 的浓度	保证室内空气与纤维保温材料相隔离。在安装保温材料时应尽量减少其中纤维和颗粒物的散落,在建筑物使用之前,应进行室内清扫工作。应选用 VOCs、尤其是有气味的气体排放率较低的保温材料。管道内保温材料表面应做好防止纤维或微粒脱落的处理,且表面不能老化。不应该选用可能变潮或受损的地方安装保温。对于损坏了的或受潮的绝热设备要立即进行维修或更换
基于二氧化碳的需求控制通风(DCV)	IEQ 的提高或降低在很大程度上取决于控制的参照条件和 DCV 的新风控制策略。对于那些室内人群集中、污染浓度较高的房间,IEQ 的提高效果很明显。只有在室内 CO_2 浓度超过设定值时,DCV 系统才供给室外新风,这样在居住者刚进入室内的几个小时里,可能会由于建筑物本身和家具而引起室内空气污染浓度的增加	在有人区域,若室内存在强污染源时,应避免采用基于 CO_2 浓度的 DCV 新风控制法;在入住前进行通风,可以降低非居住因素产生的污染物浓度;二氧化碳的测试取样点应能充分反映室内的 CO_2 浓度状况;更好的 DCV 控制策略是使新风供给量与室内 CO_2 浓度的变化率成正比,它取代了仅根据浓度控制的传统方式。应定期标定 CO_2 浓度传感器

续表

节能措施	对 IEQ 的潜在影响	IEQ 问题的预防和缓解
暖通空调系统节能措施		
置换通风（置换通风系统通常以改善 IEQ 为目标而提供全新风。在其他 HVAC 系统中，通常需要增加热回收装置以利于节能）	一般可降低室内呼吸区的污染物浓度。减少污染物从污染源向其他房间的传播。减少室内的热吹风感。由于较大的垂直温度梯度而可能增加热不舒适性。可能会增加从室外带进室内的污染物浓度，尤其会使臭氧和颗粒物这样的污染物在室内表面沉积下来并与之发生反应	参考与室外空气污染物有关的全新风系统的讨论。在设计置换通风系统时，应避免在送风口附近的气流短路现象，同时避免较大的气温梯度。只有在室内负荷低于 $40W/m^2$ 时，不带冷辐射板的置换通风设备才能高效率地发挥作用
利用可开闭的窗形成自然通风来代替空调	在某些气候条件下，由于在自然通风建筑里的人们能适应较大范围的热环境状况，因此比较容易接受室内热环境。而因为室内温湿度的升高，可能降低热舒适度。一般而言，居住在有自然通风和可开启窗户的房屋里的人们，很少患急性的综合症。当然，开窗可能使室外的噪声进入室内，从而降低室内声环境等级	建筑设计，比如大小、布局、新风入口、开口位置、以及遮阳，必须保证房间的各处都有良好的自然通风和热环境。一般来说，穿堂风是值得推崇的。可开闭的窗不应该设置在靠近室外污染源和噪声源的地方
对 HVAC 系统采取预防维修措施	预防维修措施有助于 HVAC 系统的正常运行，也能够节能并提高 IEQ。具体包括温湿度传感器的标定、空气过滤器的定期更换、确保风量、风压等控制系统的正常工作、进行风量平衡以保证合理的气流组织分布、清洁盘管和其他空调部件以减少气流阻力和系统内的污染源等	确保在预防维修时不产生石棉纤维（石棉多存在于机房和许多旧建筑中）
建筑围护结构的节能		
加强建筑围护结构的隔热保温	通常不对 IEQ 造成影响。保温能减少室内人员与建筑围护结构之间的辐射传热量，因此有利于 HVAC 系统更好地满足负荷需求，因而也有利于提高室内舒适度。当然，若保温材料中的纤维、胶粘剂等散发到室内或大量释放 VOCs 等，则可能增加人们患炎症的可能性	保证纤维隔热材料与室内空气隔绝。在安装绝热材料时尽量减少纤维和有害颗粒物的释放，并且在有人入住之前对房间进行彻底清洁。尽量采用较少释放 VOCs、尤其是没有气味的保温产品
采用浅色屋顶和墙壁以减少日射负荷	通常不对 IEQ 造成影响。因为能减少室内人员与围护结构之间的辐射传热量，因此有利于 HVAC 系统更好地满足热负荷需求，从而也有利于提高室内舒适度	无
采用节能窗	通过减少吹风感、减少室内人员与窗户之间的辐射传热量，可以提高室内热舒适度。减少窗户的凝水，从而减少微生物的滋生。此外，节能窗还能隔绝室外噪声	无

续表

节能措施	对 IEQ 的潜在影响	IEQ 问题的预防和缓解
建筑围护结构的节能		
减少建筑围护结构的空气渗透（安装防渗层等）	减少未经处理的空气的进入有助于提高室内热舒适度。减少空气渗透还可以防止室外噪声。减少围护结构的渗透还有助于 HVAC 系统对室内压力的控制。减少进入室内的室外或其他临近房间（如停车库）的污染物浓度。但如果围护结构中防渗层和隔汽层的位置不恰当，可能会导致结构内部的凝水现象，同时带来微生物滋生问题。室外空气渗入的减少可能会增加室内产生的污染物浓度，当然增加程度不大，尤其是在有充分的机械通风情况下	确保充分的机械通风或自然通风。应该在建筑围护结构温度较高的一面设置防渗层和隔汽层
减少室内发热量或通过围护结构的得热量		
采用光效高的照明和能效高的设备，以减少室内发热量。减少通过建筑围护结构的得热	如果这些节能措施使 HVAC 系统能够确保室内获得足够的冷量，将有助于提高室内热舒适度，反之，若室内没有足够的采暖系统，则将降低室内热舒适度。对于采用 VAV 系统的建筑，当室内温度较低时，则送风量将减少，因此新风量也将减少（详见关于 VAV 系统的讨论）。如果在降低负荷的同时不改变送风量，则由于盘管的除湿能力减弱而导致室内相对湿度升高。过量的制冷系统造成的水循环和控制问题也会引起种种不舒适感	利用控制系统保证进入 AHU 的风量不小于所规定的最小新风量。防止 VAV 控制风门完全关闭。在冷负荷范围内检测总的和局部的新风量和室内温度。检查并排除与过量制冷系统有关的各种控制问题

表 9-4 表明，在建筑节能和室内环境品质之间，是可以找到一个二者兼顾的管理办法的。最重要的是，在做能源管理或节能改造计划时，应把保证室内环境品质作为第一底线，而把资金量等因素放到靠后的位置。这样才能体现设施管理以人为本的服务宗旨。

第十章 建筑节能措施

建筑节能，首先是"建筑"的节能。因此，建筑节能首先应从设计做起。而设计中首先又应从建筑设计做起。在新建办公大楼中，理想的最大节能效果可以达到节能50%左右（与无任何特别的节能措施的大楼相比），其中建筑围护结构的节能潜力约有20%，建筑设备系统（特别是照明和HVAC）的节能潜力约30%。所以，国内外很多建筑节能设计标准，都把初期节能率目标确定在50%。围护结构的节能措施是基础。如果围护结构是不节能的，仅靠建筑设备系统很难在保证室内环境品质（IEQ）的前提下将系统能耗降下来。

如图10-1中，一幢同样建筑面积的建筑，由于体形系数（长宽比）不同而使全年空调负荷相差几乎20%。

在图10-2中可以看出，同样体形系数的建筑，由于朝向不同，其全年冷热负荷也可能会有10%以上的差别。

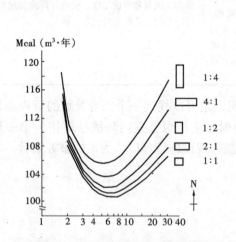

图10-1 体形系数对暖通空调负荷的影响

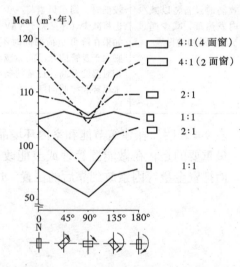

图10-2 建筑朝向对暖通空调负荷的影响

因此，对"先天"不足的建筑，要实现建筑节能是有相当难度的。建筑能源管理者往往面对的是已建建筑，生米已经煮成了熟饭。要对建筑结构做伤筋动骨的改造，需要较大的投资，节能效果较难准确地量化验证，投资回报期也很漫长。因此，除非是住宅建筑，一般很少用改动结构的办法进行节能改造。

那么，对于这种建筑设计有缺陷的大型公共建筑和商用建筑的节能，是不是就毫无办法了呢？这类建筑的节能还是有很多途径：1）可以采取局部改造的措施，例如，改用节能窗（玻璃）、安装遮阳设施等。2）尽管负荷大，但可以选择能效高的设备系统，或提高现有系统的能源效率，在保证负荷需求的前提下降低能耗。3）尽可能利用天然能源、"免费"能源，如自然通风、全新风、夜间冷却、太阳能等，减少不可再生能源（电力、天然气、燃料油）的使用。就是说，把建筑作为一个整体来优化，提高建筑整体的、综合的性能（Performance）。建筑围护结构的能耗高，可以通过其他技术措施来补偿，将最终的总能耗控制在相对比较低的水平上。因此，第九章中提及的能源管理合同，有时又称为"Performance Contracting"。

另一方面，从建筑综合性能的角度来看，有一些传统观念需要改变。过去习惯认为，只要围护结构采取了节能措施或选用了节能材料，就是节能建筑。评判节能建筑的惟一标准就是围护结构。这种思想体现在我们的节能宣传、甚至某些节能标准之中。的确，如本章前文所述，建筑物本体（尤其是围护结构）是建筑节能的基础。但最终是由建筑设备系统去消耗电力、消耗燃料的。举例来说，如果

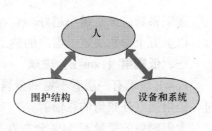

图10-3 建筑综合节能

建筑围护结构保温性能很好而采暖系统调节性能很差，会造成室内过热，居住者甚至不得不在严寒的冬天开窗降温。这时，可能围护结构保温越好，采暖能源浪费越大。

因此，建筑节能必须树立整体观念。把居住者、建筑物和设备系统统一起来进行研究，兼顾三者之间的相互关联和相互影响。如图10-3所示。

第一节 建筑围护结构——窗的节能

建筑围护结构主要由不开口部分（墙和屋顶）和开口部分（门窗）组成。其中节能潜力最大的是窗户。窗户是居住者与室外自然环境沟通、交融的主要通道，也是室内人工环境与室外自然环境的分界。在已建建筑物中，改变窗户的构造相对要容易一些。

从表10-1可以看出，窗户的热工性能与玻璃品种和窗框类型有密切关系。现将窗户的各项热工性能分别介绍如下：

(1) 日射得热系数（Solar Heat Gain Coefficient，SHGC）：通过窗进入室内的太阳辐射的比例。包括直接透过的日射，以及窗吸收日射后向室内的再放热。SHGC的数值在0~1之间。SHGC的数值越小，进入室内的太阳辐射热也越小。在夏热冬暖地区，SHGC最好在0.4以下；在寒冷地区则SHGC最好能大一些。

(2) 可见光透过率（Visible Transmittance，VT）：是一个光学特性，指明透过玻璃的可见光的量。VT是一个在0~1之间的数值。VT越高，透过的可见光越多。

(3) 传热系数（U-值）：窗的热损失量的大小用U-值表示。U-值是窗的隔热保温值（热阻）R-值的倒数。U-值的单位是W/($m^2 \cdot ℃$)。U-值越小，窗的隔热保温性能越好。在寒冷地区，U-值最好在0.35以下。低U-值在炎热季节也能起到隔热作用，但它的重要性不及SHGC。

(4) 空气渗透（Air Leakage，AL）：通过窗户上的缝隙形成的空气渗透会引起得热或热损失。AL是每平方米窗户面积通过的空气量（m^3/m^2）。AL值越小，通过窗户渗透的空气量也越少。一般推荐值是AL在0.1以下。

(5) 遮阳系数（Shading Coefficient，SC）：遮阳系数与日射得热系数在物理概念上正好

相反。它是以单层普通透明玻璃作为标准玻璃（我国取 3mm 普通平板玻璃多种产品的平均值），以标准玻璃的日射得热因数作为"标准值"，其他玻璃与之比较：

$$SC = \frac{实际窗玻璃的日射得热}{"标准"窗玻璃的日射得热}$$

遮阳系数应该是越小越好。

以上五个参数决定了窗户的热工特性。窗的节能技术就是对这些参数的改进。

一、低辐射（Low-E）玻璃

Low-E 玻璃有一层看不见的金属（或金属氧化物）膜，它可以让可见光频谱的日照透过，但阻挡红外频谱的热辐射。

太阳辐射的能量有 44％分布在可见光频段，49％分布在红外频段（即长波辐射或热辐射），还有 7％在紫外频段（即短波辐射）。

各种窗户的热工性能　　　　　　　　　　　　　　　　表 10-1

玻璃品种	铝窗框			木钢窗			塑料窗		
	传热系数 W/(m²·℃)	日射得热系数(SHGC)	可见光透过率	传热系数 W/(m²·℃)	日射得热系数(SHGC)	可见光透过率	传热系数 W/(m²·℃)	日射得热系数(SHGC)	可见光透过率
单层玻璃	7.38	0.74	0.69	5.05	0.63	0.69	5.05	0.63	0.69
单层镀膜玻璃	7.38	0.63	0.49	5.05	0.54	0.49	5.05	0.54	0.49
双层玻璃	有密封 3.63 / 无密封 4.60	0.63	0.59	2.78	0.57	0.59	2.78	0.57	0.59
双层镀膜玻璃	有密封 3.63 / 无密封 4.60	0.51	0.35	2.61	0.51	0.35	2.78	0.46	0.35
双层低辐射镀膜（Low-E)玻璃（高透明度），充氩气	有密封 2.67 / 无密封 3.80	0.61	0.55	1.87	0.52	0.55	1.87	0.52	0.59
双层光谱选择镀膜（Low-E)玻璃，充氩气	有密封 2.50 / 无密封 3.58	0.37	0.52	1.65	0.30	0.52	1.65	0.30	0.52
三层玻璃,充氪气	—	—	—	0.85	0.36	0.48	0.85	0.36	0.48

与普通透明玻璃相比，Low-E 玻璃可以反射掉 40％～70％的热辐射，但只遮挡 20％的

可见光。Low-E玻璃一般与普通玻璃配合使用。由一层Low-E玻璃和一层普通玻璃组成的双层中空窗，有很好的隔热保温作用。

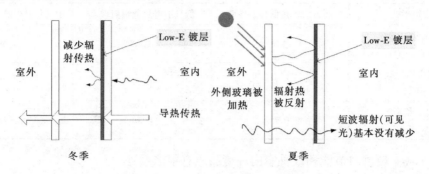

图10-4　Low-E双层窗的工作原理

图10-4表明了Low-E玻璃在冬季和夏季所起的不同作用。Low-E镀层是在双层窗内侧玻璃的外表面上。在冬季，室内温度比较高，Low-E层可以将长波热辐射反射回室内。在夏季，室外温度高，太阳辐射中也有一半是长波成分，Low-E层可以将室外长波热辐射遮挡掉。但它对可见光（短波辐射）基本没有遮挡作用，因此仍然可以利用昼光照明，减少电气照明负荷。因此，有时又把这种Low-E玻璃窗称为"频谱选择低辐射玻璃窗"。

图10-5是Low-E玻璃的结构示意。

从图10-4中可能会产生一些疑问：夏季在太阳辐射和室外高气温的共同作用下，外层玻璃被加热，由此产生的长波辐射被内层玻璃外表面上的Low-E镀层所反射。大量热量集聚在双层玻璃的夹层中，使其中的气体温度升高，通过内层玻璃的导热使热量传入室内。为解决这一问题，在不同气候区要选用不同的Low-E窗。在以采暖为主的地区，可以选用图10-4那样的Low-E膜在内层玻璃外表面上的形式，减少热损失，但增加太阳辐射得热。也可以选用用高温喷涂工艺镀膜

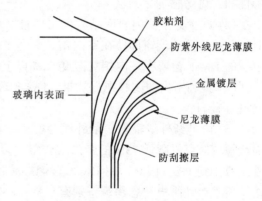

图10-5　Low-E玻璃的结构示意

的Low-E玻璃（又称为"硬"镀膜）。在以供冷为主的地区，应选用Low-E膜在外层玻璃内表面上的形式，将热辐射直接反射到室外。也可以选用采用喷涂工艺镀膜的Low-E玻璃（又称为"软"镀膜）。而在夏热冬冷地区（即采暖和供冷同样重要的地区），则应根据建筑设计和使用条件选择。比如在空调一班制或两班制运行（即夜间关机）的办公楼里，如果夏季夜间室外温度低于室内由于停机和蓄放热作用而升高了的温度，用双层窗反而会使室内热量难以通过热传导和夜间辐射作用散发到室外，从而加大第二天空调的启动负荷。根据计算，在上海地区内部发热量比较大、建筑蓄热量也比较大的办公楼中，用双层窗（普通玻璃）比用单层窗（普通玻璃）的空调日总负荷最多要大20%左右。因此，在夏热冬冷地区选择什么样的窗的形式，需要用能耗模拟软件做仔细的分析。表10-2为几种典型的适合不同气候条件的双层Low-E窗。

几种典型的适合不同气候条件的双层 Low-E 窗　　　　　表 10-2

地区特点	采暖为主	供冷为主	采暖和供冷并重
双层窗形式	高日射得热低辐射玻璃	低日射得热低辐射玻璃	中度日射得热低辐射玻璃
传热系数 U 值 [W/(m²·℃)]	1.7	1.48	1.48
日射得热系数 SHGC	0.71	0.39	0.53
可见光透过率 VT	0.75	0.70	0.75

采用 Low-E 玻璃对节能和改善室内环境品质有很多益处：

(1) 降低能耗费用。与单层普通玻璃窗相比，用双层内充氩气的 Low-E 窗的住宅建筑，可以节省约 40% 的采暖费用和 38% 的供冷费用。

(2) 提高室内热舒适性。冬季，假定室内温度为 21℃，当室外气温为 -6.7℃ 时，单层普通玻璃窗内表面温度为 0℃，而双层内充氩气的 Low-E 窗内表面温度为 16℃。如果表面温度与室内空气温度有 10℃ 以上的温差，室内居住者就会产生"冷辐射吹风感"。因此，在装有 Low-E 窗的房间里可以大大提高居住者的舒适感。反之，在夏季由于 Low-E 窗减少了进入室内的直射太阳辐射，窗内表面温度较低，就不会引起室内居住者的辐射不对称性和"烘烤感"。

(3) 减少冬季窗内表面结露的可能性。冬季当室内温度为 21℃、室外温度为 -6.7℃ 时，单层普通玻璃窗即使在室内相对湿度 10% 以下时也会结露（甚至结冰），而双层内充氩气的 Low-E 窗要在室内相对湿度 50% 以上才会结露。

(4) 提高室内照度和视觉效果。Low-E 玻璃只遮挡长波热辐射，而对可见光的透过几乎没有影响。

(5) 降低紫外线辐射。紫外线会引起室内地毯、绘画、艺术品、纸张和木器的褪色，而镀膜玻璃可以减低 75% 的紫外线辐射，多层镀膜玻璃或夹层镀膜玻璃甚至可将透过紫外线减少到 1%。因此，用 Low-E 玻璃加镀膜玻璃可以减少可见光的褪色作用。这对展览馆、美术馆和历史纪念建筑特别有意义。

(6) 减少暖通空调高峰负荷和设备容量。在典型的住宅建筑中，采用双层内充氩气的 Low-E 窗（塑料窗框）后，其夏季供冷高峰负荷可以比采用单层普通玻璃窗（铝窗框）的住宅减少 40% 以上。从而大大减少了装机冷量，也就减少了初投资。

二、单层、三层和四层玻璃窗

单层玻璃窗是人们所熟知的。它的传热系数大，是建筑围护结构中热工特性最薄弱的部件。但单层窗也可以采取一些节能措施。例如，青铜色和灰色玻璃可以减少太阳辐射，但同时也减少了可见光（见图 10-6）。这种有色玻璃又称为吸热玻璃。

此处所指玻璃的热工特性都是玻璃中间部位的测试值。在图 10-6 中，很明显，有色（吸热）玻璃的遮阳系数是 SC = 0.85。

除了有色玻璃之外，还有热反射玻璃。它是在玻璃表面镀膜，反射太阳辐射。由于热反射玻璃主要将太阳辐射的可见光部分反射到外界，因此它的主要作用是在夏季。但由于热反射玻璃吸收长波辐射热量，所以单层热反射玻璃仍会有热量通过传导方式进入室内。

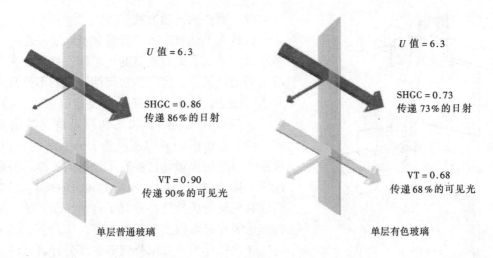

图 10-6　单层普通玻璃和单层有色玻璃

在使用热反射玻璃时，最好也是用双层中空的形式。另外，大量可见光反射到室外，虽然可以造成建筑物"闪闪发光"的景观，甚至像镜面一样反映出外界景物和蓝天白云，但同时也对环境造成热污染和光污染，并且减少进入室内的可见光。热反射玻璃不适合在寒冷地区使用。

三层窗和四层窗可以大大减少热损失。三层玻璃的木窗框 Low-E 窗比双层窗的热损失还要少 25%。一种典型的三层窗有三层玻璃，其中两层的表面上有 Low-E 镀层，在两个间层中充有氩气（12mm）或氪气（6mm）。

由于价格昂贵、窗的自重大，所以三层（特别是四层）窗应用不广泛。主要用于特别寒冷的地区。

三、中空玻璃

在双层玻璃之间充入干燥的空气，可以有效地降低窗的传热系数 U 值。一般来说，在同样的窗户结构条件下，空气间层越大，U 值越小。但当空气间层大到一定程度，U 值的降低程度会变小。例如，空气间层从 9mm 增加到 15mm，U 值降低 10%；而空气间层从 15mm 再增加到 20mm，U 值就只降低 2%。充入的空气必须干燥，以防止在空气间层的玻璃表面上结露。

为保证中空窗的热工特性，重要的措施是加强玻璃与窗框连接处（即窗的边缘处）的隔热隔湿处理。20 世纪 60、70 年代开始使用铝窗框，但铝是一种良导热金属，常在窗的边缘处形成冷桥。使得在玻璃上采取的节能措施（例如 Low-E）大打折扣。后来在窗框连接处采用了一系列密封措施（例如用硅胶发泡材料与固体吸湿剂），将窗框断面做成迷宫结构，有效地切断冷桥。还采用了导热系数小的金属材料制造窗框，例如不锈钢、玻璃钢和塑料。图 10-7 所示为典型的双层中空窗窗框结构。

在双层窗间层充入氩（argon）气或氪气（krypton）等惰性气体也可以有效地改善窗户的热工性能。氩是一种无毒、清洁、不活跃和没有气味的气体，价格也不贵。充氩气的间层的最佳厚度和空气一样，约在 11～13mm 之间。氪的热工性能更好，但价格比较高。因此主要用在对窗户厚度有限制的建筑物中。它的最佳厚度为 6mm。也有在间层中充入氩气和氪气的混合气体。

四、窗户的开启方式

自从人类建筑进入"舒适建筑"阶段之后,自然通风似乎成了低档建筑的代名词。特别是在高层或超高层建筑中,房间的密闭性、窗的不可开启成为通行做法。由于自然通风涉及建筑形式、热压、风压、室外空气的热湿状态和污染情况等诸多因素,设计有组织的自然通风是十分困难的。当然,现在的自然通风设计已经有了先进的工具,特别是计算流体力学(Computerized Fluid Dynamics,CFD)软件和能耗分析软件,并有了自动控制系统。使得自然通风设计可以实现趋利避害。

在高层建筑中如果外窗能够部分开启,将会大大提高居住者对室内环境的主观评价。这首先是在心理上满足了人们亲近自然的需求。根据清华大学在全国范围作的一次调查,除睡眠时间外任何时候都喜欢自然风的人占被调查者总数的75.5%;最喜欢自然风吹风方式的占88.3%;最喜欢有自然

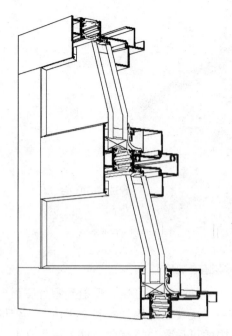

图 10-7 典型的双层中空窗窗框结构

风的凉爽环境的占93.4%;与有空调的凉爽环境相比,有84%的被调查者宁可呆在有点热但有自然风的环境下。同济大学在上海对高层办公楼做的主观和客观评价中发现,几乎同样的室内热环境,但有的大楼热环境的可接受率很高,而有的却很低。原因之一便是可接受率高的几幢楼的外窗是可以部分开启的。

在图10-8中给出几种常见的窗的开启形式。其中平开窗和双悬窗的一扇是固定的,另一扇可以平行移动。用另一扇窗开启面积的大小来调节自然通风量。这种窗的优点是在内外都可以设置遮阳帘,而外遮阳效果显然要优于内遮阳;缺点是窗的密闭性不好,冬季可能有更多的渗透风。另外三种开启形式都有较大通风面积,在关闭时密闭性较好。上悬窗和下悬窗更适合于高层建筑,既可以保证自然通风面积,又可以避免强室外风的影响。但这三种窗都是外开的,只能用内遮阳帘。

| 对开窗 | 上悬窗 | 下悬窗 | 双悬窗 | 平开窗 |

图 10-8 常用的窗的开启形式

建筑物开窗自然通风可以在过渡季节提供新鲜空气和降温,也可以在空调供冷季节利用夜间通风,降低围护结构和家具的蓄热量,减少第二天空调的启动负荷。实验表明,充分的夜间通风可使白天室温低2~4℃。但建筑物开窗自然通风也有一定风险:1)在超高层建筑中开窗不合理会造成紊流和强烈气旋;2)在高湿度地区和梅雨季节,如果将高湿度空气引入室内,会造成不舒适感、空气品质劣化,或反而加大空调除湿的负荷。3)我

国大城市由于以煤为主的能源结构、汽车尾气未得到彻底治理、大面积的建筑工地，以及近年来频繁出现的沙尘暴等原因，室外空气已经被污染。开窗通风有可能引入室内没有的污染物（例如花粉孢子、CO 和 SO_2），或加大室内污染负荷（例如颗粒物浓度）。因此，超高层建筑能否利用自然通风，要视建筑位置、主导风向、周围环境等因素而定。

五、外遮阳

外遮阳是最简便有效的减少夏季空调负荷的节能措施。有的建筑师生怕采用外遮阳后会破坏建筑立面。其实这种担心大可不必。布局合理、精心设计的外遮阳板其实更丰富了建筑外立面，成为建筑设计的一大亮点。常用的外遮阳板形式见图10-9。

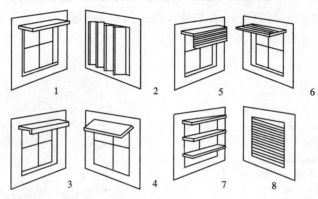

图 10-9 几种外遮阳形式

遮阳板的设计，首先是要起到遮挡夏季直射阳光的作用，还要考虑引入冬季直射阳光。图中的 1 是最常见的水平遮阳板。它的宽度可以根据当地夏至时的太阳投影角确定，使夏至日（太阳高度角最大）整个窗户面都处在阴影之中。而在冬季，由于太阳高度角小，所以阳光仍能照射到窗户面上。

图 10-10 中，VSA 是太阳投影角。夏至时 VSA 最大，使窗面完全处于遮阳板的阴影之中。

图 10-11 显示了一种新颖的建筑手法——外遮阳百叶。百叶的角度可以根据需要或根据太阳投影角而自动调整。百叶的叶片是用半透明材料制成，可以让散射阳光透过，起到昼光照明的作用。采用了外遮阳百叶的建筑立面非常"现代"，如果辅以玻璃幕墙，可以使建筑物外观晶莹剔透。既节能，又不影响建筑外观。

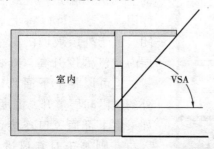

图 10-10 水平遮阳板宽度的确定

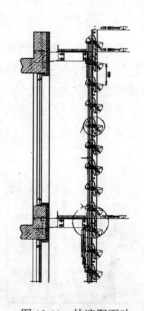

图 10-11 外遮阳百叶

六、通风窗和"呼吸墙"

有没有可能扬窗户之长,解决室内自然通风、采光和冬季保温,但又能避窗户之短,阻挡夏季太阳辐射、减少夏季传入室内的热量呢?

一种办法是所谓"通风窗(air flow window)"。即在双层窗的间层中加上百叶帘,间层下部有通风孔、上部连接排风管道和小型风机,靠风机动力使室内空调回风从下部进入间层,从上部排出(进入排风或回风管道)。间层中百叶角度的转动由一台步进电机驱动,由光电控制,可以根据日照强度调整百叶开启的角度。而空气间层中的热量则被吸入的空气带走。一方面降低了空气间层与室内的温差,减少通过内层玻璃向室内的传热;另一方面也降低了内层玻璃的表面温度,减少对窗边人员的热辐射,增加了舒适感。图10-12、图10-13给出了通风窗的结构示意。

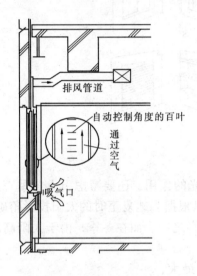

图10-12 通风窗结构示意　　　　　　　图10-13 通风窗

第二种办法是用所谓"呼吸墙",其英文名称为"double skin façade"。它其实也是双层或三层窗,只不过外层玻璃距内层(单层或双层)窗的间层距离较大,在50cm以上。外层玻璃是固定的,内层窗是可以开启或部分开启的。夏季,外层玻璃上、下部的通风口打开,室外空气通过下部通风口进入间层,由于热压作用沿间层上升,由上部通风口排出。气流一方面带走了间层热量,降低了间层内温度;另一方面内窗开启可以将室内温度较低的空气引出排走,起到自然通风的作用。冬季,可以将上下通风口关闭,由于外层玻璃的温室作用使间层内空气温度升高,减少室内散热量;也可以将上下通风口打开,室外新风沿间层上升,温度逐渐升高。如果将上部通风口连接到空调新风入口,则等于对新风进行了预热,可以减少新风加热的能耗。

图10-14 呼吸墙示意

从图10-14可以看出，呼吸墙有两种形式：一种是间层全楼贯通（如图10-15所示）。其优点是热压作用大，自然通风的作用明显；缺点是结构复杂，楼层间的支撑和通道都要采用一些特殊构件。另一种是以楼层为单位，各楼层之间是分隔开的（如图10-16所示）。其优点是建筑上处理比较简单，也比较容易实现；缺点是热压作用有限。

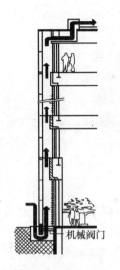

图10-15 全楼贯通的呼吸墙

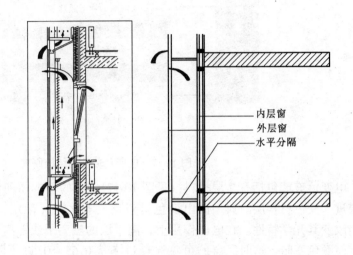

图10-16 两种按楼层分隔的呼吸墙形式

呼吸墙技术很好地解决了室内空气品质与建筑节能之间的矛盾，利用自然通风提供室内换气，同时又解决太阳辐射和开窗所引起的空调负荷的增加。这种技术为许多欧美建筑师所青睐。

七、"智能"窗

所谓智能窗，就是窗户在不同太阳辐射作用下，能自动地（非电作用）或通过自控（电作用）来改变遮阳系数，从而达到减少日射得热的目的。一般有以下两大类：

(1) 非电作用变色玻璃：

1) 光学变色材料。

自然界有许多有机和无机材料具有光学变色特性。但用作玻璃窗材料的只有两种，即金属卤化物变色玻璃和光学变色塑料。当阳光中的紫外线越强，这种光学变色材料就会变暗，减少可见光的通过、吸收热辐射。

2) 热变色材料。

热变色材料会随着温度变化而改变其光学特性。它的机理主要是受热引起的化学反应或材料的相变，从而改变颜色。热变色材料的相变使太阳辐射被散射或被吸收。

近年来迅速发展的纳米材料是十分有效的多波段光谱的吸收剂。用纳米材料制成的涂料涂覆在飞机外壳上就成为隐形飞机，可以吸收雷达电波；涂于玻璃表面，可使窗户随外界温度而变色，成为智能窗。

(2) 电作用变色玻璃：

1) 液晶玻璃。

液晶在电场作用下会改变其晶体的排列方向，电场越强，改变越大。现在惟一用作商用玻璃的是分散液晶。分散液晶又有针状液晶和胶状液晶两种。针状液晶在通电情况下晶体水平排列，玻璃变得透明；在断电情况下晶体竖直排列，玻璃吸收或散射太阳辐射。

2) 电变色玻璃。

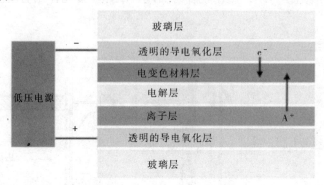

图 10-17　电变色玻璃的结构原理

电变色玻璃包括有7层材料（见图10-17）。它的基本原理是氢离子或锂离子通过电解质层进入变色材料层。典型的电变色材料是三氧化钨（WO_3）。变色材料层在有离子存在时会改变其光学特性。在电压作用下，离子层的氢离子或锂离子通过电解层注入变色材料层，使颜色变暗。这时，窗的可见光透过率从 0.65～0.50 下降为 0.25～0.10；遮阳系数 SC 则从 0.67～0.60 下降到 0.30～0.18。

电变色玻璃的特点是：
① 只需要很低的电压（1～5V）；
② 只在有遮阳需要时才通电；
③ 能连续调光；
④ 能消除日照中的99%的紫外线；
⑤ 由于电变色玻璃用直流电驱动，因此很容易实现开关控制、定时控制、光电控制等措施，因此称为"智能"窗也是名实相符的。

3) 电泳玻璃

电泳玻璃由两层玻璃组成。在玻璃面上有透明的导电涂层。在两层玻璃之间充满悬浮液，用悬浮装置将成百万黑色针状粒子自由地悬浮在液体中。当通电时，针状粒子带电后排列成直线，光线可以进入。一旦断电，这些粒子立刻成随机混乱的状态，阻隔了阳光。根据加上的电压的大小，电泳玻璃也可以连续调光。

八、解决昼光照明与日射得热之间的矛盾

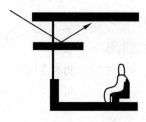

图 10-18　内外遮阳

利用天然光照明，可以营造较好的室内光环境，同时也可以减少电气照明的使用，降低照明能耗，也降低照明发热所带来的空调负荷。但另一方面，大量太阳辐射进入室内，又会增加日射得热。因此可以说，太阳辐射是一柄双刃的剑。解决昼光照明与日射得热之间的矛盾，是建筑节能的一个重要课题。

采用图10-18的内外遮阳结合的方式能很好地解决这个矛

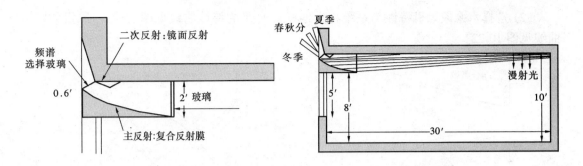

图 10-19 遮阳板的工作原理

盾。这种遮阳装置的工作原理见图 10-19。

遮阳板在室内伸出的宽度，要根据日射在任何季节的直射阳光都不能进入室内的原则来设计。遮阳板上方（相当于气窗位置）选择 Low-E 玻璃，只让可见光透过。经遮阳板面上的反射膜，将可见光反射到室内深处，利用屋顶的浅色表面形成均匀的漫射光。遮阳板下方的窗则可以采用内遮阳窗帘或百叶。也可以将遮阳板向外伸出，形成外遮阳装置。

图 10-20 外遮阳结合光伏电池

也有的建筑采用如图 10-20 那样，做成倾斜的外遮阳。并在其表面上安装光伏电池，将太阳辐射转换成电能供内区照明。

第二节 风机水泵节能

一、建筑物中风机水泵节能的一般措施

风机和水泵是几乎每幢建筑物中都有的通用机械设备。目前我国风机、水泵装机总功率达到 1.1 亿 kW，年耗电量约占全国电力消费总量的 30%。我国风机的系统平均运行效率为 30%~40%，而国际先进水平大于 70%。在办公楼空调系统中，风机水泵的能耗占空调总能耗的 2/3，占大楼总能耗的 31% 左右。因此，风机水泵不仅是全国的耗电大户，也是每幢大楼里的耗电大户。

现在在大楼中风机水泵存在的主要问题是：

(1) 为了压低初投资，所选用的风机水泵质量低，额定效率低于先进水平。

(2) 系统设计不合理，大马拉小车，有较大裕量。运行时风机水泵偏离性能曲线上的最佳工作区，运行效率比额定效率低很多。

(3) 输送管路的设计和安装不合理，管路阻力大，运行能耗加大。

(4) 管路水力不平衡，只能采取阀门或闸板调节流量，增加了节流损失。

(5) 维护保养不当，风机水泵经常带病工作，浪费了能源。

因此，建筑物中风机水泵的节能潜力很大。相对于技术复杂的制冷机等设备而言，风机水泵的改造比较容易，见效快。是建筑物能效管理中的重点。

风机水泵的一般节能措施有：

(1) 更新和改造，用高效率风机水泵替代原有的效率比较低的风机水泵。

（2）选择水泵或风机特性与系统特性匹配。水泵的特性曲线见图10-21，风机的特性曲线见图10-22。

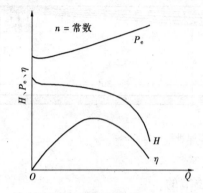

图10-21　某一转速下的水泵特性曲线

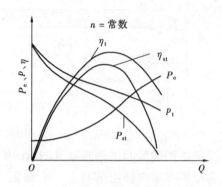

图10-22　某一转速下离心风机特性曲线

在图10-21中，在转速一定的条件下，水泵的扬程H、水泵的轴功率P_e、水泵机械效率η均随流量Q变化。从图中可以看出，水泵的效率先是随流量的增加而增加，在达到最高效率点后便随着流量增加而减小。在另一方面，管网的阻力与流速的平方成正比，从而也就与流量平方成正比。如果把管网特性也绘制在Q-H坐标中，可知这是二次曲线，即抛物线。

常用水泵有三种类型的Q-H曲线。第一种斜率比较大，是陡降型曲线；第二种有较长一段平坦区间，在这一区间流量增加扬程不增加或仅是略有增加，是平坦型曲线；第三种扬程随流量变化较大，是上升型曲线。如图10-23所示。

因此，水泵的选择和运行必须注意两点：1）管网特性曲线尽量通过效率的最高点；2）对于流动特性变化比较大的管网系统（例如空调水系统），应尽量选择平坦型特性的水泵。见图10-24。

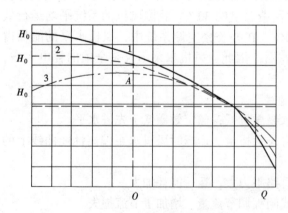

图10-23　离心泵Q-H特性曲线的不同形状
1—陡降的；2—平坦的；3—上升的

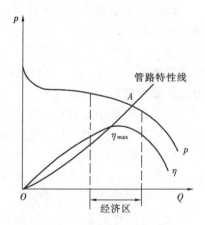

图10-24　泵或风机运行的经济区和工作点

离心风机特性曲线与水泵相似，但风机的参数有全压p_t、静压p_{st}、全压效率η_t、静压效率η_{st}、轴功率P_e（见图10-22）。

（3）在主要管路上安装检测计量仪表。例如，在水管路上安装电磁流量计或超声流量计，以及温度计等，结合楼宇自控系统，能够掌握水泵是否工作在特性曲线的经济区。

（4）切削叶轮、减小直径。如果所选水泵的流量和扬程远大于实际需求，最简单的方法就是减小叶轮的直径，从而减小轴功率。但是这种方法只适于扬程比较稳定的系统。

对同一台水泵，如果转速不变，其流量与叶轮直径的 3 次方成正比：

$$\frac{Q}{Q_0} = \left(\frac{D}{D_0}\right)^3$$

而水泵功率与叶轮直径的 5 次方成正比：

$$\frac{P}{P_0} = \left(\frac{D}{D_0}\right)^5$$

（5）调节入口导叶，从而改变水泵或风机的流量压力曲线。例如空调风机的入口导叶调节，是通过调节叶片角度，使吸入叶轮的气流方向变化，改变风机的性能曲线。入口导叶调节的调节范围较宽、所花代价小、有较高的经济性，并可实现自动调节，因此被广泛采用。

二、风机水泵的变转速节能

根据流体力学的相似原理，对同一台风机和水泵，其流量、压头（扬程）、转速和轴功率之间存在如下关系：

$$\frac{Q_1}{Q_2} = \frac{n_1}{n_2}; \quad \frac{p_1}{p_2} = \left(\frac{n_1}{n_2}\right)^2 \text{ 或 } \frac{H_1}{H_2} = \left(\frac{n_1}{n_2}\right)^2; \quad \frac{P_1}{P_2} = \left(\frac{n_1}{n_2}\right)^3$$

式中，Q 为流量，p 为风机压头，H 为水泵扬程，P 为功率，n 为转速。

由于转动流体机械的功率与转速成三次方关系，可知改变转速的节能潜力很大。图 10-25 给出离心风机几种变风量方式的节能效果。在图 10-25 中从下至上曲线依次是：变转速调节、入口导叶调节和出口风阀调节。在风量为 40% 时，变转速调节风机的轴功率只有额定风量下的 15%。

风机水泵实现转速调节的基本方法有机械和电气两种。机械调速方式基本上采用液力耦合器。液力耦合器调速装置的初投资较小，调速性能平滑，装置也较可靠，有一定的节电效果。

电动机的电气调速运行方式很多，大致可分为直流调速与交流调速两种。交流调速方式又可分为串级调速、变极调速、滑差电机调速、调压调速以及变频调速等几种方式。目前在建筑中应用最多的是变频调速（Variable Frequency Drive, VFD）。

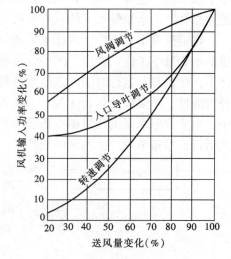

图 10-25 离心风机各种变风量方式的特性比较

交流异步电动机的转子转速 n 可用下式表示：

$$n = 60f/\rho \times (1 - s)$$

式中 f——电动机定子供电电源的频率；

ρ——电动机的极对数；

s——电动机的转差率。

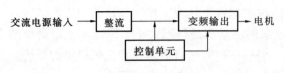

图 10-26 变频器的连接

从式中可见，当改变供电频率 f 时，电机转速 n 也随之改变。当转差率 s 变化不大时，电动机的转速 n 基本上正比于供电频率 f。改变 f 可以得到极大的调速范围，其调节的平滑性也很好。

变频器在风机水泵系统中的连接方法见图 10-26。

变频系统的控制模式有：1）压力反馈：根据管路中某一点的静压变化调节供电频率。例如变风量空调系统（VAV）中的定静压控制。2）流量反馈：根据管路中的流量变化调节供电频率。例如循环供热水系统。3）温度反馈：根据管路中流体温度变化调节供电频率。例如空调冷水系统中根据回水温度调节供电频率。

三、空调水系统的变流量节能

顾名思义，空调的定流量水系统的水流量不变。当室内空调负荷改变时，通过改变供回水温度差进行调节。系统末端的盘管用三通阀调节。如图 10-27，在满负荷条件下，三通阀的旁通支路关断，冷水通过盘管换热后通过三通阀的直通回路回到制冷机。而在部分负荷条件下，旁通支路打开，一部分冷水被"短路"，不经盘管直接混入回水，降低了回水水温，减小了水温差。这样，流经盘管的水量随负荷变化，而流经总管路的水量是不变的。就形成了定水量系统。

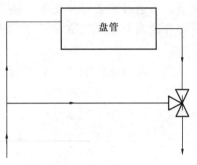

图 10-27 末端三通阀调节

在定流量水系统中，冷冻水泵的容量是按照建筑物最大设计负荷选定的，且在全年固定的水流量下工作。在全年的绝大部分时间内实际空调负荷远比设计负荷低，在定流量条件下，在大部分运行时间内定流量系统的供回水温差仅为 1~2℃，远小于设计温差。这种大流量、小温差的运行工况，大大浪费了冷冻水泵运行的输送能量。在变流量水系统中，由于冷冻水泵的流量随冷负荷的变化而调节，可以使系统全年以定温差、变流量的方式运行，尽量节约冷冻水泵的能耗。

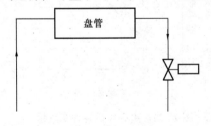

图 10-28 末端两通阀调节

而图 10-28 中，系统末端用两通阀。两通阀有两种：电动两通阀和电磁两通阀。前者可以随负荷变化调节进入盘管的水量；后者随负荷变化开闭，当室温未达到设定值时，两通阀开启，盘管达到设计流量；当室温达到或超出设定值时，两通阀关闭。对于盘管是双位调节。这两种方式都属于变流量水系统。

变流量水系统在水泵设置和系统流量控制方面也必须采取相应措施，才能达到节能目的。

水泵配置有两种方式：

（1）制冷机（或热源）与负荷侧末端共用水泵。称一次泵（Primary Pump）系统或"单式"系统。

在图 10-29 中可以看出，一次泵系统的末端如果用三通阀，则流经制冷机（R）或热源（H）的水量一定。如果末端用两通阀，则系统水量变化。为保证流经制冷机蒸发器的

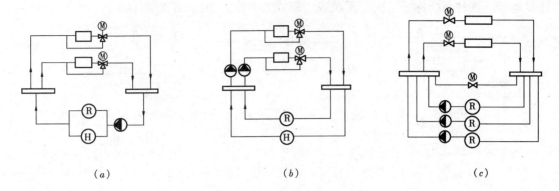

图 10-29　一次泵水系统
（a）一次泵定流量系统；（b）分区一次泵定流量系统；（c）一次泵变流量系统

水量一定，可在供回水干管之间设旁通管。

在供回水干管之间的旁通管上设有旁通调节阀。根据供回水干管之间的压差控制器的压差信号调节旁通阀，调节旁通流量。在多台制冷机并联情况下，根据旁通流量也可实现台数控制。

一次泵系统的台数控制有以下一些方式：

1）旁通阀规格按一台冷水机组流量确定。当旁通流量降到阀开度的10%时，意味着系统负荷增大，末端用水量增加，这时要增开一台冷水机组。反之，当旁通流量增加到90%时，停开一台冷水机组。

2）在旁通管上再增设流量计。当旁通流量计显示流量增加到一台冷水机组流量的110%时，停开一台冷水机组。旁通调节阀由压差控制，保证供回水管处于恒定压差。

3）在回水管路中设温度传感器。当回水温度变化时，根据设定值控制冷水机组的启停。

一次泵系统也可以在图10-29（a）的基础上直接采用变频控制的变流量水泵，实现变流量系统。由于没有旁通，负荷侧和冷水机组侧的水量都是变化的，因此必须考虑流量变化对冷水机组性能的影响。

第一，要避免冷冻水量减少过多，使蒸发器内水流速度过低，导致热交换不稳定，冷冻水出口温度产生波动，最终使整个系统运行不稳定。要保证蒸发器管内最小水流速在 0.3~0.9m/s。

第二，在有多台冷水机组并联工作的条件下，当一台机组达到满负荷而开启第二台机组时，会使第一台机组的冷水量迅速减少达30%~40%。如果机组冷量不变，其蒸发器的换热温差会迅速增加，导致蒸发温度（压力）降低，达到机组的蒸发压力保护点，机组的自动保护装置会将第一台机组强制停机。可以通过控制方法解决这一问题。其中一种控制方法是冷水机组和水泵的联动控制（CCP控制）。即当负荷变化时，水泵转速与冷水机组容量是同步调整的。冷水机组容量按与水泵功率（或水泵转速的3次方）成比例调节。

一次泵系统比较简单，初投资省。目前在中小规模空调系统中应用十分广泛。

（2）将水系统设为冷热源侧和负荷侧。冷热源侧用定流量泵，保持一次环路流经蒸发器的水流量不变；负荷侧（二次环路）可以采用变频水泵或定流量水泵的台数控制实现变流量运行。这种系统称为二次泵系统或"复式"系统，如图 10-30 所示。

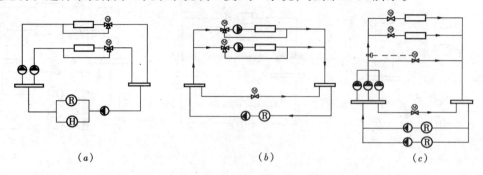

图 10-30　二次泵水系统
(a) 定流量水系统；(b) 分区供水定流量水系统；(c) 台数控制变流量水系统

在二次泵水系统中，负荷侧用两通阀，则二次侧可以用定流量水泵台数控制、变频变流量水泵，以及台数控制与变流量水泵结合，实现二次侧变水量运行。

二次泵系统有很多优点：比如在多区系统的各子系统阻力相差较大的情况下，或各子系统运行时间、使用功能不同的情况下，将二次泵分别设在各子系统靠近负荷之处，会给运行管理带来更多的灵活性，并可以降低输送能耗。在超高层建筑中，二次泵系统可以将水的静压分解，减少底部系统承压。但二次泵系统初投资较高，需要较好的自控系统配合，一般用在大型、分区系统中。

四、变风量系统的节能

在常规的全空气空调系统中，送风风量不变，而改变送风温度来适应负荷变化。在部分负荷工况下，定风量系统只能靠再热来提高送风温度。将冷却到露点温度的空气重新加热，造成冷热对消和能量的浪费。变风量系统是送风温度不变、以改变送风量来适应负荷变化。

变风量系统适应负荷变化是通过两级调节实现的。房间负荷调节的控制是由变风量末端（俗称变风量箱，VAV box）实现。通过电动或 DDC（直接数字控制）控制末端风阀的开度调节风量，或通过调节变风量箱中的风机转速来调节风量。空气处理装置（空调箱，AHU）的送风量则根据送风管内的静压值或末端风阀的开度值进行风机变转速调节。在部分负荷时，末端风量需求减少，空调箱的送风量也减少。空调箱的送风机应选用性能曲线比较平缓的机型，从而在风量减少时不至引起送风静压过快升高。

变风量末端的控制方式分为压力相关型和压力无关型两种。压力相关型的变风量末端结构简单，其风阀的开度受室温控制。送风量受入口风压的变化影响大，会对室温控制带来干扰。压力无关型变风量末端装置内设有风量检测装置，通过控制器，在送风温度恒定的情况下，送风量和室内负荷匹配，受入口静压变化的影响小。当室内负荷发生变化时，室内温控器输出信号改变风量控制器上风量的设定值，将改变值与实测风量进行比较运算，输出控制信号调节末端装置中风阀开度，使送风量与室内负荷匹配，以保证室温恒定。

如果在节流型变风量箱中增加一台加压风机，就成为风机动力型变风量箱（Fan Power Box）。按照加压风机与风阀的排列方式又分为串联型（Series Fan Power Box）和并联型

（Parallel Fan Power Box）两种。所谓串联型是指风机和风阀串联内置，一次风通过风阀调节，再通过风机加压，如图10-31所示。所谓并联型是指风机和风阀并联内置，一次风只通过风阀，而不需通过风机加压。

空调箱的送风量控制又可分为定静压和变静压控制两种基本形式。定静压控制的原理是：VAV Box根据室内负荷变化，调整末端出风量。出风量的变化引起系统管路中静压变化。在送风系统管网的适当位置（常在风管总长的2/3或3/4处）设置静压传感器。定静压控制的目标是保持该点的静压恒定，通过不断地调节空调箱送风机输入电力频率来改变空调系统的送风量。定静压系统运行控制状态点如图10-32所示，随送风量的变化风机的转速变化，降低了风机动力。

定静压控制方法在管网较复杂时，很难确定静压传感器的设置位置和数量，节能效果较差。

变静压控制的原理是：使具有最大静压值的VAV装置风阀尽可能处于全开状态为目的来进行控制，如图10-33所示。根据室内的要求风量（室温传感器的计算值）与实际送风量（风速传感器的计算值）进行比较，风量不足时尽可能开大阀门。即使具有最大静压值的VAV装置的要求风量仅为50%，也可以尽量使VAV Box处于全开状态（80%~100%）最大限度地开启阀门（减低风速）。其结果使得VAV Box的入口静压仅为设计值的1/4，大幅度地降低了系统静压。

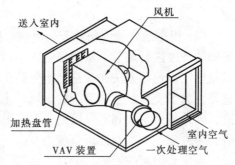

图10-31　串联型风机动力变风量箱

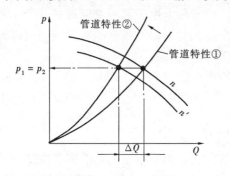

图10-32　定静压控制曲线

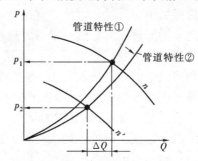

图10-33　变静压控制曲线

从图10-32和图10-33可以看出，在理论上，变静压控制的变风量系统要比定静压控制更节能。

但是，变风量空调系统从本质上说是负荷追踪型控制。它是在大面积建筑中，由于有内区和周边区的负荷差别以及不同朝向之间的负荷差别而发展起来的一种全空气空调系统。变风量空调系统通过改变各区域送风量来适应各区域的负荷差异。而变风量空调系统的新风供给是影响变风量空调系统环境性能的重要因素。合理利用新风，可以使变风量空调系统在节能的同时，能够保证房间内的空气品质；而新风利用如果不合理，一方面会造成变风量空调系统的能耗增加，另一方面可能会造成变风量空调系统内某些分区新风量不足，造成室内空气品质恶化。

变风量空调系统的最大特点是其送风量会随着室内负荷的变化而变化。送风量的变化又影响到空调箱内的压力状况，尤其是混合段的压力，最终会影响到系统的新风量。必须对变风量空调系统的新风量实施有效的控制，以保证变风量空调系统的新风量可以满足环境要求。

变风量空调系统的新风控制方式有：

(1) 设定最小新风阀位：指对新风阀设定一个最小开度阀位。实际上是沿用定风量空调系统的新风控制办法。然而研究发现，这种方法可以近似认为是固定新风比，即随着变风量空调系统送风量下降，新风量也相应下降。如果引起送风量下降的负荷减少不是因为人员数量变化，即室内要求新风量不变，则这种控制方式会造成新风量不足，引起 IAQ 问题。

(2) 根据送风量变化调节新风阀开度：指在变风量空调系统的送风量发生变化时对新风阀的开度进行调节，从而使送入室内的新风量不随送风量的变化而发生变化，即维持新风量恒定。这种方法在理论上十分简单，但在实际情况下却不一定能够保证新风量恒定。这是因为当变风量空调系统的送风量下降时，回风量也会相应下降，造成混合段的压力升高，导致新风入口到混合段的压差降低。这种情况下如果依靠增大新风阀开度来增加新风量，一方面，调节阀的调节能力有限，另一方面，新风量很容易受到系统边界条件如风口风压变化等因素的影响，会使实际新风量远远小于设计最小新风量，造成室内新风量不足，产生 IAQ 问题。

(3) 风机跟踪法控制新风量：利用送风量和回风量的差值间接控制新风量，一般常见于双风机系统。它根据送风管内静压来控制送风量，再根据送风量来控制回风量，使两者的差值保持恒定。这种方法在理论上是合理的，但实际上由于其测量原理是基于小量等于大量之差的原理，其必然后果是大量的一个较小的相对误差所带来的小量的绝对误差就会很大。例如一个变风量空调系统的送风量为 8000m^3/h，最小新风量为 2000m^3/h，如果送风量和回风量的测量误差各为 5%，则新风量的绝对误差为 700m^3/h，就是说，在送风量和回风量读数分别为 8000m^3/h 和 6000m^3/h 时，理论上新风量应该为 2000m^3/h，而实际上新风量可能是 1300m^3/h 到 2700m^3/h 中的任何值。一方面可能会造成系统能耗增加，另一方面可能会造成新风量不足，引起 IAQ 问题。

(4) 利用回风阀开度调节新风量：这种调节方法是指利用变风量空调系统的设计新风量与采用 CO_2 浓度法实测得到的新风量进行比较，并将其差值作为控制信号来调节回风阀，形成一个负反馈控制系统。当新风量实测值小于系统设计值时，则应关小回风阀，造成混合段的负压升高，新风入口到混合段的压差增大，新风量相应增大；反之，如果新风实测值大于系统设计值而系统又处于最小新风运行工况时，调节过程相反。这种方法避免了对新风阀的调节，利用回风阀来调节空调箱混合段的负压，保证新风量的恒定。

(5) CO_2 浓度监测控制法：利用室内 CO_2 浓度作为衡量新风量是否达到要求的参数，在一定 CO_2 浓度范围内对新风实行比例控制。例如，将 CO_2 浓度的上下限分别设为 600×10^{-6} 和 800×10^{-6}，当回风 CO_2 浓度位于这个区间内时，新风阀在最小新风阀位和全开之间进行调节；当回风 CO_2 浓度大于 800×10^{-6}，则维持新风阀全开；当回风 CO_2 浓度小于 600×10^{-6}，则维持最小新风阀位（一般为 30% 的开度）。这种控制方法适合于人员密度较大的场合。当人员密度较低时，如果根据 CO_2 浓度减小新风量，会造成对建筑部分的污染物稀释不足，引起 IAQ 问题。

（6）定风量风机控制法：在新风管路中加设一台定风量风机，使得新风量在送风量变化时不会受到影响，始终维持恒定。有的是将整个大楼的新风用统一的空调箱处理后送到各层面，有的是在每层新风管路加设定风量风机以维持新风量恒定。这种方法的不足是会增加系统能耗，同时在过渡季节无法利用新风免费供冷，不利于系统的节能。

（7）人员数直接控制法：直接测得每个楼面的实际人员数，根据人员数来决定实际需要的新风量。这种控制方法的优点是实现新风量的动态调节，在保证室内空气品质的前提下尽量节能。这种方法由于需要测量人员数的设备，投资较高；而且在人员数较少时同样也会造成对建筑污染物的稀释能力不足。

需要指出，如果对变风量空调系统的新风控制设计不当，变风量系统（尤其是末端带风机的串联式 FPB 系统）不但不节能，甚至比常规的风机盘管＋新风系统更耗能。图 10-34 表明，串联型末端带风机的 VAV 系统其实是最耗能的。图中风机盘管＋新风的系统 1 是常规设计；系统 2 是由新风承担室内湿负荷、风机盘管干工况运行，这样可以保证良好的室内空气品质、没有微生物生长的凝结水，同时能耗也不高。

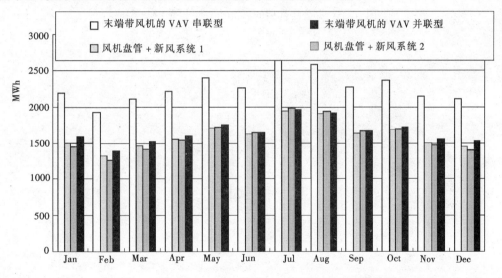

图 10-34　用 DOE-2 模拟得到的几种空调系统的月能耗比较

另一方面，变风量系统很难实现全新风运行。在 2003 年春夏之交突发的非典型性肺炎（SARS）流行期间，建设部、卫生部和科技部于 2003 年 5 月 16 日颁布了《建筑空调通风系统预防"非典"、确保安全使用的应急管理措施》，其中要求"以循环回风为主，新、排风为辅的全空气空调系统，在疫情期内，原则上应采用全新风运行，以防止交叉感染"。但是，目前国内少量高档办公楼采用的变风量空调系统，一般都是将新风（CAV）送入楼层空调机房，通过楼层 VAV 空调箱与回风混合后送入室内（见图 10-35）。这样的系统是没有可能实现全新风运行的。因此，在《上海市防治传染性非典型肺炎期间安全使用空调技术建议》中，针对 VAV 系统提出如下运行建议：

（1）将 VAV 控制模式调整至固定（最大）新风模式。

（2）将 VAV 末端控制模式调整至定风量（最大风量）模式。部分负荷时关闭冷水阀，如果房间过冷，采用手动模式局部调整风量。

(3) 增加房间排风量。可以开窗的房间，将窗户部分打开。必要时加大排风机功率或开启排烟风机。

(4) 开启楼梯间消防加压风机，将楼梯间门打开，以增加新风量。

可以看出，这些建议措施是在出现突发性卫生事件时的不得已的措施。也说明 VAV 系统的环境功能比较差。

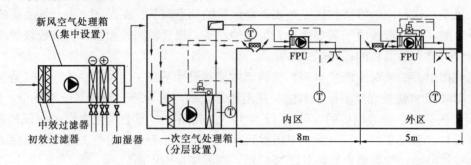

图 10-35　办公楼常用的风机动力型末端 VAV 系统

第十一章 热电冷联产和分布式能源

第一节 热电冷联产和分布式能源

建筑节能的中心要义是提高能源使用效率。这其中当然也包括一次能源的使用效率。而热电冷联产（Combined Cooling, Heating & Power；CCHP）就是一次能源利用率非常高的一项技术。

一、热电联产和建筑热电冷联产（BCHP）

从工业革命以来，电力工业一直发展大机组、大电厂和大电网。因为发电机组容量越大，发电效率越高，单位千瓦的投资越低，发电成本也越低。由于长期以来电力工业的主体是以煤作为燃料的火力发电，因此大型电厂可以降低煤耗、集中处理污染。但也正因为这样的"大集中"模式使发电过程中排出的热量无法得到充分利用，被白白地排放到大气中；再加上输电过程中的线路损失，就使得终端使用电力的一次能源效率很低（见图11-1）。

图 11-1 大型电厂的一次能源效率

以图11-1为例，假定末端的大楼里用一台 COP = 2.5 的电力驱动风冷热泵机组采暖，那么这台风冷热泵的一次能源效率（按热量计）约为 $2.5 \times 30\% = 75\%$。而现在一台好的锅炉的效率也可以达到80%。在单位热量的投资上，锅炉与电厂是不可同日而语的。

在传统电厂的基础上发展起热电联产（Cogeneration，或 CHP，Combined Heating & Power），即把电厂排热的一部分回收，并通过热网输送给用户，从而大大提高了一次能源效率（见图11-2）。

热电联产按其供热网规模的大小，又可分为：

(1) 大型区域热电联产（DHP，District Heating and Power） 一般由大型热电厂向城镇范围供应蒸汽或高温热水，管网半径可达 5~10km。由于大型电厂的输电线路都是区域间（甚至全国和国际）联网的，所以很难区分出其供电半径。其发电能力都在 10~100MW 以上。

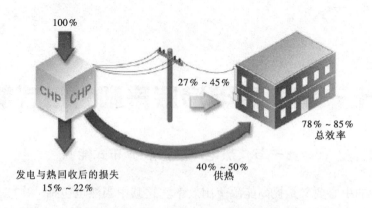

图 11-2　热电联产的一次能源效率

(2) 小型区域热电联产或热电冷联产（DCHP，District Cooling Heating & Power）　一般由中小型热电联产机组向一个区域（如住宅区、工业商业建筑群或大学校园）供应蒸汽或高温水用于工艺或采暖。有时在热电站直接利用热能，通过吸收式制冷机产生空调冷水、通过余热锅炉产生低温（<100℃）热水、或用直燃型吸收式冷热水机组同时产生冷水和热水，再通过管网供应给用户。其发电能力在 1~10MW 之间。发出的电力在目前中国的电力体制下不允许上网，而在欧洲则鼓励 DCHP 的电力上网，电力公司还会向 DCHP 的所有者付费，作为大电网的补充。为了消化掉不能上网的电力，也会采用电力驱动制冷机，供热电站内部空调使用，或者也供应给用户。

(3) 建筑（楼宇）热电冷联产（BCHP，Building Cooling Heating & Power）　一般以小型或者微型热电联产机组，加上直燃机、吸收式制冷机或余热锅炉，直接向建筑物（或小规模建筑群）内供电、供冷、供热（包括供应生活热水）。其发电能力用于住宅的从 10kW（或以下）级到 100kW 级，最近日本还开发了 1kW 级家庭用热电联产设备，用于大型楼宇的也有 1MW（或以上）级。BCHP 有时又被称为三联供（Trigeneration）或四联供。BCHP 有较高的能源效率（见图 11-3）。由于建筑物空调负荷和电力负荷的多变性，多余电力又不能逆潮上网，因此 BCHP 的难点在于确定恰当的热电比以及最佳的运行控制。本书主要介绍 BCHP 技术。

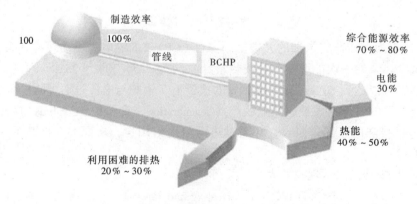

图 11-3　建筑热电冷联产（BCHP）的能源效率

1999 年美国政府提出发展建筑热电冷联产的行动纲领。其战略目标是，2005 年建立

200个示范点；2010年有20%的新建商用建筑采用热电冷联产；2020年有50%的新建商用建筑和15%的已建建筑采用热电冷联产。

我国政府历来鼓励发展热电联产，在《大气污染防治法》、《节约能源管理暂行条例》、《节能技术政策大纲》、《节能法》等法律法规中都明确提出要鼓励发展热电联产。原国家计委、国家经贸委、建设部、国家环保总局于2000年8月22日印发了《关于发展热电联产的规定》（计基础[2000]1268号），以促进热电联产在新形势下的健康发展。我国北京市已把发展区域热电冷联产列入2008年奥运会能源建设和结构调整规划之中。在几位院士的积极倡导下，北京奥运会的部分场馆设施将应用BCHP系统。

从图11-3可以看出，建筑热电冷联产是把传统的二次能源（电、热力）的输送变为将一次能源直接输送到楼宇。这表明BCHP应用的前提是城市能源结构的转变。如果我国城市仍然保持过去以煤为主的能源供应格局，那么实施BCHP只会造成大气污染的遍地开花。为了彻底改善我国东部城市的大气环境质量、实施西部大开发的发展战略，我国政府制定了宏伟的西气东输规划，将西部地区丰富的天然气源源不断地输送到东部地区。

20世纪90年代，全球温暖化问题和全球环境问题引起世界各国学者、政治家和环保主义者的高度重视。1997年12月1~11日，《联合国气候变化框架公约》的第三次缔约方会议（简称COP3）在日本京都举行。经过与会150个国家代表激烈的辩论，达成了一份《京都议定书》。明确了发达国家和"经济转轨国家"减少CO_2排放量的具体目标。

以煤为主的能源结构是不可能实现CO_2的减排的，除非以牺牲发展速度为代价。为了实现可持续发展，世界上许多有识之士提出能源革命的思想，提出以氢能源替代碳能源，从根本上解决CO_2排放、全球温暖化和全球环境问题。这将是新世纪中人类面临的一场重大变革。

国际著名学者、美国世界观察研究所高级副总裁克里斯托福·弗莱文在1999年发表了一篇题为《21世纪的能源》的论文，系统地阐述了新的能源革命的思想。归结他的主要观点是：

（1）新能源革命是伴随着新技术革命诞生的，电子技术、材料科学和生物工程都属低耗能技术，并为能源革命提供了强有力的技术支持。

（2）新能源革命是以可再生能源（风能、太阳能和水力能）和氢能源替代碳能源。在可再生能源和可控核聚变能够形成商业化应用规模（这一过程可能需要50~100年）之前，应首先利用二氧化碳排量低、其他污染物排量几乎为零的天然气。

（3）新能源革命又是以能源供应分散化为标志的。利用天然气可以实现热电冷联产和无燃烧的燃料电池（Fuel Cell）技术。按弗莱文的说法，此举对发展中国家特别有利。这恰如移动电话技术一样，由于基础设施的投资相对较低，使发展中国家的通信事业一下子跨越了几十年。

（4）以节约资源、环保和可持续发展为理念的新能源革命对21世纪的影响正如同计算机对20世纪的影响。

因此，自20世纪90年代以来，国际上已经出现了能源结构优质化的趋势。天然气正继煤炭和石油之后，成为第三大商品能源。

由于天然气的主要组分是甲烷等低碳烷烃，在无碳能源尚未成为大规模商品能源之前，天然气是最清洁的能源。因此，利用天然气实现热电冷联产是改善区域环境质量、保护地球环境和节能的重要措施。

二、分布式供电

能源供应的分散化和非集中化是新能源革命的重要内涵。分布式能源系统（DER, Distributed Energy Resources）是国际上正在迅速发展的技术。DER 主要指分布式供电（Distributed Power），指功率为数千瓦至兆瓦级的中、小型模块式独立发电装置，直接安置在用户近旁或大楼里面。分布式供电主要用以提高供电可靠性。可在电网崩溃和意外灾害（例如在地震、暴风雪、恐怖分子袭击和战争）情况下维持重要用户的可靠供电。它特别适合于组成分布式的热电联供或热电冷联供系统，与服务器/终端的关系类似。DER 形成所谓"第二代能源系统"。即：在一次能源上，以气体燃料为主（包括：天然气、煤层气、地下气化气、沼气等），可再生能源为辅，利用一切可以利用的资源；在二次能源上，以分布在用户端的热电冷联产为主，其他分布能源技术为辅，实现能源梯级利用。同时依靠现有电力系统和大电网设施进行补充和支持；在环境保护上，将污染资源化，争取实现零排放的目标；在管理体系上，实现智能化和信息化，现场无人职守，通过社会化服务体系和计算机网络提供设计、安装、运行、维修和管理的一体化支持。用户端的热电冷联产系统通过低压电网和冷、热水管网实现互联，保证能源供应的可靠。

由于分布式能源紧靠用户，因此现在一般把它作为 BCHP 或至多是 DCHP 的统称。分布式能源系统对于用户来说，其优点在于：优化整合了建筑能源供应系统（见图 11-4）；有可靠的不间断电源保障；由于实现能源的梯级利用可以大大降低运行成本；同时能改善室内环境品质。分布式供电的主要动力和能源见表 11-1。

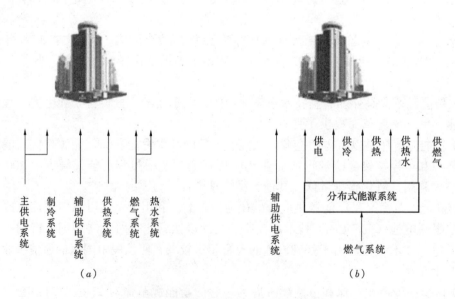

图 11-4　建筑能源供应系统的优化整合*
（a）常规能源供应；（b）分布式能源系统

---

*　资料来源：中国能源网，http://www.china5e.com

主要的分布式供电方式　　　　　　　　　表 11-1

发电动力	能源种类	发电动力	能源种类
内燃机 外燃机 燃气轮机 微型燃气轮机 常规的燃油发电机 燃料电池	化石燃料	太阳能发电 风力发电 小水电 生物质发电	可再生能源
		氢能发电	二次能源
		垃圾发电	一般废弃物

三、热电联产系统的性能评价

热电联产是用同一种一次能源产生机械能和可利用的热能的综合过程。机械能可以用来驱动发电机，也可以直接驱动某些机械设备，例如泵和压缩机。热能可以用来制热，也可以用来制冷。主要的制冷装置是吸收式制冷机，它可以通过热水、蒸汽或排气来运行。传统的火力发电装置在运行（发电）过程中，大量热量通过冷却循环（例如蒸汽的冷凝、冷却塔、柴油发电机的水冷装置）或排气被排放到大气中。而热电联产将这些排放的热量回收利用，将原来发电和供热两个分离的过程合而为一，大大提高了能源的利用率（图11-5）。

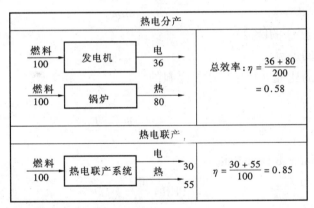

图 11-5　热电联产的效率

在研究热电联产（热电冷联产）技术之前，必须要定义一些指标参数。这些参数可以展现系统的热力学性能，并且易于在不同系统之间进行比较。因此，这些参数是设计和管理热电冷联产系统的基础[*]。其中最重要的有以下几个参数：

（1）原动机的效率：

$$\eta_m = \frac{W_S}{H_f} = \frac{W_S}{m_f H_u} \tag{11-1}$$

式中　W_S——原动机的轴功率；
　　　H_f——系统消耗的燃料功率（燃料能量流）；
　　　m_f——燃料的质量流量；

---

[*] 引自欧洲热电联产联盟：The European Educational Tool on Cogeneration, Second Edition, December 2001

H_u——燃料的低位热值。

(2) 电效率：

$$\eta_e = \frac{W_e}{H_f} = \frac{W_e}{m_f H_u} \tag{11-2}$$

式中　W_e——系统的净电功率输出，即系统自身设备消耗的电力已经被减去。

(3) 热效率：

$$\eta_{th} = \frac{Q}{H_f} = \frac{Q}{m_f H_u} \tag{11-3}$$

式中　Q——热电联产系统有用热能输出。

(4) 热电联产系统的总效率：

$$\eta = \eta_e + \eta_{th} = \frac{W_e + Q}{H_f} \tag{11-4}$$

很多文献都是根据上式来定义热电联产的总效率。实际上根据热力学第二定律，热的能量品质要低于电的能量品质，并随着应用温度的降低而降低。例如，热水的热品质显然要低于蒸汽的热品质。因此，直接把电效率和热效率相加是不合适的。在比较不同的热电联产系统时，仅根据上式的能效率容易引起误导。在评价能效率时应该采用㶲效率：

$$\zeta_{th} = \frac{E_Q}{E_f} = \frac{E_Q}{m_f \varepsilon_f} \tag{11-5}$$

式中　E_Q——对应于 Q 的能流；
　　　E_f——燃料的㶲流；
　　　ε_f——燃料的比㶲（每单位质量燃料的㶲）。

(5) 总㶲效率：

$$\zeta = \eta_e + \zeta_{th} = \frac{W_e + E_Q}{E_f} \tag{11-6}$$

(6) 电热比（Power to Heat Ratio）：

$$\mathrm{PHR} = \frac{W_e}{Q} \tag{11-7}$$

电热比的倒数是热电比，我国习惯上用热电比。

(7) 燃料节能比（Fuel Energy Saving Ratio）：

$$\mathrm{FESR} = \frac{H_{fS} - H_{fC}}{H_{fS}} \tag{11-8}$$

式中　H_{fS}——在分别产生电（W_e）和热（Q）时的燃料的总功率；
　　　H_{fC}——热电联产系统产生同样量的 W_e 和 Q 时的燃料功率。

从节能的目的出发选择热电联产系统，就必须有 FESR > 0。

从上述式（11-2）、式（11-3）、式（11-4）和式（11-7）可以推导出下述方程：

$$\eta = \eta_e \left(1 + \frac{1}{\mathrm{PHR}}\right) \tag{11-9}$$

$$\mathrm{PHR} = \frac{\eta_e}{\eta_{th}} = \frac{\eta_e}{\eta - \eta_e}$$

在系统电效率已知的条件下，用上述两个公式可以有助于确定可接受的电热比值。但是在任何情况下，总效率都不可能超过90%。例如，设 $\eta_e = 0.40$，$0.65 \leq \eta \leq 0.90$，可以得到 $1.6 \geq \text{PHR} \geq 0.8$。

必须指出，在为某一特定用途选择热电联产系统时，电热比 PHR 是主要特性参数之一。

用一个效率为 η 的热电联产系统取代一台效率为 η_W 的发电机和一台效率为 η_Q 的产热设备，可以证明其节能率为

$$\text{FESR} = 1 - \frac{\text{PHR} + 1}{\eta \left(\dfrac{\text{PHR}}{\eta_W} + \dfrac{1}{\eta_Q} \right)} \tag{11-10}$$

得出

$$H_{fS} = H_{fW} + H_{fQ} = (m_f H_u)_W + (m_f H_u)_Q \tag{11-11}$$

$$H_{fW} = (m_f H_u)_W = \frac{W_e}{\eta_W} \tag{11-12}$$

$$H_{fQ} = (m_f H_u)_Q = \frac{Q}{\eta_Q} \tag{11-13}$$

脚标 W 和 Q 分别表示单独产电（即一台发电机）和产热（即一台锅炉）。

例如，用一个总效率 $\eta = 0.80$ 和电热比 PHR $= 0.6$ 的热电联产系统取代一台效率为 $\eta_e = 0.35$ 的发电机和一台效率为 0.80 的锅炉，可以计算出 FESR $= 0.325$，即热电联产系统可以减少总能耗 32.5%。

同样我们也可以计算热电联产系统的全年效率。把式（11-4）中的方程改写为：

$$\eta_a = \frac{W_{ea} + Q_a}{H_{fa}} \tag{11-14}$$

式中　W_{ea}——热电联产系统全年生产的电力；

　　　Q_a——全年生产的热能；

　　　H_{fa}——全年所消耗的燃料能。

热电联产系统的性能取决于建筑负荷和环境条件。另一方面，所生产的能量形式的利用程度受到系统设计、系统运行策略（运行控制）以及能量的生产与使用之间的匹配的影响。因此，全年效率等综合指标往往比瞬时的和名义上的指标更为重要，它们能更好地反映系统的实际性能。

四、建筑热电冷联产的形式

适于应用热电冷联产的建筑物有：

1）区域供冷供热；

2）旅馆酒店；

3）医院；

4）休闲娱乐中心和游泳池；

5）大学校园和学校；

6）机场空港；

7）商店、超市和购物中心；

8）办公楼；

9）独立式住宅和公寓。

热电联产所产生的热量主要用于建筑物的生活热水供应、建筑空调和采暖、洗衣设备、干衣机，以及游泳池的水加热。表 11-2 给出不同类型建筑物的电力负荷需求范围。

建筑物典型的电力负荷范围　　　　　　　表 11-2

建筑	电力负荷（kW）	建筑	电力负荷（kW）	建筑	电力负荷（kW）
餐馆	50~80	酒店	100~2000	学校、大学	500~1500
公寓楼	50~100	医院	300~1000	办公楼	500~2000
超市	90~120	购物中心	500~1500		

现在在建筑中常用的热电联产动力机有以下几种形式：

1）微型燃气轮机（Micro Turbine）；
2）燃气（或燃油）发动机（内燃机）；
3）斯特林（Strling）发动机（外燃机）；
4）燃料电池。

以下分别介绍建筑热电冷联产中的主要动力装置。

五、建筑热电冷联产的主要动力装置

1. 微型燃气轮机（Micro Turbine）

燃气轮机是以连续流动的气体为工质带动叶轮高速旋转，将燃料的能量转变为有用功的内燃式动力机械，是一种旋转叶轮式热力发动机。燃气轮机的工作原理是：叶轮式压缩机从外部吸入空气，压缩后送入燃烧室，同时将气体或液体燃料喷入燃烧室与高温压缩空气混合，在定压下进行燃烧。生成的高温高压烟气进入燃气轮机膨胀做功，推动透平叶轮带着压气机叶轮一起高速旋转，乏气排入大气中或再利用。燃气透平在带动压气机的同时，尚有余功作为燃气轮机的输出机械功。

燃气轮机的主要结构有三部分：燃气轮机（透平或动力涡轮）、压气机（空气压缩机）和燃烧室。燃气初温和压气机的压缩比，是影响燃气轮机效率的两个主要因素。

燃气轮机自 20 世纪 40 年代问世以来，由于战争的需要而得到长足的发展。早期的燃气轮机是把每分钟几万转的燃气轮机经减速齿轮减速后驱动负载（如发电机），而且小型单循环的燃气轮机效率低，无法与内燃机媲美。直到 20 世纪 90 年代才出现不用减速齿轮而由燃气轮机直接驱动高速交流发电机，再将高频电流变频为 50/60Hz 的燃气轮机发电机组。这样便大大简化了结构，而且省去润滑系统，利用空气轴承或磁悬浮轴承提高了机械效率。在燃气轮机上采用回热器，利用排气预热从压气机中出来的高压空气，提高了燃烧室的燃烧效率。小型燃气轮机重新得到广泛应用。人们把单机功率范围为 25~300kW 的小型燃气轮机称为微燃机，将微燃机与发电机组合成一体的机组称为微燃机发电机组（Micro Turbine Generator，MTG）。图 11-6 是一台 28kW 的微燃机发电机组结构示意图。

MTG 的优点是：

1）发电效率高。带回热的机组效率为 26%~30%；不带回热的机组效率为 17%~20%。这一效率与小型柴油发电机组相当。
2）尺寸小、重量轻。单位重量仅为柴油发电机组的 1/3。
3）振动小、运行平稳、安装灵活。
4）不需要润滑油，从而减少了维护工作量，降低了维护费用。

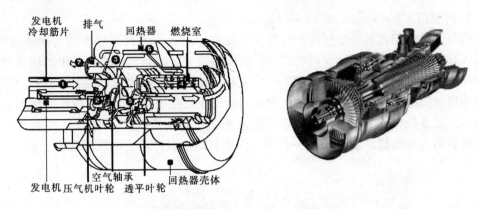

图 11-6 微型燃气轮机发电机组结构示意图

5) 噪声低。距机组 10m 远处噪声水平仅为 65dBA，因此可以在建筑物内使用。

6) 机组工作寿命长。运动部件寿命平均为 40000 小时，额定状态下运行寿命可达 10 年。

7) 污染物排放量低。氮氧化物的排放，在催化燃烧时可以低于 9ppm，在一般燃烧时低于 25ppm。

8) 适用于多种气体燃料和液体燃料。既可以燃烧各类可燃气体，又能随时切换为另一种液体燃料。这对于用户的供能安全是非常有意义的。

MTG 的主要问题在于设备费用偏高，目前约为 750～900 美元/kW。但由于其维护成本低，因此其寿命周期成本还是有竞争力的。表 11-3 为微燃机的发展趋势及其与内燃机的比较。

微燃机的发展趋势及其与内燃机的比较[*]　　　　　表 11-3

	年代	功率范围 (kW)	发电效率（%）		设备费用（美元/kW）		维护费用（美分/kWh）	
			低	高	低	高	低	高
回热的 MT	2000	25～300	30	30	750	900	0.5	1.0
	2005	25～300	33	36	500	700	0.3	0.5
	2010	25～1000	38	42	400	600	0.1	0.2
无回热的 MT	2000	25～300	17	17	600	720	0.5	1.0
	2005	25～300	20	23	400	560	0.3	0.5
	2010	25～1000	23	30	320	480	0.1	0.2
小型内燃机	2000	50～300	24	33	500	750	1.5	2.0
	2005	50～300	26	35	450	700	1.3	1.7
	2010	50～300	26	37	400	650	1.0	1.3
大型内燃机	2000	300～1000	28	37	400	600	0.7	1.5
	2005	300～1000	29	41	375	550	0.6	1.3
	2010	300～1000	30	47	350	500	0.5	1.0

[*] 引自赵士杭：新概念的微型燃气轮机的发展，燃气轮机技术，Vol.14, No.2, 2001 年 6 月

2. 内燃机（Gas Engine 或 Diesel Engine）

燃气内燃机将燃料与空气注入气缸混合压缩，点火引发其爆燃作功，推动活塞运行，通过气缸连杆和曲轴，驱动发电机发电。回收热量主要来自于内燃机排出的烟气和汽缸套的冷却水。燃烧后的烟气温度达到500℃以上、汽缸套冷却水可以达到110℃，再加上空气压缩机和润滑油冷却水中的热量，可以回收用于热电联产。燃气内燃机的优点是发电效率较高，设备投资较低，缺点是余热回收复杂，余热品质较低。图11-7所示为一种燃气内燃机驱动的发电机。表11-4为一种燃气内燃机热电联产装置的性能参数。

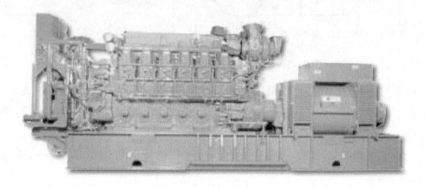

图11-7 一种燃气内燃机驱动的发电机

一种燃气内燃机热电联产装置的性能参数 表11-4

发电机额定输出功率（kW）	110	190	350	519	1025	2400	3385
发动机转速（r/min）	1500	1500	1500	1500	1500	1000	1000
涡轮压缩机压缩比	8.0:1	11.6:1	9.7:1	12.5:1	11.0:1	9.0:1	9.0:1
最小进气压力（Pa）	0.11	0.11	0.11	0.11	0.11	3.02	3.02
能量消耗（低热值）（MJ/hr）	1451	2073	3758	5044	10810	23925	33381
天然气耗量（m³/hr）	41.6	59.4	107.7	144.6	309.9	685.9	957.0
废烟气排量（m³/hr）	418	904	1278	2509	4815	37472	51928
废烟气温度（℃）	540	415	450	453	445	450	446
废烟气排热量（MJ/hr）	263	382	616	1166	2199	5438	7445
废烟气含氧量	0.5	8.5	4	10.2	8.2	12.3	12.2
缸套冷却水出口温度（℃）	99	99	99	99	99	88	88
缸套冷却水排热量（MJ/hr）	594	612	1350	936	2937	2218	2986
中冷器进口温度（℃）	54	32	32	32	32	54	32
中冷器/润滑油排热量（MJ/hr）	18	97	83	216	695	1462	2366
发电热效率（%）	27.29	33.00	33.53	37.04	34.14	36.11	36.51
供热效率（%）	54.27	47.37	49.07	41.36	48.55	34.30	34.50
总热效率（%）	81.56	80.36	82.60	78.40	82.68	70.41	71.01
热电比（%）	199	144	146	112	142	95	95

3. 外燃机

1816年，苏格兰的R·斯特林发明了外燃机（又称热气机）。它是一种外燃的闭式循环往复活塞式热力发动机，又被称作斯特林发动机（Stirling engine）。在热气机问世后的几十年内，由于受当时条件的限制，其功率和效率都很低，从而被晚发明半个世纪的内燃机所淘汰。但到了20世纪后半叶，新材料和新工艺使外燃机重获新生。1960年以后，现代外燃机得到长足的发展。

外燃机按斯特林循环工作。图11-8所示为一种新型外燃机，用氢气作为工质（也可以用氮、氦或空气等作为工质）。这种外燃机在四个封闭的气缸内充有一定容积的工质。气缸一端为热腔，另一端为冷腔。工质在低温冷腔中压缩，然后流到高温热腔中迅速加热，膨胀作功。燃料在气缸外的燃烧室内连续燃烧，通过加热器传给工质，工质不直接参与燃烧，也不更换。

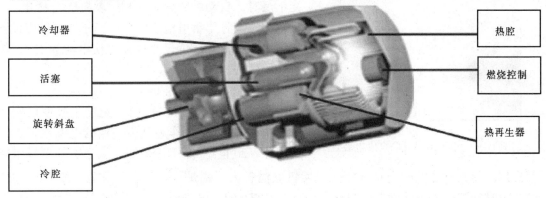

图11-8 外燃机结构示意图

外燃机可以燃烧各种可燃气体，如天然气、沼气、石油气、氢气、煤气等。也可燃烧柴油、液化石油气等液体燃料，甚至可以燃烧木材和利用太阳能。只要热腔达到700℃，设备即可作功运行，环境温度越低，发电效率越高。

外燃机有下列优点：

1）避免了传统内燃机的振爆作功问题，可以实现高效率、低噪声、低污染和低运行成本。

2）发电效率高，25kW级机组的发电效率为29.6%，大大高于同容量的内燃机和燃气轮机。

3）出力和效率不受海拔高度影响，非常适合于高海拔地区使用。

4）将外燃机燃料燃烧发电后的余热用于供热和生活热水的机组为热电联产型。一台25kW的外燃机，其250℃的烟气可以产生55℃热水，至少可以供热44kW。完全可以满足500~1500m² 的建筑采暖。如果用于供应热水，每小时可以供应947kg 60℃热水。

5）可以实现模块化配置，单台独立使用或多台联用，适应不同规模的能源需求。

6）环保性能好，外燃机燃烧后的烟气可以达到欧洲5号排放标准。

7）在距设备1m处，外燃机的噪声为68dB，而燃气轮机是75dB以上，内燃机是100dB以上。

表11-5是一种25kW外燃机组的性能。

一种外燃机热电联产机组的性能			表 11-5
发电输出功率（kW）	25	功率输出总量（kW）	69
效率（%）	29.6	热电总效率（%）	81.7
供热功率（kW）	44	转速（r/min）	1800
供热效率（kW）	52.1	尺寸（长/宽/高）(cm)	201/76/107
燃料消耗量（MJ）	304.05	大修周期（h）	50000

图 11-9　太阳能-燃气联合发电装置

利用外燃机的特性，可以将多面反光镜聚焦在外燃机的热腔，利用太阳的能量加温热腔发电，发电功率达到20kW。图 11-9 中的太阳能-燃气联合发电设备可以自动跟踪太阳旋转。在太阳落山后或阳光不足时，自动关闭热腔，利用燃料燃烧发电，一机两用，节省了蓄电池投资，提高了能源供应设备的利用效率。其造价仅为硅晶光伏电池的1/3，投资效益极好。

4．燃料电池（Fuel Cell）

燃料电池的原理早在 19 世纪前半叶便已发明了。20 世纪 60 年代作为航天飞船的电源逐渐走向实用化，20 世纪 60 年代末期又从宇宙开发技术转为民用。与其他热电联产系统相比，燃料电池省去了锅炉、燃气轮机和发电机等中间环节，由燃气、石油等化学能经过电化学反应直接转化为电能。近二三十年来，由于全球范围一次能源的匮乏和保护地球环境问题的突显，各国都在着力开发利用新的清洁能源。燃料电池由于具有能量转换效率高、对环境污染小等优点而受到世界各国的普遍重视。有专家认为，燃料电池技术在 21 世纪上半叶在技术上的冲击，会类似于 20 世纪上半叶内燃机所起的作用。

燃料电池发生电化学反应的实质是氢气的燃烧反应。它与一般电池不同之处在于燃料电池的正、负极本身不包含活性物质，只是起催化转换作用。所需燃料氢（或通过甲烷、天然气、煤气、甲醇、乙醇、汽油等石化燃料或生物能源重整制取的氢）和氧（或空气）则由外界输入。因此，燃料电池是一种把化学能转化为电能的装置。燃料电池的构成与一般电池相似，都是由正负电极和电解质所构成，但一般的电池只是一个能量储存装置，所能产生的电能受到其最大容量的限制，当其所储存的所有的化学反应物都消耗光了之后，它也就停止发电了。对于可充电的电池，其内部的反应物在释放了所有能量之后，能够被外部的电源充电再生，再次反应产生电能。而燃料电池实际上是一个能量转换装置，原则上，只要燃料和氧气源源不断地输入，它就能够连续发电。

英文"Cathode"应理解为正极（空气电极）、而"Anode"为负极（燃料电极）[*]。在燃料电池的反应中，负电子由负极流到正极，电流则从正极流向负极。这里特别指出，在国

---

[*] 引自 Volker Hartkopf，潘毅群，吴刚，Rohini Brahme：固体氧化物燃料电池在建筑冷热电联产中的应用，暖通空调，2003 年（1）

内某些文献中，把燃料电极（Anode）译作为正极（阳极），而把氧化剂电极（Cathode）译作为负极（阴极），是不正确的。

水在电解反应中负极产生氢气，正极产生氧气：

负极： $$2H^+ + 2e^- \longrightarrow H_2$$

正极： $$H_2O \longrightarrow \frac{1}{2}O_2 + 2H^+ + 2e^-$$

总的反应式是： $$H_2O \longrightarrow H_2 + \frac{1}{2}O_2$$

如果在水的电解反应中停止直流电源供电，就会引起电解反应的逆反应。氧气和氢气反应，生成水的同时也会产生电。如果由外界不断地提供氢气和氧气就能持续地发电，这就是燃料电池。

负极： $$H_2 \longrightarrow 2H^+ + 2e^-$$

正极： $$\frac{1}{2}O_2 + 2H^+ + 2e^- \longrightarrow H_2O$$

总的反应式是： $$H_2 + \frac{1}{2}O_2 \longrightarrow H_2O$$

图 11-10 所示为燃料电池工作原理。

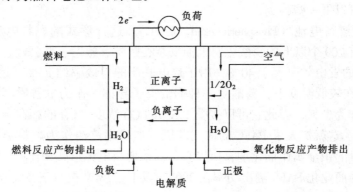

图 11-10 燃料电池工作原理

与其他热电联产方式相比，燃料电池具有下列优势：

1）效率高　一般来说，燃料电池的发电效率比其他的分布式发电装置（如内燃机、燃气轮机等）高 1/6~1/3。现有的燃料电池的以低热值（LHV，Lower Heating Value）定义的发电效率在 40%~55% 之间，这样的发电效率在现有的分布式发电系统中是最高的。

2）清洁无污染　燃料电池是名符其实的清洁能源。它对燃料的要求很高，有些燃料电池只能用氢气，有些燃料电池虽然能够用天然气，但必须脱硫。而其内部发生的电化学反应的产物往往只有水蒸气和热空气。因此，如果不考虑在燃料改制过程中的污染物排放，燃料电池可以做到"零排放"。

3）安静无噪声　燃料电池靠电化学反应发电，其内部没有任何运动部件，因此燃料电池本体不会发出任何噪声。如果尽量减低其辅助动力装置（如水泵）的噪声与振动，则燃料电池系统在运行时的噪声和振动也能够非常低。

4）排热的再利用价值高　燃料电池的排热非常清洁，基本上就是水蒸气和热空气。高温燃料电池（如固体氧化物燃料电池 SOFC）的排热温度很高，可以实现热量的梯级利用,因此其可利用价值很高。

5) 在建筑物中使用方便 燃料电池的发电效率不随规模的变化而变化,也就是说几千瓦级的燃料电池的效率与几兆瓦级的燃料电池的效率完全一样。燃料电池的发电出力由电池堆的出力和电池堆数决定,燃料电池厂家可以提供几种标准的燃料电池模块,根据实际需要进行组合。

但是,燃料电池也有下列的缺点:

1) 价格昂贵 燃料电池的价格是其他的分散式发电系统(内燃机、燃气轮机)的2~10倍。目前最先进的燃料电池系统的价格相当于太阳能发电系统的价格。

2) 维护比较专业 燃料电池的维护与其他的发电装置有很大的不同,目前这方面的专业维护人员非常缺乏。燃料电池发生故障之后,往往只能运回生产厂家进行维修,还无法做到现场更换电池堆。

3) 燃料要求高 燃料电池对燃料非常挑剔,因此往往需要非常高效的过滤器,并且要经常更换。

4) 燃料电池目前还处于研发阶段,还不能做到规模化生产。市场上已有的一些产品进入商业化的时间还很短。

燃料电池有以下一些种类:

(1) 磷酸型燃料电池(Phosphoric Acid, PAFC)。这种形式的燃料电池现在已经商业化。全世界已有200个以上的磷酸燃料电池安装在医院、旅馆、办公楼、学校、空港和电厂等处。PAFC的发电效率大于40%,用于热电联产的总效率约85%。运行温度在150~200℃范围内。在较低温度下,磷酸是一种弱的离子导体,作为电解质。它优势还在于可以使用非纯氢作为燃料,因此它可以接受1.5%的CO浓度(CO的存在会使提纯氢的催化剂铂金属中毒)。这就扩大了PAFC的应用范围。如果用汽油作为燃料必须进行脱硫。但正因为它用昂贵的铂金属作催化剂,所以它与其他燃料电池形式相比产生的电流和功率都比较低。现有的商业化PAFC输出功率在200kW以下。1MW机组正在实验之中。

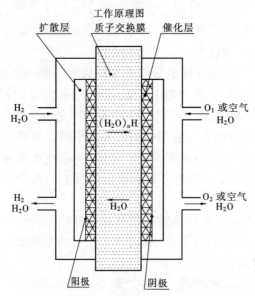

图 11-11 质子交换膜燃料电池工作原理

PAFC 的反应式为:

负极: $H_2 \longrightarrow 2H^+ + 2e^-$

正极: $\frac{1}{2}O_2 + 2H^+ + 2e^- \longrightarrow H_2O$

总反应: $H_2 + \frac{1}{2}O_2 + CO_2 \longrightarrow H_2O + CO_2$

(2) 质子交换膜燃料电池(Proton Exchange Membrane, PEMFC)。这种电池可以在相对低的温度下产生较高的功率,能够适应迅速变化的电力需求,特别适合电动汽车的应用,也可以用于建筑,可以替代可充电电池。质子交换膜是用聚四氟乙烯(Teflon)材料制成的薄片,可以让氢离子通过。在膜的两边镀有非常精细的合金粒子(通常是铂金属)作为活跃的催化剂。其电解质是固态的高分子磺酸材料,可以减少腐蚀问题。送到正极的氢原子在催化作用下释放出电子而成为氢离子(质子)。电子以电流形式通过电路到达负极,氧气则送到负极。同时,质子通过电解质膜扩散到达负极与氧反应生成水,完成整个过程,如图 11-11 所示。这种燃料电池对氢的纯度十分敏感,输出功率在 50~250kW 之间。

PEMFC 排热温度较低,为 70℃左右,因此在热利用上有所限制。目前主要作为汽车动力电源在进行开发。作为建筑供电及余热供暖系统,正在进行运行试验的有 250kW 的发电系统。

其反应式如下:

负极: $H_2 \longrightarrow 2H^+ + 2e^-$

正极: $\frac{1}{2}O_2 + 2H^+ + 2e^- \longrightarrow H_2O$

总反应: $H_2 + \frac{1}{2}O_2 \longrightarrow H_2O$

(3) 熔融碳酸盐型燃料电池(Molten Carbonate,MCFC)。这种燃料电池用液态的锂、钠或钾碳酸盐作为电解质。它的电效率高达 60%,热电联产效率 85%,工作温度为 650℃。这样高的运行温度是为了电解质能有足够的导电性。由于这样高的温度,就不需要用贵金属作催化剂,简化了处理过程。到目前为止,MCFC 已经用氢、一氧化碳、天然气、丙烷、沼气和煤层气作燃料成功地进行了实验,其功率为 10kW~2MW。熔融碳酸盐型燃料电池的高运行温度成了它的一个优点,表明 MCFC 可以有较高的效率、可以适应各种类型的燃料和比较便宜的催化剂,因为在高温下能更快地打破碳氢燃料中的碳链。但高温也会加速腐蚀和电池元件的损坏。

MCFC 的反应式为:

负极: $H_2 + CO_3^{2-} \longrightarrow H_2O + CO_2 + 2e^-$

正极: $\frac{1}{2}O_2 + CO_2 + 2e^- \longrightarrow CO_3^{2-}$

总反应: $H_2 + \frac{1}{2}O_2 + CO_2 \longrightarrow H_2O + CO_2$

(4) 固体氧化物燃料电池(SOFC)。SOFC 是极有发展前景的一种燃料电池。固体氧化物通常采用固体氧化锆和少量钇制成的陶瓷材料取代液态电解质,工作温度可以达到 1000℃。其发电效率可以达到 60%,热电联产效率可以达到 85%,功率输出为 100kW。有一种形式的 SOFC 是金属陶瓷管排列成的管束,如图 11-12 所示。单体直径为 2.2cm,长为 150cm,开路电压为 0.9~1V。在 1000℃ 的工作温度、85% 的燃料利用率和 25% 的空气利用率的条件下,单体燃料电池能够产生 200W 的直流电。

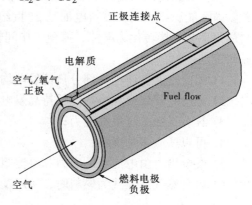

图 11-12 管式固体氧化物燃料电池

这也是目前最先进的 SOFC 技术。这种形式的 SOFC 已经非常接近商品化。已经有 220kW 的产品。

SOFC 的反应式是:

负极: $H_2 + O^{2-} \longrightarrow H_2O + 2e^-$

正极: $\frac{1}{2}O_2 + 2e^- \longrightarrow O^{2-}$

总反应: $H_2 + \frac{1}{2}O_2 \longrightarrow H_2O$

(5) 碱性燃料电池（Alkaline，AFC）。这种燃料电池长期在航天工程中使用，发电效率可以高达 70%。在美国阿波罗飞船中用 AFC 提供电力和饮用水。它的工作温度为 150~200℃。碱性燃料电池用氢氧化钾的碱性水溶液作为电解质。在碱性电解质中正极反应更快，也就意味着它具有高性能。目前对商业应用来说碱性燃料电池还太贵，但一些公司正在探索降低成本和提高运行适应性的途径。其输出在 300W~5kW 之间。

碱性燃料电池的反应式为：

负极： $H_2 + 2(OH)^- \longrightarrow 2H_2O + 2e^-$

正极： $\frac{1}{2}O_2 + H_2O + 2e^- \longrightarrow 2(OH)^-$

总反应： $H_2 + \frac{1}{2}O_2 \longrightarrow H_2O$

将以上归结为表 11-6。

燃料电池分类及其主要特性　　　　表 11-6

	低温燃料电池			高温燃料电池	
	PEMFC	AFC	PAFC	MCFC	SOFC
电解质	质子可渗透膜	氢氧化钾溶液	磷 酸	锂和碳酸钾	固体陶瓷
适用燃料	氢、天然气	纯氢	天然气、氢	天然气、煤气、沼气	天然气、煤气、沼气
氧化剂	空 气	纯氧	空 气	空 气	空 气
运行温度	85℃	120℃	190℃	650℃	1000℃
发电效率	43%~58%	60%~90%	37%~42%	>50%	50~65%
适用范围	汽车、航天	航 天	建筑热电冷联产、集中热电联产		
总价格（包括安装费用，美元/kW）	$1400	$2700	$2100	$2600	$3000

燃料电池被称为是继水力、火力、核能之后第四代发电装置和替代内燃机的动力装置。国际能源界预测，燃料电池是 21 世纪最有吸引力的发电方式之一。燃料电池能将燃料的化学能直接转化为电能，避免了中间转换环节上的能量损失。在建筑中应用具有以下一些特点：

1) 无论是满负荷还是部分负荷发电均能保持很高效率；
2) 无论装置规模大小均能保持高发电效率；
3) 具有很强的过负载能力；
4) 可以适应多种燃料；
5) 发电出力由电池堆的出力和电池组数决定，因此机组的容量灵活；
6) 以天然气和煤气为燃料时，NO_X 及 SO_X 等排出量少，环境相容性好。

第二节　热电冷联产的系统形式

一、电力系统

热电联产的供电方式应根据系统与大电网（市电）供电的联系方式决定，有以下四种形式[*]：

---

[*] 引自新日本空调株式会社：コージエネレーションの計画

1. 独立回路方式

热电联产的发电电力通过独立的回路供电，与市电回路分开，一般用来供应特定的负荷设备，作为一个不间断电源（UPS）。如果其电力有余，也可以通过切换开关，作为高峰负荷供电或作为市电停电时的备用电源。这种供电方式一般用在规模较小的系统中，要将电力负荷分成发电专用、受电专用和发电/受电切换三部分。在发电专用负荷不工作时，发电机停止运行。发电/受电切换负荷用切换开关转为使用市电（见图11-13）。

2. 单母线主回路方式

热电联产的发电与市电受电共用一根母线，并联运行。发电部分作为电力负荷削峰或作为市电停电时的备用电源之用。这种方式一般用于中等规模的系统。并联运行方式对发电品质（频率、电压）要求很高，必须与市电保持一致，同时还需设置防止电力逆潮进入市电网的装置。图11-14所示为单母线主回路方式。

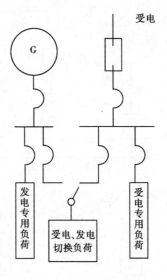

图11-13 独立回路供电方式

3. 带母线联络断路器的单母线方式

这种方式从本质上说也是并联运行方式。但由于在两个回路之间加了断路器，所以在需要时也可以分开成两个独立回路。一般用于大规模系统。它也需要将负荷分为发电负荷和受电负荷两部分。图11-15所示为带母线联络断路器的单母线方式。

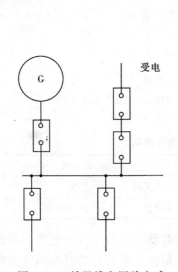

图11-14 单母线主回路方式

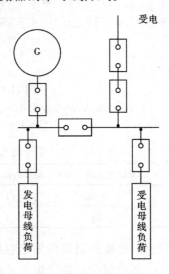

图11-15 带母线联络断路器的单母线方式

4. 双母线方式

发电和受电各自有单独的母线。负荷侧的进线分别来自两条母线，可以根据负荷管理的需要由两条母线供电。两母线之间设有联络断路器，在市电停电时可自动切换，从而保证供电安全。一般也用在大规模系统中。如图11-16所示。

215

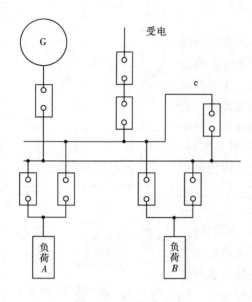

热电联产发电机的运行方式有两种模式（如图11-17所示）：

(1) 受电电力一定。热电联产产生的电力作为市电的补充和削峰之用。要求发电机组有较好的调节能力，追踪电力负荷的变化。而产生的热量不稳定，给用热调节带来困难。

(2) 发电电力一定。热电联产的发电机组以最大出力运行。这种模式又可分为：1) 发电电力削峰运行；2) 发电电力作为建筑的基本负荷常时运行。后一种模式对于排热利用运行十分有利，可以提高系统的经济性。

在从市电切换到发电或从发电切换到市电时，不可避免地要发生瞬时电压波动和瞬间停电，可能会造成建筑内各种用电设备的损害。

图11-16 双母线方式

各种电气设备对电压降有一定的容许时间（见表11-7），因此选择的切换开关或断路装置必须满足降压允许时间的要求。

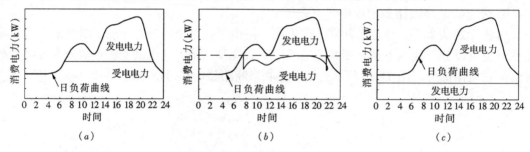

图11-17 发电机运行模式
(a) 受电电力一定，发电电力调峰；(b) 发电电力一定，发电电力调峰；
(c) 发电电力一定，发电电力作为基础负荷

若干电气设备电压降允许时间　　　　　　　　　　　　　　　　表11-7

	允许电压降（%）	持续时间（s）		允许电压降（%）	持续时间（s）
电脑	10~20	~1	半导体开关元件	20	0.25~1.5
电磁接触器	50	~1	高压水银灯	20~30	~1

在考虑设置热电联产机组的发电容量时，需要对受电电力（合同电力）和发电电力做技术经济分析，以确定合适的发电量。以往的做法是在全年各月各时刻的电力负荷中以最大的电力负荷为基准决定合同电力。电力公司有一个供电容量界限的规定。以上海市电力公司为例，这一规定为：

1) 客户用电设备容量在350kW以下或最大需量在150kW以下的，采用低压三相四线380V供电。

2) 客户受电设备总容量在6300kVA以下的采用10kV供电。

3) 客户受电设备总容量在6300~40000kVA的采用35kV电压供电。

4）客户受电设备总容量超过 40000kVA 的，采用 110kV 及以上电压供电。

假定某大楼的电力总装机容量为 7000kW，那么按规定就要采用 35kV 供电，变压器容量、供电设备等级都要提高一挡，初投资增加。如果配置 1 台 1000kW 的热电联产机组，使市电需求降到 6000kW，则可以采用 10kV 供电。对降低供电初投资是有利的。即热电联产起到"避高"作用。但还有一些因素必须通盘考虑：

1）35kV 与 10kV 供电的贴费不一样，10kV 的要贵一些。上海这二者分别是 220 元/kVA 和 290 元/kVA；

2）35kV 与 10kV 供电的日常电度电价不一样，10kV 的也要贵一些。

3）35kV 与 10kV 供电的基本电价（按变压器容量计算［元/kVA·月］和按最大需量计算［元/kW·月］）是一样的，对 10kV 供电有利。

4）高压供电的稳定性和安全性比较好。

5）热电联产作为削峰供电运行，在时间上难以与余热利用（即大楼的热负荷）匹配。而如果没有稳定的热负荷，热电联产的效益很难发挥。

因此，在决定方案时，一定要做详尽的可行性研究，特别是将电力和热力的负荷分布搞清楚。

二、热利用系统

在建筑热电冷联产系统中，热利用系统是重要环节。在民用建筑中，利用排热的主要是空调采暖设备和给排水卫生设备。其利用形态见表 11-8。

建筑热电冷联产排热利用形态 表 11-8

排热回收形态		排热利用目的					
		空调设备				卫生设备	
		供冷用冷水	采暖用热水	蒸汽		供热水	蒸汽
				采暖用	加湿用		
热水	低温水 (80~85℃)	·单效吸收式制冷机 ·吸附式制冷机	·换热器板式 ·螺旋管式	—	—	·热水储槽加热 ·给水预热	—
蒸汽	低压 (1kg/cm²)	单效吸收式制冷机	·换热器管壳式	直接利用	直接利用	·热水储槽加热 ·给水预热	直接利用
	高压 (8kg/cm²)	双效吸收式制冷机	·换热器管壳式	直接利用（减压到 2kg/cm²）	·直接利用（减压到 2kg/cm²） ·干蒸汽加湿器	·热水储槽加热 ·给水预热	·直接利用 ·蒸汽加热器

热电联产系统的热利用的一个重要原则就是热量的"物尽其用"和梯级利用。热利用的基本形式有以下五种：

1. 蒸汽系统

在图 11-18 中，原动机的高温排气进入排烟锅炉（余热锅炉），产生蒸汽，供吸收式制冷机制冷、供热交换器制成热水采暖，以及供水加热器制成生活热水。

为了弥补产热量的不足和调节热负荷，系统中还应设置蒸汽锅炉。图 11-18 中方框涂成灰色的，表明是需要消耗燃料的耗能设备（下同）。

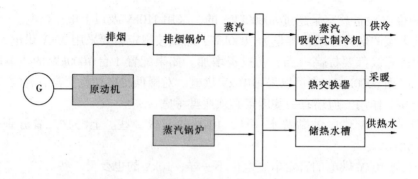

图 11-18 热电冷联产系统热利用形式之一——蒸汽系统

2. 热水系统

在图 11-19 中，原动机的高温排气进入排烟热交换器，而原动机的冷却水（如燃气发动机缸套冷却水）进入冷却水热交换器。冷却水热交换器加热的热水进入排烟热交换器进一步升温。制成的高温水先进入热水型吸收式制冷机制冷，再进入水-水热交换器制热用来采暖，最后进入水-水储热水槽制生活热水。回水再循环至冷却水热交换器重新加热。排热量得到充分的梯级利用。

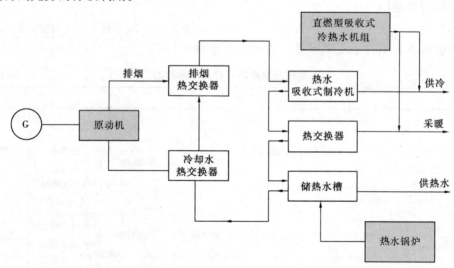

图 11-19 热电冷联产系统热利用形式之二——热水系统

在系统中设有直燃型吸收式冷热水机组和热水锅炉作为补充。

3. 蒸汽 + 热水系统

将上述蒸汽系统和热水系统结合起来就形成图 11-20 中的蒸汽 + 热水系统。该系统中只需要一台蒸汽锅炉作为补充热源。

4. 排气系统

这种系统近年来在国内应用较多。它充分利用了直燃型溴化锂吸收式冷热水机组的特点，将直燃机与燃气轮机"无缝"结合。燃气轮机发电后的尾气温度在 250~550℃ 之间，氧含量为 14%~18%。直燃机利用尾气的方式可以有以下三种：

（1）较大的直燃机配较小的发电机。将燃气轮机尾气引入直燃机的燃烧机，直燃机需

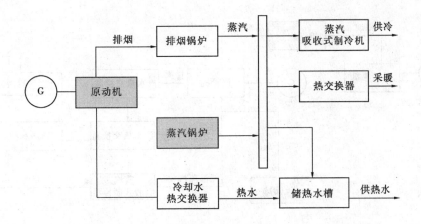

图 11-20 热电冷联产系统热利用形式之三——蒸汽 + 热水系统

要有天然气供应补燃。尾气余热利用率为 80% ~ 90%。

(2) 较小的直燃机配较大的发电机。将燃气轮机尾气的一部分引入直燃机的燃烧机，另一部分引入专门设计的余热锅炉。发电机尾气余热利用率约 40% ~ 80%。

(3) 直燃机完全靠尾气来制冷制热。专门设计尾气发生器，将尾气全部引入发生器。尾气余热利用率为 40% ~ 70%。

图 11-21 即选用直燃机利用燃气轮机排气余热的流程示意图。在供冷模式下，直燃机的热量可以用来作为除湿空调（desiccant cooling）系统固体吸湿剂再生加热的热源。

5. 联合循环系统

将燃气轮机的排气送入余热锅炉

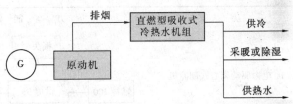

图 11-21 热电冷联产系统热利用形式之四——直燃机

产生水蒸气，再将水蒸气引入汽轮机中作功，汽轮机排汽再进入凝汽器中放热。其结果是增加了总输出功率，热效率得到提高。如果余热锅炉能全部利用燃气轮机的尾气热量，其产汽量必然大于汽轮机总需汽量。这些不能用作蒸汽轮机发电的蒸汽可作为供热或蒸汽吸收式制冷机供冷。这就是热电冷联供联合循环。余热锅炉一般设计成双压式，低压蒸汽主要用作供热。而将余热锅炉产生的高温、高压蒸汽用来供中低参数背压汽轮机作功发电。而把压力降到 0.8 ~ 0.12MPa 的蒸汽用来供冷供热。也可以通过汽轮机的抽汽来实现供冷供热，这样就具有很大的灵活性。这种系统主要用于区域供冷供热或大规模建筑。如图11-22 所示。

三、热电冷联产系统的能效

在热电冷联产应用上，存在一些误区。似乎凡热电冷联产系统就一定是节能系统。实际上如果系统配置不当，热电冷联产系统的节能效益完全不能发挥。以下就热电冷联产系统的全供冷模式进行分析。

先来看传统热力制冷和电力制冷的一次能利用率。由于制冷机的"热泵"特点，可以从环境中提取能量，所以最终提供的冷量与一次能耗的比值可能会大于 1。在表 11-9 中，将直燃型吸收式制冷机的辅助设备如燃烧器、溶液泵、冷剂泵、真空泵等的耗电均转换为

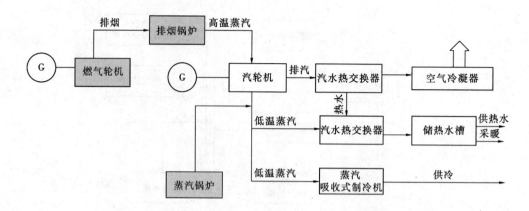

图 11-22 热电冷联产系统热利用形式之五——燃气-蒸汽联合循环

机组的一次能耗。风冷热泵机组的冷凝器是用风机来强制通风进行冷却的；而溴化锂吸收式制冷机或离心式制冷机组则需要冷却水系统。因此在表 11-9 中也将各自冷却系统的能耗考虑在内。在将电力折合成一次能耗时，是按照 2002 年我国火力发电的供电平均煤耗 382g/kWh 计算的，得到平均供电效率为 32%～33%。

传统的电力和热力制冷方案　　　　　　　　　　　　　　　　表 11-9

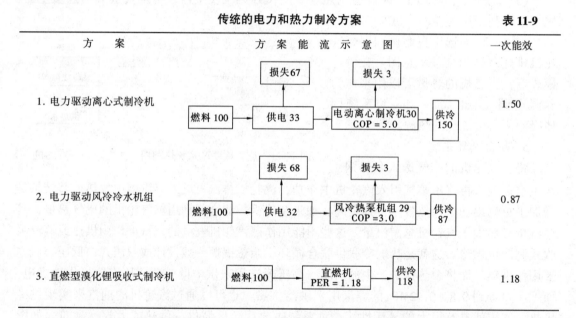

假定某建筑的热电冷联产系统产热和产电完全用来为大楼供冷，分别采用热力制冷和电力制冷。要注意的是，热电联产机组的产热和产电之间存在着平衡关系。取得的热量多、得热的品位（温度）高，就势必要降低发电效率；反之亦然。表 11-10 反映了某型号用于热电联产的 80kW 微型燃气轮机的热效率与电效率之间的平衡关系。

80kW 热电联产微型燃气轮机的热电平衡　　　　　　　　　　表 11-10

回热率	%	0	10	20	30	40	50	60	70	80	90	100
发电机出力	kW	80	80	80	80	80	80	80	80	80	80	80
输出电力	kW	75.90	75.65	75.39	75.16	74.93	74.64	74.35	74.03	73.70	73.32	72.94

续表

燃气压缩机电量	kW	4.1	4.36	4.61	4.84	5.07	5.36	5.65	5.98	6.3	6.68	7.06
发电效率	%	23.04	21.69	20.34	19.37	18.40	17.38	16.36	15.46	14.56	13.71	12.86
排烟温度	℃	278	315	352	389	426	455	484	516	547	581	615
余热回收量	kW	106	144	182	220	257	292	326	362	398	438	477
供热效率	%	32.26	41.21	49.17	56.50	63.18	67.68	71.71	75.35	78.61	81.52	84.13
热电综合出力	kW	182	220	258	295	332	366	400	436	472	511	550
热电综合效率	%	55.30	62.90	69.51	75.87	81.57	85.05	88.07	90.80	93.16	95.23	96.98
燃料消耗量	MJ/hrs	1186	1260	1334	1400	1466	1551	1636	1730	1823	1933	2043
天然气耗量	m³/hrs	34	36.13	38.25	40.15	42.04	44.48	46.91	49.59	52.26	55.41	58.56

从表 11-10 看出，如果在热力制冷部分采用直燃机，就必须使微燃机排气温度达到 500℃以上，此时发电效率只有 13%~15%。而如果要提高发电效率，则相应的排气温度只能适于采用效率比较低的吸收式制冷机。表 11-11 分别给出几种系统组合的性能。

微燃机热电联产系统全供冷模式的几种不同组合　　　　表 11-11

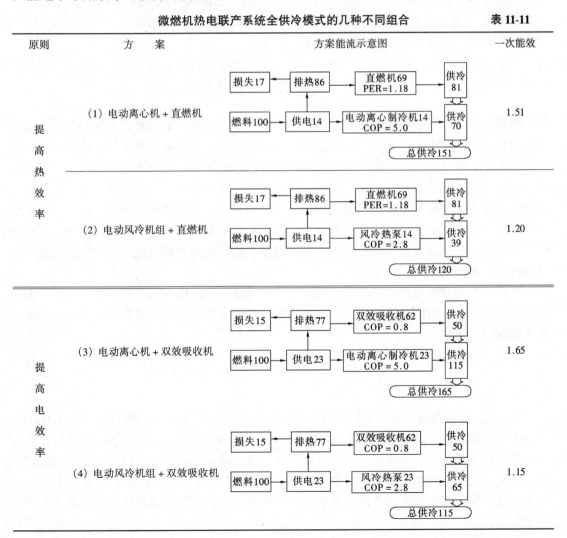

221

表 11-11 中的几种方案,只有方案(3)(电动离心机 + 双效吸收机)的能效高于任何一个传统方案。而方案(1)(电动离心机 + 直燃机)与表 11-9 中方案 1(电动离心机)基本持平,说明热电联产机组和直燃机的投资是多余的;方案(2)(风冷冷水机组 + 直燃机)与表 11-9 中方案 3(直燃机)基本持平,说明热电联产机组和风冷冷水机组的投资是多余的。

当然,系统能效只是问题的一个方面。如果从运行经济角度考虑,采用热电冷联产系统实际是用天然气取代电力作为建筑的能源。应分别计算出传统供冷方式和热电冷联产供冷方式的单位冷量能源费用来进行比较。由于各地电价和天然气价相差很大,必须因地制宜地根据当地实际情况计算。如果得到的结果是热电冷联产系统的运行费比较低,那么紧接着的问题是系统的投资回收期的测算。投资回收期测算又与系统的运行方式、运行时间表有关。

从表 11-9 和表 11-11 的比较也可以看出,热电冷联产系统的本质是回收发电系统过去被丢弃的排热、废热或余热,以提高综合能效。即在保证发电效率的前提下充分利用余热。如果为了用热而抑电,就是本末倒置了。尤其是楼宇热电冷联产,所用的发电机组功率比较小,效率远远比不上大型电厂的大发电机组。它的优势在于综合效率和就近供能。而发挥其综合效率的关键是系统合理的配置和科学的运行。热电冷联产机组的研发固然重要,系统集成和末端合理应用则是更重要的环节。

第三节 电力负荷和热负荷

建筑热电冷联产要实现经济性的提高和排热的有效利用,其前提是对建筑的电力负荷和热负荷有恰当的预测。其中,建筑热负荷中主要是空调负荷。由于有 DOE-2,EnergyPlus 等软件的帮助,对于特定建筑的全年空调负荷的预测和分析应该是不困难的。而热水需求量的预测相对困难一些,因为仅凭每人每天的用水量或每台卫生洁具的用水量指标而不能准确掌握同时使用系数等动态性指标,要准确预测用水量是不容易的。最难的是电力负荷预测,缺少决定装置容量的电力使用量的数据是很难预测电力负荷的。再者,到底有多少空调负荷归到热负荷(热力制冷)中,有多少归到电力负荷(电制冷)中,也是一个需要仔细权衡的因素。

所以,在建筑热电冷联产的设计规划中最重要的是确定电力的实际负荷。它比一般电气设计中所计算得到的装置负荷小。电力实际负荷决定了发电机装置容量,也影响热电冷联产系统的经济性。

以下通过几个实例分别给出旅馆、医院和办公楼在不同冷热负荷条件下的电力负荷分布。

一、旅馆

图 11-23 给出两家旅馆在不同季节的电力负荷分布。一家旅馆的建筑面积为 $10000m^2$,有 140 间客房;另一家旅馆建筑面积为 $32000m^2$,有 640 间客房。从图中可以看出,旅馆深夜的电力负荷是比较稳定的,也是比较低的。引入热电冷联产后可以实现 24 小时运行。由于这两家旅馆都是城市旅馆(即旅游旅馆),因此其休息日与平日的负荷差别不大。而对于商务旅馆(例如酒店式公寓)而言,这一差别就比较大了。休息日的电力需求大于平日的需求。

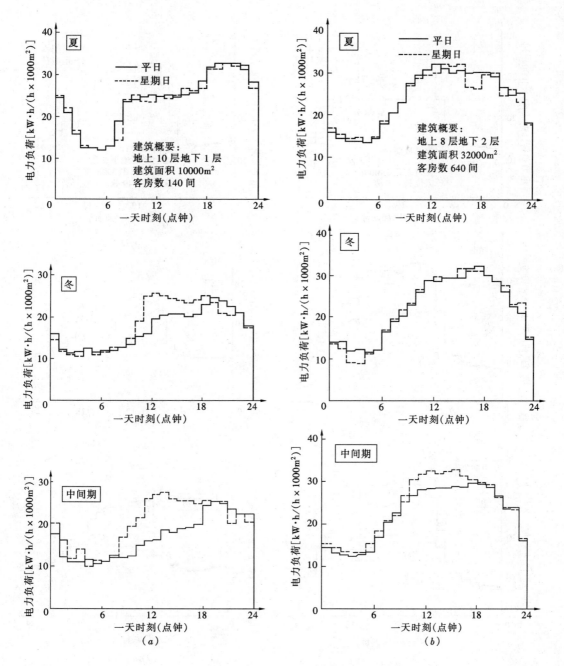

图 11-23 旅馆电力负荷特性
(a) A 旅馆；(b) B 旅馆

在旅馆电力负荷中，公共的空调通风负荷和公共照明负荷占了最大比重。

二、医院

在图 11-24 中给出建筑面积为 14000m² 的 A 医院和建筑面积为 32000m² 的 B 医院的电力负荷。可以发现，与旅馆相比，医院的深夜电力负荷比较低。因此，热电冷联产系统适宜每天工作 10～14 小时。另外，医院的休息日与平日的负荷差别也很大。这是因为，在医院负荷中，外来就医者、门诊和管理部门分别占了较大比例。这些部门的电力需求变化

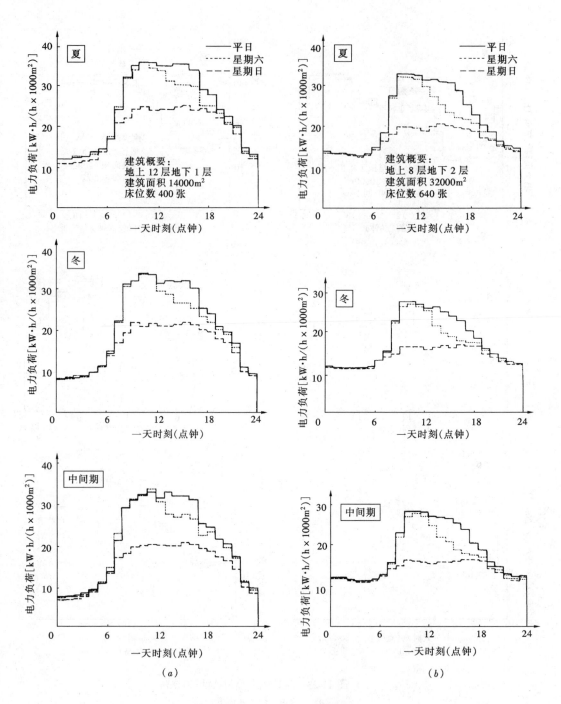

图 11-24 医院电力负荷特性
(a) A 医院；(b) B 医院

带来了医院负荷分布的差异。

三、办公楼

图 11-25 是建筑面积为 32000m² 的办公楼的电力负荷分布。从图中可以看出，办公楼夜间电力需求比白天电力需求小很多。因此，热电冷联产系统每天要运行满 10 小时都很

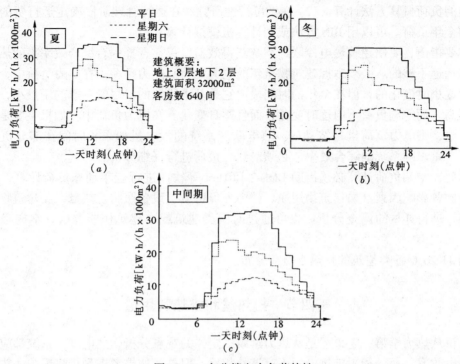

图 11-25 办公楼电力负荷特性

困难。

四、空调、供热水负荷

空调负荷包括：(1) 在设计阶段确定设备容量的设计负荷或高峰负荷。可以用第四章

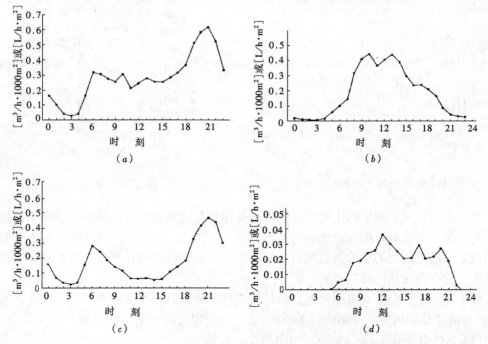

图 11-26 建筑物的供热水负荷（按 43℃换算、全年一定）
(a) 城市旅馆；(b) 商务旅馆；(c) 医院；(d) 办公楼

中介绍的负荷概算方法计算。(2) 在做可行性研究和在运行管理阶段确定运行费的运行负荷，即全年负荷。可以用 BIN 方法或用计算机模拟计算。

需要指出，要使建筑热电冷联产系统获得效益，仅靠选择一台综合效率高的热电联产机组是远远不够的。必须掌握建筑物全年的电力负荷和热力负荷。在热力负荷中，供热水负荷是逐小时变化的，但在全年的时间段内它是基本稳定的。尽管冬季的用量小，但用水的水温高。而空调负荷不但逐时变化，而且逐日变化。在电力负荷中，如果主要是为空调系统供电，则电力负荷也是波动的。热电联产系统的发电机如果长时间在部分负荷下运行，会严重影响系统的综合效率。必须对热力负荷进行仔细分析。

因此，空调负荷计算必须借助 DOE-2 和 Dest 等软件进行全年动态负荷计算，并对空调负荷的各影响因素（如建筑物用途、楼内人员密度、设备照明发热量以及建筑物使用时间表等）进行详尽的调查分析。也可通过对同类建筑或本建筑作能源审计掌握必要的信息。

图 11-26 是各类建筑的日热水负荷分布。

第四节 排热量和排热利用量

无论从热力学第一定律还是从热力学第二定律的观点分析，热电联产系统都应该充分发挥发电效率、充分利用排热，而不应该是相反。但是，如果考虑到排热锅炉和热交换器的效率，实际利用的排热量取决于系统的排热利用效率。图 11-27 显示出一个用燃气发动机作为动力装置的热电联产系统的热电比与发电出力的关系。系统的排热量值在两条实线之间。如果确定了建筑物所需要的电力负荷，则可以得到的排热量也就确定了。

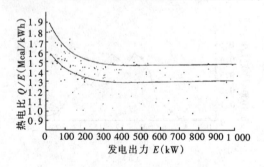

图 11-27 热电比与发电出力的关系

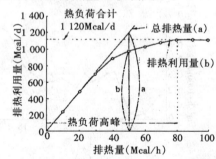

图 11-28 排热利用曲线

另一方面，由原动机产生的可以利用的排热量与建筑物实际的热负荷高峰不可能在同一时间出现，所以最好能有蓄热装置进行调节。如图 11-28 所示，热电联产系统既要在总排热量上满足建筑物的全天热负荷，又要在所提供的可利用的排热量上满足建筑物的高峰热负荷，没有蓄热是很难实现的。

由于实际工程中原动机的种类、容量以及热负荷的组合是多种多样的。因此，需要把图 11-28 的排热利用曲线准则化（无因次化）。分别定义两个无因次系数：

(1) 排热量系数 k_{CE}。

$$排热量系数(k_{CE}) = \frac{排热量(Mcal/h)}{热负荷的平均值(Mcal/h)}$$

(2) 排热利用系数 k_{EA}。

$$排热利用系数(k_{EA}) = \frac{排热利用量(Mcal/h)}{热负荷的全年合计值(Mcal/h)}$$

图 11-29 是无因次化的排热利用曲线。这一曲线随建筑物类型、热负荷形态（即冷热负荷的比例）、排热利用的优先顺序以及系统设备的效率等变化。上述两个系数中分子、分母分别对应发电机实际运行的每小时的数值。

为了将各种负荷分布形态标准化，定义了一个全年冷热负荷比 k_{CH}：

$$全年冷热负荷比(k_{CH}) = \frac{全年冷负荷(q_{CA})}{全年采暖负荷(q_{HA}) + 全年冷负荷(q_{CA})}$$

表 11-12 是三种负荷分布形式的负荷比和冷热负荷标准值。

三种负荷分布形式的负荷比和负荷标准值　　表 11-12

	空调时间 10h			空调时间 24h		
负荷比 k_{CH}	供冷负荷标准值 (Mcal/h·1000m²)	采暖负荷标准值 (Mcal/h·1000m²)	负荷比 k_{CH}	供冷负荷标准值 (Mcal/h·1000m²)	采暖负荷标准值 (Mcal/h·1000m²)	
Ⅰ 0.95	45.24	2.34	0.96	42.08	1.81	
Ⅱ 0.60	19.66	13.16	0.56	17.28	13.41	
Ⅲ 0.30	10.58	24.23	0.26	17.40	24.98	

表 11-12 中的三种负荷形式对应的建筑物均有相同的条件：新风量、内部发热量、建筑构造。

负荷形式 Ⅰ 是指内部发热量非常大、采暖负荷远小于供冷负荷的建筑，例如大型商场（百货公司、超级市场）和计算中心等。

负荷形式 Ⅱ 是指冷负荷比例比采暖负荷大的建筑，例如办公楼。

负荷形式 Ⅲ 是指采暖负荷比例比供冷负荷大的建筑，例如旅馆客房、医院病房和一般住宅等。

在使用排热利用曲线时，要注意区别建筑类别（办公楼、旅馆，还是医院）、排热利用的方式（供热水、供热水+采暖、供热水+采暖+供冷）以及运行时间（10 小时、24 小时）等的差别。

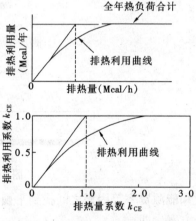

图 11-29　标准化的排热利用曲线

第五节　建筑热电冷联产方案的确定*

在建筑热电冷联产的可行性研究中，系统方案选择得是否合适，对项目的成败影响极大。即常说的"一着不慎，满盘皆输"。图 11-30 给出了确定热电冷联产方案的流程。

一个成功的热电冷联产方案应在原动机容量、运行期间的负荷需求、计划运行小时

---

* 资料来源：CIBSE Application Manual AM12: Small-scale combined heat and power for buildings, 1999

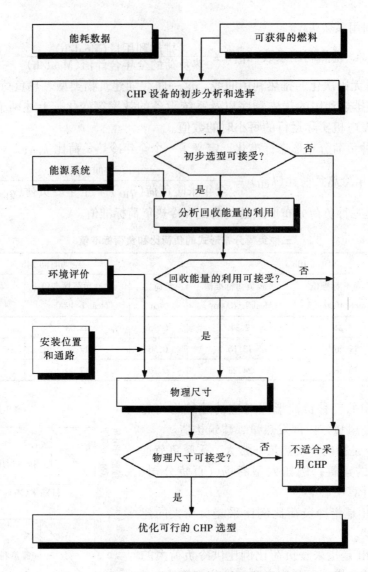

图 11-30 热电冷联产方案的选择

数和能源费率等因素之间找到平衡。由于热电冷联产参数之间的相关性，通常需要考虑多个方案，即：

（1）按最小热需求和电力需求（即基本负荷）选型，热电联产机组无需调节，没有电力输出，也没有多余热量。

（2）同时匹配最大热需求和最大电力需求，机组要进行调节以追踪热负荷和电力负荷，没有多余热量，也没有电力输出。

（3）追踪电力负荷，必要时排出多余热量。

（4）追踪热负荷，必要时引进不足电力或输出多余电力。

（5）追踪能源费率，在能源价格高的时段启动热电联产，在能源价格低的时候热电联产系统停运。

多数热电联产机组（例如燃气发动机）可以在25%的电力负荷和30%的热负荷条件

下正常运行,但此时运行的经济性就很差了。因此,尽量使机组在满负荷下运行应是考虑方案的原则。

以下通过图 11-31 和图 11-32 的例子,分析三种热电联产方案:基本负荷方案、高峰负荷方案和中间负荷方案。假定热电联产机组在最大连续出力下的热电比是 1.5:1,其最小运行条件是额定发电量的 50% 和额定热输出量的 65%。

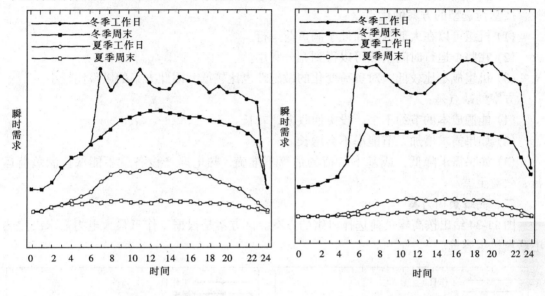

图 11-31 某建筑日电力负荷分布 　　　图 11-32 某建筑日热负荷分布

一、基本负荷方案

图 11-33 给出按基荷运行的方案。有这样几个特点:

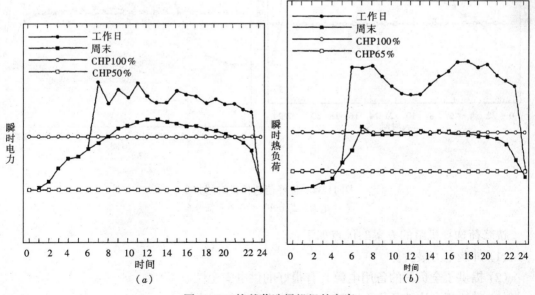

图 11-33 按基荷选择机组的方案
(a) 电力负荷分布;(b) 热负荷分布

（1）冬季，热电联产机组在早 6：00～晚 23：00 之间以 100% 出力运行，夜间以 50%（65%）出力运行。

（2）如果按 50% 出力选择机组，可以在整个冬季机组满负荷运行。也可以选择两台同型号机组，一台始终满负荷运行，另一台每天运行 16～17 小时。

（3）两台同型号机组的方案也可以满足夏季运行要求。

按基荷选型的方案的优点是：

（1）机组可以在大部分时间处于满负荷运行。

（2）在整个运行时间余热可以得到充分利用。

（3）机组成本比较低，对负荷变化的敏感性也比较低，因此方案的风险比较小。

方案的缺点是：

（1）能源成本的节约不多，投资回收期比较长。

（2）如果需求增加，节能率不会增长。

（3）如果需求降低，或基本负荷的估算不准确，热电联产设备就不能保持满负荷运行，效益更差。

二、高峰负荷方案

图 11-34 给出按高峰负荷选择机组的方案。该方案是根据工作日最大电力需求决定热电联产机组容量。

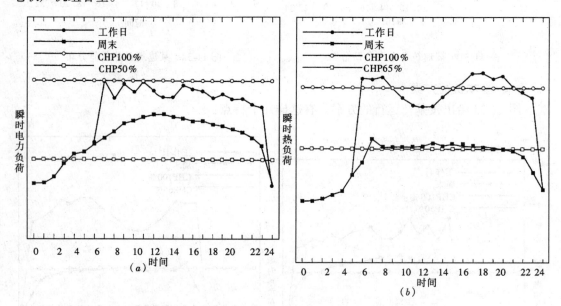

图 11-34　按峰荷选择机组的方案
(a) 电力负荷分布；(b) 热负荷分布

按峰荷选择机组的方案的优点如下：

（1）外购电力最少。

（2）提供了全负荷的备用电源，有很好的供电安全性。

（3）在法规允许的条件下，该方案有能力对外输出电力。

（4）最大限度地满足了热需求。

(5) 最大限度地节能和降低能源费开支。

其缺点如下：

(1) 本方案的成本高，回报率低。

(2) 设备利用率低。在发出电力不能上网的条件下，机组长时间处于部分负荷和关机状态。

(3) 经常受到低负荷的困扰。

(4) 负荷估算不正确、能源市场变化和能源费率变化的风险很大。

(5) 必须考虑系统调节、余热利用和电力输出等问题。

三、中间负荷方案

图 11-35 是按中间负荷选择机组的方案。即按照高峰负荷的最低值确定机组容量。

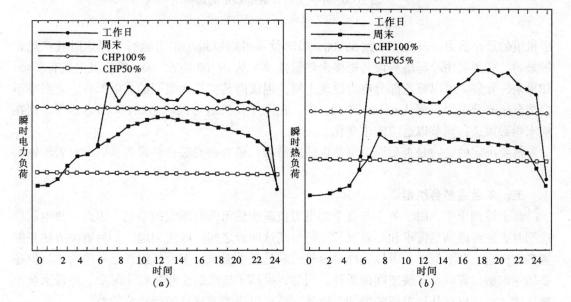

图 11-35 按中间负荷选择机组的方案
(a) 电力负荷分布；(b) 热负荷分布

该方案的优点如下：

(1) 选型的误差对运行的影响不大。

(2) 有较高的利用率。

(3) 投资回报最高。

(4) 如果负荷需求增加，该方案还有进一步的节能潜力。

该方案的缺点如下：

(1) 必须考虑系统调节、余热利用和电力输出等问题。

(2) 不能提供完全的备用电源。

(3) 可以有多个中间负荷方案，必须进行比较以找出合适的方案。

四、部分负荷运行方案

图 11-36 是从图 11-35 中截取的前 12 小时的负荷分布。

从图 11-36 可以看出，从夜间 0：00 到 2：00，CHP 设备不能运行，因为电力需求小

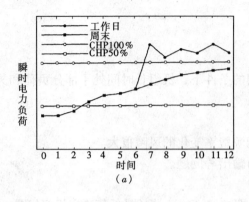
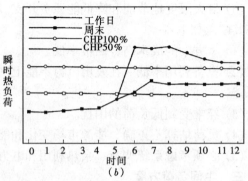

图 11-36 中间负荷方案中 CHP 的选择
(a) 电力负荷；(b) 热力负荷

于机组的最小出力。从 2：00 到 5：00，CHP 设备可以以最小出力运行，但这时其产热是过量的，必须要用冷却塔等设备把多余热量排掉。从 0：00 到 6：00，机组发电量有剩余，如果条件允许，可以将这部分电力返送上网。但夜间其实是大电网的供电低谷，它根本不会需要这部分电力。而从 6：00 到 12：00，在工作日机组可以以 100% 的出力运行，而在周末则必须进行调节以适应需求变化。

需要决定的是：是否要调节负荷以适应需求，是否要安装排热设备，以及是否能输出电力。

五、单台或多台机组

在上述例子中，由于冬季与夏季的电力负荷和热负荷有很大的差别，因此在热电联产选型时必须考虑满足需求和尽量延长运行时间这两者之间的匹配问题。一种解决方法是配置多台机组。在上例中，可以选择一台机组满足夏季需求，多台机组满足冬季需求。但还必须考虑初投资以及安装空间的条件。当然，提高了机组的全年运行小时数、降低了全年能源费开支可以弥补初投资的增加。此外，还可以得到改善环境等社会效益。

六、热电联产机组的初步选型

如上所述，建筑热电冷联产项目可以有多种方案。为了找到最适合的方案，需要对三个以上的方案进行评价和比较：

(1) 在高峰负荷下全年运行 4000h，最大限度的削峰；
(2) 在中间负荷下全年运行 6000h，有限的削峰；
(3) 在低负荷下全年运行 7500h，连续满负荷运行。

在评价方案时，首要的任务是正确把握电力负荷和热负荷的分布，并检验其日变化和季节变化。确定全年延续 4000h 的最小能量需求（一般全年 4000h 运行是经济上可接受的下限）。如果所选机组容量由于建筑需求而减小，则机组经济运行的小时数还要增加。

所选的运行策略可以有每天 24h 运行和 17h 运行、每周运行 5 天和 7 天两部分组成，以满足工作日和周末的需求变化。运行策略的确定取决于能源需求分布、能源费率，以及季节变化等因素。

例如，在某个采暖需求较大的地区，全年运行策略如下：

  11 月～2 月 24h/日 7 天/周   = 2460

3月~5月	17h/日	5天/周	= 1117
6月~8月	关机（未用于空调）		= 0
9月~10月	17h/日	5天/周	= 741
总计			= 4738h

每天17h运行的方案，在有电费峰谷差价的地区，是一个很好的节约能源费用的措施。但在不同地区，电费峰谷差价费率结构是不一样的。因此，运行策略也要随之改变。

在负荷分析时，有时还需要研究负荷分布以外的异常情况。例如，大型用电设备的临时使用、气候的异常、工作时间的改变等。负荷分析应采用软件（例如DOE-2）进行全年或季节的能耗计算。仅用设计负荷甚至负荷指标进行估算是很不准确的。很多CHP项目的不成功就是因为负荷分析的不准确。

本章曾论述过，在我国电力不能上网的条件下，热电联产方案应根据"电主热从"的原则考虑。应提高热电联产机组的发电效率，尽量利用余热。利用余热的措施有很多，如：吸收式制冷、蓄热装置、供应植物温室、供应游泳池、多余热量输送给其他用户。在采取上述措施之后还有余热，则要考虑排热措施。

总之，应尽量增加机组全年运行小时数，发挥热电冷联产系统的节能效益、经济效益和环保效益。

第六节 建筑热电冷联产系统的运行策略

对建筑能源管理者而言，在建筑热电冷联产系统运行管理中所关心的最主要问题就是如何调整设备的运行策略以求达到最大的效益。所谓的系统效益不仅仅是指经济效益，还应包括节能或者环保的效益等。从投资者或业主的立场出发，首先追求的是经济效益的最大化，即通过科学的运行管理策略，能够尽快回收较高的投入、缩短投资回收期、较早赢利。而站在政府或公用事业部门的立场上，则更多地希望通过建筑热电冷联产系统的推广，实现节能的目标。因此，在研究系统运行策略时，应该在考虑经济性的同时兼顾节能的要求。并在此基础上，分析天然气价格、能源政策等外部因素对系统运行的影响。

一、运行优化的案例分析[*]

以位于上海地区的一所新建的医院建筑为例进行分析。该医院建筑面积83745m²，由四幢不同功能的建筑单体构成。该建筑的全年热电冷负荷以及小时峰值负荷如表11-13所示。

图11-37（a~c）给出了夏季、冬季以及过渡季的典型日逐时负荷曲线。表11-14则给出了分析中所依据的能源费用。

某医院的全年热电冷负荷及峰值负荷 表11-13

	全年累计值（MWh）	峰值（kW）
电负荷	10869	2086
冷负荷	6281	5360
热负荷	11197	4373

图11-38是该医院热、电、冷负荷的延时负荷曲线。

而图11-39是所提出的利用燃气轮机的热电联产方案。

---

[*] 本节内容引自：张蓓红，热电（冷）联产系统优化配置及运行策略研究，同济大学博士学位论文

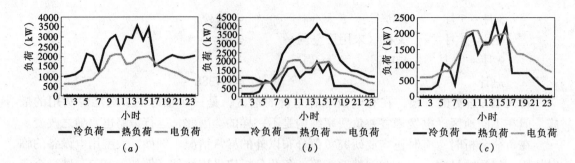

图 11-37 典型日的逐时负荷
(a)冬季；(b)夏季；(c)过渡季

该系统在运行中，无非有这样几种选择：各时段的供电方式是燃气轮机发电或电网供电；各时段的供热方式是用燃气轮机余热供热或用辅助燃气锅炉供热；各时段的供冷方式是吸收式制冷机供冷或电动压缩式制冷机供冷。燃气轮机的负荷调节依靠改变燃料量完成。

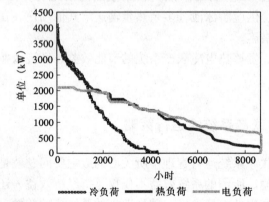

图 11-38 某医院热、电、冷负荷的延时曲线

能源价格　　　　表 11-14

类别	时段	能源价格
电力	峰时段	0.947 元/kWh
	平时段	0.635 元/kWh
	谷时段	0.264 元/kWh
天然气		1.9 元/m³

在运行策略的选择时如果更多地考虑经济性的影响，相应的一次能源消耗量就会呈上升趋势，甚至有可能高于常规空调系统的一次能耗。例如，如果发电厂采用燃气-

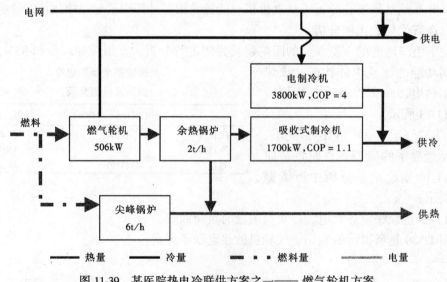

图 11-39 某医院热电冷联供方案之一——燃气轮机方案

蒸汽联合循环，其供电效率可高达50%以上。而要发挥建筑热电冷联产系统的经济效益，必须延长发电机的使用时间。在过渡季节，冷量和热量用不掉甚至完全不需要的时候，用小型燃气轮机的热电联产系统的效率只有30%左右。说明节能和节支并非是统一的，在某些时候甚至是相互矛盾的，必须寻求两者之间的某种平衡。

假定权系数 W_1。在只考虑能源效率不考虑经济效益时，$W_1=0$；相反，在只考虑经济效益而不考虑能源效率时，$W_1=1$。根据对经济效益和能源效率重视程度的不同，W_1 应在 0~1 之间变化。

图 11-40 是过渡季节的三种不同运行策略。

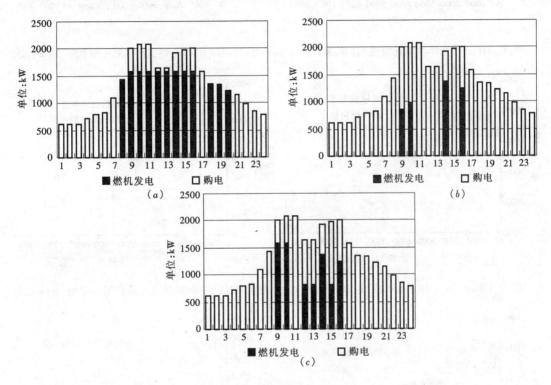

图 11-40　过渡季典型日供电工况
(a) $W_1=1.0$；(b) $W_1=0$；(c) $W_1=0.5$

在从图 11-40 看，在过渡季，燃机运行的工况随 W_1 的变化相当明显。当 $W_1=0$，即只考虑节能的需求时，为了不浪费燃机的余热，全天只有 4 个小时发电，而且负荷水平也较低，经济性很差。从全年供电及燃机余热利用的延时曲线上能够更加明显地看出这一点（图 11-41~图 11-43）。

当 $W_1=1.0$ 时，燃气轮机的发电量较大，设备的利用小时数达到 5000。但同时图 11-41（b）中的阴影部分面积也较大，说明在只考虑经济性的前提下，燃气轮机发电产生的余热中一部分未能得到利用。$W_1=0.5$ 时，燃气轮机的发电量减小，与此同时余热浪费的份额也缩小了，此时兼顾了节能的需求。设备利用小时数仍有 4500，经济效益还可以（一般认为，4000 个利用小时是热电联产系统的底线）。当 $W_1=0$，即在只考虑节能的前提下，由于燃机的余热不能浪费，燃气轮机的全年负荷率较低，经济效益较差。

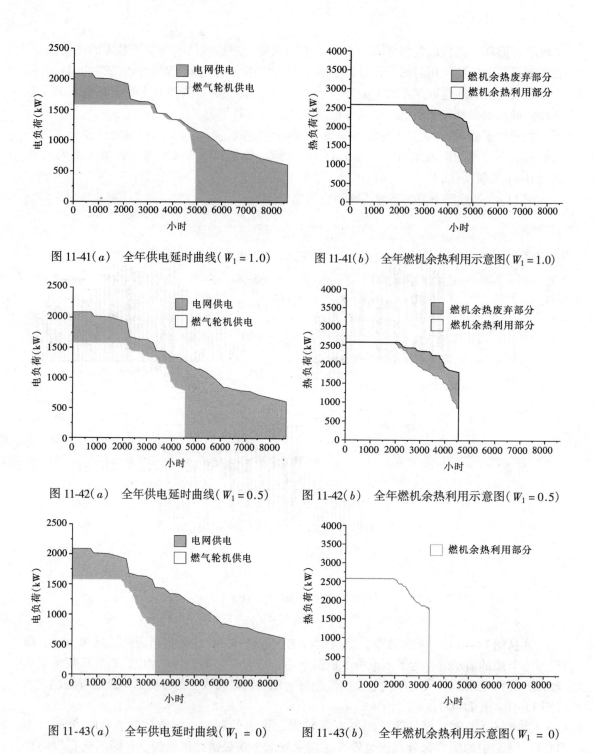

图 11-41(a) 全年供电延时曲线($W_1 = 1.0$)　　图 11-41(b) 全年燃机余热利用示意图($W_1 = 1.0$)

图 11-42(a) 全年供电延时曲线($W_1 = 0.5$)　　图 11-42(b) 全年燃机余热利用示意图($W_1 = 0.5$)

图 11-43(a) 全年供电延时曲线($W_1 = 0$)　　图 11-43(b) 全年燃机余热利用示意图($W_1 = 0$)

在当前我国电力紧缺、尤其是无法满足高峰负荷需求的情况下，推广热电冷联产技术，可以有效地缓解用电高峰期间电力的紧张状况，有效地控制或削减空调用电，从而腾出大量负荷空间，优化用电结构，有效地降低电网高峰负荷，相应降低电力峰谷差，提高电网负荷率，提高发输配电设备利用率。同时，可以平衡天然气季节峰谷，改善燃气季节性耗气的不均衡状况，减少燃气的储气负荷，提高天然气管网利用率、降低供气综合成本，从而可以使电力和燃气行业获得双赢。这本身就是对节电的重要贡献。能源效率再高，电不够用一切都是空的。分布式能源系统，相当于"分布式"投资，即由民间投资，缓解建设电厂的投资压力。因此，用户的运行策略理应更多地关注自身经济效益。

二、能源价格的影响

为了便于比较，定义电力与天然气的比价：

$$电力与天然气比价 = \frac{电力单位当量热值的价格}{天然气单位当量热值的价格}$$

由于各地电力与天然气的比价不同，导致同一个热电冷联产方案的寿命周期成本在各地大相径庭。以电力与天然气比价作为一个变量，以建筑热电冷联产系统（BCHP）与常规风冷热泵冷热水机组系统的等额年度寿命周期成本之比作为另一个变量，可以得到下面的回归关系。

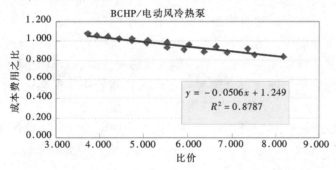

图11-44 BCHP与电动风冷热泵系统等额年度成本费用之比与电力/天然气比价的一阶线性回归方程

在图11-44中，纵坐标表示等额年度成本之比。该比值等于1.0，说明建筑热电冷联产系统与电动风冷热泵的等额年度成本持平，即应用热电冷联产系统的经济平衡点。如果比值小于1.0，说明应用BCHP要比电动风冷热泵更经济。但回归曲线比较平坦，说明由于微型燃气轮机设备多为进口产品，价格昂贵，致使此种系统的初投资较高，最终提高了寿命周期内的等额年度成本费用。根据图11-44，可以计算出当电、气比价为4.92:1时，BCHP系统的经济性与电动风冷热泵持平。分别考察成都、北京和上海三城市的现行电价和天然气价，可以发现，由于成都的电价与BCHP天然气价格之比为8.188:1，因此，在成都应用热电冷联产最为经济。而北京和上海的电/气比价都低于此值，仅为3.88:1和4.732:1。因此，对于北京市而言，这意味着在同样产出水平和现有电价水平下，BCHP用户应享受到低于1.346元/Nm³的优惠天然气价格；而对于上海市而言，这意味着BCHP用户的天然气价格应为1.49元/Nm³。读者可以根据图11-44，计算所在地的BCHP的经济平衡点的合理天然气价格。

对于用户而言，合理的天然气价格是推广应用热电冷联产系统的一个关键因素。国际上电力与天然气比价一般约为4.0左右。但在我国，由于各种原因，长期以来电力与天然气的比价偏低，因而制约了BCHP市场的开发。在我国优化一次能源结构，增加燃气需求而降低电力需求的战略环境下，有两种解决办法：（1）对于BCHP用户，政府应给予合理的一次性投资补贴，降低等额年度寿命周期成本的比值；（2）调整电价或天然气价格，使用户侧的电力与天然气比价至少提高到4.9:1（BCHP）。这也是国际上通行的做法。

三、关于电力上网

在我国发展热电冷联产系统有一个重要的限制条件，就是燃机发电只能自用，不能上网，这就使得系统的运行强烈地受建筑电负荷的制约。我国1995年开始执行的《电力法》中规定："一个供电营业区内只设立一个供电营业机构。"即供电实行垄断经营。2000年后国家积极推广热电联产技术，鼓励热电联产的电力上网。实际上由于供电（电网）的垄断，用天然气做燃料的热电联产只能与用"统配煤"为燃料的电厂在同一"起跑线"上竞价上网。因此热电联产不具任何优势，基本上只能作为调峰之用。根据上海市的天然气价格为基础做计算分析发现，当售电价格在0.60元/kWh以下时，基本上与不允许售电条件下的运行策略相同，即设备利用率在50%以下，尽量将所有的排热充分利用，提高系统的能源效率。相反，当售电价格在0.60元/kWh以上时，可以大大提高设备利用率，尽量维持满负荷发电。而排热则等于是"白拣"的，利用不掉可以排放抛弃。

因此，完全有可能形成建筑能源管理中的一个新的业态。即在一个单位（例如，医院、大学校园、工业园区、居住小区等）内部通过合同制能源管理方式，由一方投资并运营热电冷联产系统，该系统为一幢或数幢建筑提供冷热源、为整个园区（变电站下游）提供电力。运营单位根据合同收取管理费。在我国目前的法律框架内，如果收取的管理费（不是电费）按系统全年所发的电力平均达到0.60元/kWh以上，则有很好的经济回报，三年左右可以回收投资。而用户方相当于用低于商用电价（上海地区按峰谷平均在0.75元/kWh上下）的价格购入电力，同时还能获得部分建筑的空调采暖，以及专业的运行管理。

第七节 建筑热电冷联产系统的评价

一、国家有关规定

我国原国家发展计划委员会、国家经贸委、建设部和国家环保总局于2000年8月25日颁布了《关于发展热电联产的规定》。文中规定：

（1）供热式汽轮发电机组的蒸汽流既发电又供热的常规热电联产系统，其总热效率年平均应大于45%；单机容量在50MW以下的热电机组，其热电比年平均应大于100%；单机容量在50～200MW以下的热电机组，其热电比年平均应大于50%；单机容量200MW及以上抽汽凝汽两用供热机组，采暖期热电比应大于50%。

（2）燃气—蒸汽联合循环热电联产系统（包括燃气轮机+供热余热锅炉、燃气轮机+余热锅炉+供热式汽轮机），其总热效率年平均应大于55%；各容量等级的燃气—蒸汽联合循环热电联产的热电比年平均应大于30%。

（3）定义总热效率为：

$$总热效率 = (供热量 + 供电量 \times 3600kJ/kWh)/(燃料总消耗量 \times 燃料单位低位热值) \times 100\%$$

（4）定义热电比为：

$$热电比 = 供热量/(供电量 \times 3600kJ/kWh) \times 100\%$$

这些是设置热电联产系统的前提。

二、绝对评价

绝对评价实际是投入产出比，即对热电联产系统的一次能投入量和热电联产系统的二次能取出量的量化评价。可以用下式：

$$Q_F = \frac{电能 + 0.5 \times 热能}{输入能}$$

如果有用热能为输入能的 5%~15%，$Q_F \geqslant 45\%$；有用热能为输入能的 15% 以上，$Q_F \geqslant 42.5\%$；有用热能为输入能的 5% 以下，则不可行。

式中，热能项前的 0.5 系数表明热能对电能的有用性比例（即㶲效率）。

三、相对评价

在节能性评价中用得较多的是相对评价。即以常规系统为基准，考察热电联产系统的节能率。

设　　　　　　　　A = 常规系统的全年一次能耗量；

　　　　　　　　　B = 热电联产系统的全年一次能耗量。

则有

$$节能量 = A - B$$

$$节能率 = \frac{A-B}{A} = 1 - \frac{B}{A}$$

在做相对评价时有几点假设：

(1) 常规系统中满足电力需求采用商用电力、满足热需求采用热水锅炉、满足采暖供冷需求采用热泵机组。

(2) 热电联产系统中，全部的电力需求和热需求均由热电联产系统供给，不考虑与商用电源的连接运行、电力分担，以及运行时间等运行形态，也不考虑热电联产系统的热供给不足时的辅助热量。只以热电联产系统供应范围内的能源需求为讨论对象。

(3) 计算热效率时用高位发热量。热电联产系统的辅机动力取为 2%（即在发电效率中扣除 2%）。

以下分两种情况分析：

1) 第一种情况：热利用场合。

图 11-45 是热利用情况下系统比较的基本图示。对常规系统而言，图中央的电力需求 E 是由供电效率为 ε_1 的电厂供应，热需求 Q 是由热效率为 q_1 的锅炉供应。由于电力需求

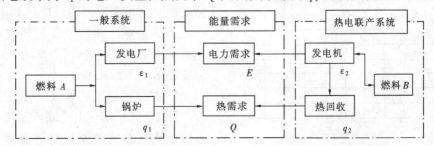

图 11-45　比较系统（热利用场合）

E 和热需求 Q 是由两个系统分别供应的，因此不存在两者间的平衡、时间分配等问题。

在有热电联产系统场合，电力需求 E 和热力需求 Q 都是由热电联产系统供应的。如果热电联产系统的发电效率为 ε_2，排热利用率为 q_2，则有：

$$Q = E \cdot \frac{q_2}{\varepsilon_2} \tag{11-15}$$

常规方式和热电联产方式的一次能耗量分别为：

$$A = \frac{E}{\varepsilon_1} + \frac{Q}{q_1} \tag{11-16}$$

$$B = \frac{E}{\varepsilon_2} + \frac{Q}{q_2} \tag{11-17}$$

因为电力需求 E 和热力需求 Q 是完全一样的，所以从上面的式子中可以推导出：

$$A = \frac{E}{\varepsilon_1} + \frac{Q}{q_1} = E\left(\frac{1}{\varepsilon_1} + \frac{q_2}{\varepsilon_2 q_1}\right) = \frac{E(\varepsilon_2 q_1 + \varepsilon_1 q_2)}{\varepsilon_1 \varepsilon_2 q_1} \tag{11-18}$$

可以得到节能率为：

$$节能率 = 1 - \frac{B}{A} = 1 - \left[\frac{E}{\varepsilon_2} \times \frac{\varepsilon_1 \varepsilon_2 q_1}{E(\varepsilon_2 q_1 + \varepsilon_1 q_2)}\right] = 1 - \frac{\varepsilon_1 q_1}{\varepsilon_2 q_1 + \varepsilon_1 q_2} \tag{11-19}$$

假定商用电力供电效率 $\varepsilon_1 = 0.351$；锅炉热效率 $q_1 = 0.85$，则可以得到：

$$节能率 = 1 - \frac{0.298}{0.85\varepsilon_2 + 0.351 q_2} \tag{11-20}$$

上式表明，热电联产系统的节能率是系统发电效率 ε_2 和排热利用率 q_2 的函数。如果取 q_2 为参变量，可以得到图 11-46。如果发电效率 $\varepsilon_2 = 35\%$，排热利用率 $q_2 = 40\%$，从图中可以得出节能率为 30%。图 11-47 是以原动机的发电效率 ε_2（高位发热量基准）为参变量得到的排热利用率 q_2 与节能率的关系。如果一台燃气发动机的发电效率为 30%，排热利用率为 40%，则可以得出节能率为 15%。

2）第二种情况：采暖供冷利用。

图 11-48 给出热电冷联产系统。在常规系统中用压缩式热泵机组（效率 C_1）、在热电冷联产系统中用吸收式制冷机（效率

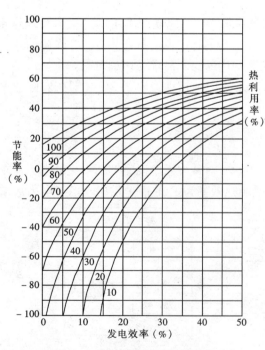

图 11-46 热利用情况下的节能率（1）

C_2)。与第一种情况相同，可以得到以下关系式：

$$Q = E \cdot \frac{q_2 C_2}{\varepsilon_2} \tag{11-21}$$

$$A = \frac{E}{\varepsilon_1} + \frac{Q}{\varepsilon_1 C_1}$$

$$= \frac{E}{\varepsilon_1} + \frac{E}{\varepsilon_1 C_1} \cdot \frac{q_2 C_2}{\varepsilon_2}$$

$$= \frac{E(\varepsilon_2 C_1 + q_2 C_2)}{\varepsilon_1 \varepsilon_2 C_1} \tag{11-22}$$

$$B = \frac{E}{\varepsilon_2} = \frac{Q}{q_2 C_2} \tag{11-23}$$

$$节能率 = 1 - \frac{B}{A}$$

$$= 1 - \left[\frac{E}{\varepsilon_2} \times \frac{\varepsilon_1 \varepsilon_2 C_1}{E(\varepsilon_2 C_1 + q_2 C_2)} \right]$$

$$= 1 - \frac{\varepsilon_1 C_1}{\varepsilon_2 C_1 + q_2 C_2} \tag{11-24}$$

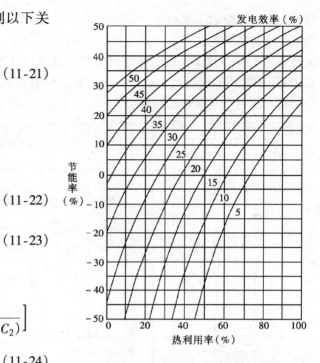

图 11-47 热利用情况下的节能率（2）

设热泵机组的 COP 为 $C_1 = 3.5$；双效吸收式制冷机的 COP 为 $C_2 = 1.2$；单效吸收式制冷机的 COP 为 $C_2 = 0.6$；商用电力的供电效率为 $\varepsilon_1 = 0.351$。可以得到：

$$节能率 = 1 - \frac{1.229}{3.5\varepsilon_2 + 1.2q_2} （双效）$$

$$= 1 - \frac{1.229}{3.5\varepsilon_2 + 0.6q_2} （单效） \tag{11-25}$$

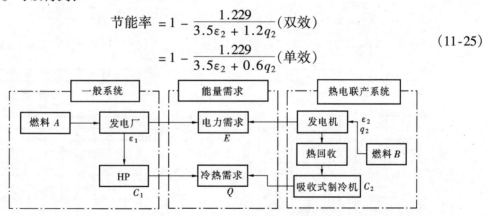

图 11-48 比较系统（采暖供冷利用场合）

如果把 q_2 作为参变量，可以得到 ε_2 与节能率的关系。图 11-49 是双效制冷机，图 11-50 是单效制冷机。在热电联产系统中如果选燃气轮机，发电效率 $\varepsilon_2 = 20\%$，排热利用率 $q_2 = 40\%$，从图 11-49 可以得出节能率为 -10%，就是说，用热电联产并不节能。而如果改用柴油发动机，则热电联产系统的发电效率 $\varepsilon_2 = 35\%$，排热利用率仍为 $q_2 = 40\%$。由于发动机排热温度比较低，只能用单效制冷机。从图 11-50 可以得出节能率为 11%。

从图 11-51 可以看出，如果热电联产系统采用燃气轮机作为原动机，取发电效率为

15%，那么排热利用率必须达到70%以上系统才能有节能效果。而从图11-52看出，利用柴油发动机的热电联产系统发电效率可以达到35%，排热利用率只要达到40%就可以有节能率为13%。这又一次证明在热电联产系统中主要应考虑提高发电效率。发电效率提高1%，节能率就能提高2%~3%。另外，提高排热利用率也是十分重要的，这需要对系统配置和负荷分布做仔细的分析。

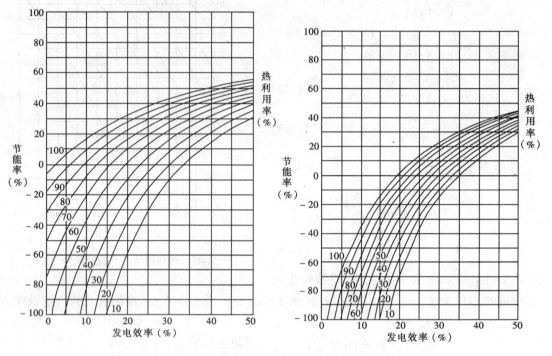

图11-49 用双效制冷机时的节能率　　　　图11-50 用单效制冷机时的节能率

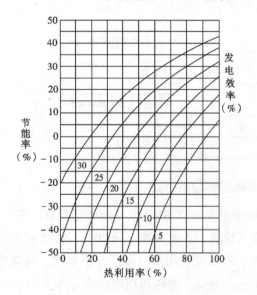 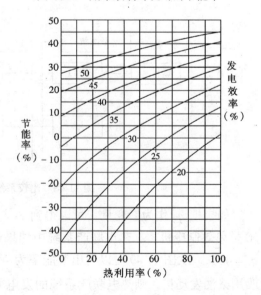

图11-51 用双效制冷机、燃气轮机时的节能率　　图11-52 用单效制冷机、柴油发动机时的节能率

第十二章 蓄冷空调*

第一节 蓄冷空调的基本概念

众所周知，白天由于各种用电设备投入使用，电力负荷要高于夜间。尤其在夏季，白天由于大量空调的投运，造成与夜间相比巨大的电力负荷峰谷差。图 12-1 是北京市夏季最大负荷日与 4 月份典型日的负荷曲线比较。

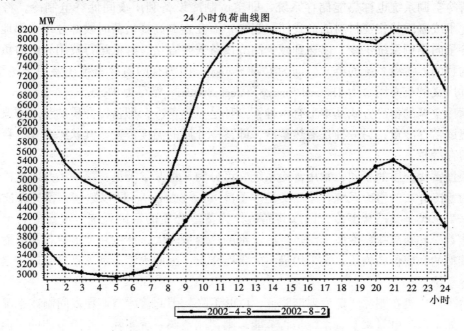

图 12-1 北京市夏季最大负荷日与 4 月典型日的日电力负荷曲线对比

由于空调的日益普及，空调中 80% 以上是电力驱动空调，使我国各城市的夏季最大电力负荷和昼夜负荷峰谷差逐年攀升，其中以上海市最为典型（见图 12-2）。

图 12-2 中，2004 年的最大昼夜负荷峰谷差比 2003 年有所降低。其实这是在有 200 万 kW 工业电力负荷避峰让电的结果。2004 年我国有 24 个省市缺电，不得不采取停工业、保民用；停生产、保空调的应急措施。与此同时，各地电力部门采取需求侧管理措施，将夜间低谷时段的电费大幅度降低，采用分时电价政策。鼓励用户避峰、用低谷电，从而平衡电网负荷、减缓高峰供电压力、提高电网安全性。蓄冷空调就是电力负荷削峰填谷的重要手段之一。

---

* 本章主要内容引用和参考了天津大学张永铨教授撰写的《冰蓄冷空调讲座》和华东建筑设计研究院胡仰耆总工翻译的美国 ASHRAE《蓄冷设计指南》

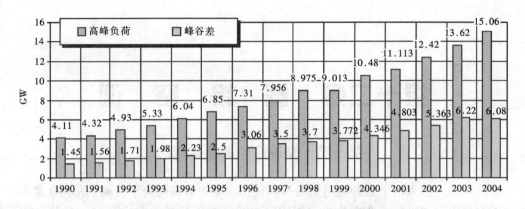

图 12-2　上海市历年的电力高峰负荷和最大昼夜负荷峰谷差

蓄冷空调系统也称热能储存系统,即空调制冷设备利用夜间低谷电制冷,将冷量以冰、冷水或凝固状相变材料的形式储存起来,而在空调高峰负荷时段部分或全部地利用储存的冷量向空调系统供冷,以达到减少制冷设备安装容量、降低运行费用和电力负荷削峰填谷的目的。蓄冷系统的英文名词为 Cool Storage。因为有的蓄冷系统还要用于冬季蓄热,所以其广义的英文用语为 Thermal Energy Storage System(缩写为 TES)。

蓄冷空调的蓄冷方式基本上有两种:一种是显热蓄冷,即蓄冷介质的状态不改变,降低其温度蓄存冷量;另一种是潜热蓄冷,即蓄冷介质的温度不变,其状态变化,释放相变潜热蓄存冷量。

根据蓄冷介质的不同,常用蓄冷系统又可分为三种基本类型:第一类是水蓄冷,即以水作为蓄冷介质的蓄冷系统;第二类是冰蓄冷(Ice Storage),即以冰作为蓄冷介质的蓄冷系统;第三类是共晶盐蓄冷,即以共晶盐作为蓄冷介质的蓄冷系统。水蓄冷属于显热蓄冷,冰蓄冷和共晶盐蓄冷属于潜热蓄冷。水的热容量较大,冰的相变潜热很高,而且都是易于获得的和廉价的物质,是采用最多的蓄冷介质,因此水蓄冷和冰蓄冷是应用最广的两种蓄冷系统。

由于制冷机在制冰时蒸发温度降低,COP 下降。因此蓄冰空调在夜间制冰工况下并不节电。如果以耗电量来衡量系统是否节能,则蓄冰空调系统实际上是不节能的。但从另一方面看,由于采用了蓄冰空调可以将高峰电力负荷转移到夜间,提高了发电机组夜间的负荷率。燃煤发电机组在调峰运行时煤耗增加,例如 1 台 30 万 kW 发电机组在 40% 的部分负荷下运行时煤耗相比 100% 负荷要增加 15%,相应的污染也会增加。因此,提高夜间发电机组的负荷率可以在发电侧节能。蓄冰空调是一种用户侧不节能而发电侧节能的技术,或者说是宏观节能微观不节能的技术。对用户来说,采用蓄冰空调主要为了节省空调运行的电费。一定要根据当地分时电价政策进行详细的分析,确定能够取得最大经济效益的系统配置和运行策略。

第二节　蓄　冰　空　调

一、蓄冰空调原理

在常规的空调系统设计时,冷负荷是根据负荷计算得到的建筑物所需要的多少"冷吨"、"千瓦"、"大卡/时"来计量的。但是,蓄冰空调系统是用"冷吨·小时(RT·h)"、"千瓦·小时"、"大卡"等热量单位来计量。

图12-3表示100冷吨维持10小时冷却的一个理论上的冷负荷,也就是1000冷吨·小时的冷负荷。图中有100个方格,其中每一格代表10冷吨·小时。

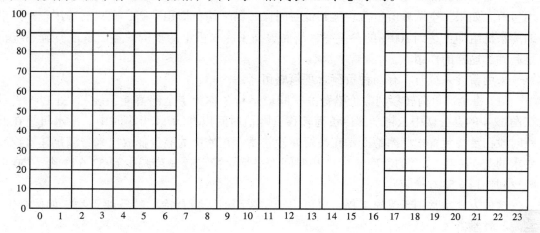

图12-3　1000冷吨·小时冷负荷概念图

事实上,建筑物的空调系统在一天的制冷周期中不可能都以100%的容量运行。空调冷负荷的高峰多数是出现在下午2:00~4:00之间,此时室外环境温度最高。图12-4是一幢典型办公大楼空调系统在一个设计日中的负荷曲线。

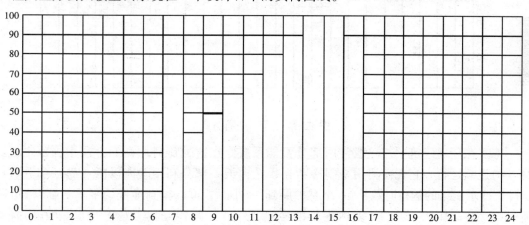

图12-4　典型办公楼的设计日负荷分布

在图12-4中,冷水机组的全部100冷吨制冷能力在10个小时的制冷周期中只用到2个小时,在其他8个小时中,冷水机组都是以部分负荷运行。如果你数一数小方格的话,你会得到总数为75个方格,每一格代表10冷吨·小时,所以此建筑物的实际冷负荷为750冷吨·小时。但在常规的空调系统设计中,必须选用100冷吨的冷水机组来应付2个小时的100冷吨的峰值冷负荷。

定义冷水机组的"参差率",即实际冷负荷与冷水机组的总制冷能力之比,如下式:

参差率(%) = (实际冷吨·小时数/冷水机组能够提供的总的冷吨·小时数) × 100%

= 750/1000 × 100%

因此,图 12-4 中冷水机组的参差率为 75%。也就是冷水机组能提供 1000 冷吨·小时,而空调系统只需要 750 冷吨·小时。参差率低,说明系统的运行效益差。

将建筑物总的冷吨·小时去除以冷机的工作小时数,可得大楼在整个制冷周期中的平均负荷。如果将空调峰值负荷转移到低谷时段,与平均负荷相平衡,则只需选用较小冷量的冷水机组即可达到 100% 的参差率,从而提高了冷水机组的投资效益。蓄冷空调系统正是起到了这样的作用。

采用蓄冷系统时,有两种负荷管理策略可考虑:

(1) 将全部负荷转移到廉价电费的时间段运行,称为"全部蓄能系统"。图 12-5 表示在图 12-4 的办公楼中,将全部冷负荷转移到峰值时间以外的 14 个小时中。冷水机组在低谷时段在蓄冷装置中制冰蓄冷,在高峰时段将蓄存在冰中的能量释放出来,满足建筑物所要求的 750 冷吨·小时的制冷量。14 小时间的平均负荷已进一步减少到 53.6 冷吨(750 冷吨·小时/14 = 53.6 冷吨)。

这种方式常常用于改建工程,也可用于需要瞬时大量释冷的特殊建筑物,如体育馆、剧院和教堂。

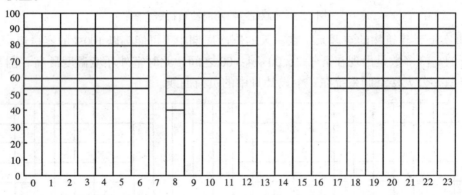

图 12-5 全蓄冷运行方式

(2) 在新建建筑中,一般常用部分蓄能系统。在这种负荷均衡的方法中,冷水机组 24 小时连续运行,它在夜间用来制冷蓄存,在白天一部分利用融冰供冷,另一部分直接供冷。冷水机组的运行时数从 14 小时扩展到 24 小时,可以得到最低的平均负荷(750 冷吨·小时/24 = 31.25 冷吨)。融冰提供的冷量是 750 冷吨·小时 − 31.25 冷吨 × 10 小时 = 437.5 冷吨·小时 = 31.25 冷吨 × 14 小时。可以大大地减少高峰电力需求,同时冷水机组的制冷能力也可减少 50% ~ 60%。

对蓄冰装置的能力,可以用蓄冰率 IPF (Ice Packing Factor) 来评价。蓄冰率是蓄冰槽内制冰容积与蓄冰槽容积之比值。即:

$$IPF = 蓄冰槽内制冰容积(m^3)/蓄冰槽容积(m^3) \times 100\%$$

目前各种蓄冰装置的 IPF 约在 20% ~ 70% 范围内。

衡量蓄冰装置能力的另一指标是制冰率,其英文简写也为 IPF,即蓄冰槽中水的最大制冰量与全水量(槽中充水的容积)之比值。

$$IPF = 槽中水的最大制冰量(kg)/全水量(kg) \times 100\%$$

通过制冰率可了解结冰量的多少。有的蓄冰设备制冰率可达90%以上。

应注意这两个定义的英文缩写都用 IPF 表示。各种冰蓄冷设备的两种 IPF 数据见表 12-1。

冰蓄冷设备的 IPF　　　　表 12-1

类　型	冷媒盘管式	完全冻结式	制冰滑落式	冰晶或冰泥	冰球式
蓄冰率 IPF_1	20%~50%	50%~70%	40%~50%	45%左右	50%~60%
制冰率 IPF_2	30%~60%	70%~90%	—	—	90%以上

还有几个在蓄冷空调工程中常用的定义：

1）融冰能力（Discharge Capacity），即蓄冰槽中的冰，实际可融解而用于空调的蓄冷量。

2）融冰效率（Discharge Efficiency），即融冰能力除以总蓄冰量之值。

3）蓄冷效率（Storage Thermal Efficiency），即融冰能力除以制冰蓄冷消耗的能量之值。此值与融冰效率不同，但有时蓄冷效率也定义为融冰效率。

4）过冷（Super Cooling），指超过流体的冻结点而仍不冻结的现象。例如：纯水的冻结点为0℃，但水温需先降至-7℃左右，才会形成冰核，再冻结成冰。过冷现象将增加制冰初期的耗能量。要设法提高成核温度，减少过冷度，就要添加成核剂，但使用不同的成核剂配方，效果也各不相同。

水的比热是 4.1868kJ/（kg·K），冰的相变温度是 0℃、相变潜热 333.3kJ/kg。在水蓄冷方式中，因为只用显热方式蓄冷，通常的蓄冷温差在 5℃左右，$1m^3$ 水的蓄冷能力为 $20.9×10^3kJ$，相当 5.8kW·h。而在冰蓄冷方式中，$1m^3$ 的冰（相当924kg）其蓄冷能力为 $308×10^3kJ$，相当 85.6kW·h。理论上，在水和冰两种蓄冷介质同样体积下，冰的蓄冷能力约为水的蓄冷能力的 15 倍。因此，在提供相同蓄冷量条件下，水蓄冷设备占地要比冰蓄冷大得多。参见表 12-2

蓄冷介质比较　　　　表 12-2

项　目	水	冰	低温共晶盐
蓄冷方式	显热蓄冷	显热+潜热	潜热
相变温度	—	0℃	4~12℃
温度变化范围	12~7℃	12℃水~0℃冰	8℃液体~8℃固体
单位重量蓄冷容量（kJ/kg）	20.9	384	96
单位体积蓄冷容量（MJ/m^3）（kWh/m^3）（$RT·h/m^3$）	20.9 5.81 1.65	355 98.61 28.08	153 42.5 12.10
每 1000RT·h 所需蓄冷介质的体积	606 m^3	35.3 m^3	82.6 m^3

注：1RT·h = 12670kJ = 3.516kWh = 3024kcal。

因此，可以归纳蓄冰空调的优点是：

（1）蓄冷密度大，蓄冷设备占地小，这对于在高层建筑中设置蓄冷空调是一个相对有利的条件；

（2）蓄冷温度低，蓄冷设备内外温差大，其外表面积远小于水蓄冷设备的外表面积，从而散热损失也很低，蓄冷效率高；

（3）可提供低温冷冻水，构建成低温送风系统，使得水泵和风机的容量减少，也相应地减少了管路直径，有利于降低蓄冷空调的造价；

（4）融冰能力强，停电时可作为应急冷源。

蓄冰空调的主要缺点是在蓄冷制冰工况时的制冷效率低，制冷能力下降。一般制冷机的蒸发温度每下降1℃，其可用功率下降3%。制冰工况时制冷机的蒸发温度为$-7 \sim -8$℃，与普通空调的制冷机蒸发温度大致相差10℃。因此，相同容量的制冷机，在制冰工况下制冷能力要下降30%左右。理论上，在环境条件不变的前提下蓄冰空调的单位冷吨用电量约为水蓄冷的1.43倍。因此如果没有峰谷电价差，则从用户角度来说使用蓄冰空调是没有效益的。

此外，冰蓄冷系统的装置比较复杂，操作技术要求高，投资也比较大。

二、冰蓄冷设备

1. 冰盘管式（Ice-On-Coil）

又称为冷媒盘管式（Refrigerant Ice-On Coil）和外融冰系统（External Melt Ice-On Coil Storage Systems）。该系统也称直接蒸发式蓄冷系统，其制冷系统的蒸发器直接放入蓄冷槽内，冰冻结在蒸发器盘管上。

一种典型产品的盘管为钢制，连续卷焊而成，外表面为热镀锌。管外径为1.05″（26.67mm），冰层最大厚度为1.4″（35.56mm），换热表面积为$0.137m^2/kWh$，冰表面积为$0.502m^2/kWh$，制冰率IPF约为40%~60%。

融冰过程中，冰由外向内融化，温度较高的冷冻水回水与冰直接接触，可以在较短的时间内制出大量的低温冷冻水，出水温度与要求的融冰时间长短有关。这种系统特别适合于短时间内要求冷量大、温度低的场所，如一些工业加工过程及低温送风空调系统。

在使用冰盘管式蓄冷槽时，有几点需注意：

（1）当结冰厚度较大时，制冰需要的蒸发温度较低，压缩机所需功率大，耗电量大；（2）若白天没有将贮存的冰用尽而重新开始制冰，则必须隔着一层冰来制冰，由于冰是一种优良热阻，会使制冷设备耗电率与用电量增加；（3）蓄冰槽内应保持约50%以上的水不冻成冰，否则无法正常抽取冷水、进行融冰，应使用冰层厚度控制器或增加盘管中心距，以避免产生冰桥；（4）在开式系统中，蓄冰槽的进出口处（即水系统进出口管路上）应加装止回阀和稳压阀，以避免停泵时系统中的水回流，使蓄冰槽中水外溢。

2. 完全冻结式（Total Freeze-Up）

又称乙二醇静态储冰（Glycol Static Ice Storage）和内融冰式冰蓄冷（Internal Melt Ice-On-Coil Storage）。

该系统是将冷水机组制出的低温乙二醇水溶液（二次冷媒）送入蓄冰槽（桶）中的塑料管或金属管内，使管外的水结成冰。蓄冰槽可以将90%以上的水冻结成冰。融冰时从空调负荷端流回的温度较高的乙二醇水溶液进入蓄冰槽，流过塑料或金属盘管内，将管外的冰融化，乙二醇水溶液的温度下降，再被抽回到空调负荷端使用。

由于这种蓄冰槽的盘管外可以均匀冻结和融冰，无冻坏的危险，因此这种方式的制冰率最高，可达 IPF=90％以上。

生产这种蓄冰设备的厂家较多。有一种典型产品的蓄冰筒采用外径为 16mm（也有 13mm）的聚乙烯管绕成螺旋形盘管热交换器。盘管外冰层厚度为 12mm，盘管换热表面积 $0.317m^2/kWh$。如图 12-6 所示。

另一种典型产品是用外径为 6.35mm 的耐高低温的石蜡脂塑料管制成的平行换热排管垂直放入保温槽内构成。其平均冰层厚度为 10mm，盘管换热表面积为 $0.345m^2/kWh$。蓄冷槽的槽体是钢制的或玻璃钢制成的。换热排管也可置于钢筋混凝土槽内或筏基内，构成整体式蓄冷槽。如图 12-7 所示。

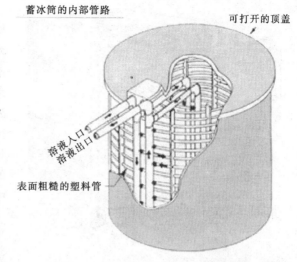

图 12-6 一种典型的内融冰式蓄冰装置

第三种典型产品的蓄冰槽里装有一个钢制的热交换器，其管外径为 26.6cm，结冰厚度控制在 23mm 左右。虽然是属于内融冰方式，但冰与冰之间仍留有极小的间隙，以便在

图 12-7 另一种典型的内融冰蓄冰装置

融冰过程中,结在盘管周围的冰能有少量的活动空间，使得钢管与冰始终存在有直接接触的部位，因此导热较好，在整个融冰过程中蓄冰槽的出口二次冷媒温度始终可保持在 3℃左右，并可以使冰几乎全部被融化来供冷。如图 12-8 所示。

3. 动态制冰(Dynamic Ice-Maker)

又称收冰系统（Ice Harvester）或制冰滑落式系统。

该系统的基本组成是以制冰机作为制冷设备，以保温的槽体作为蓄冷设备，制冰机安装在蓄冰槽的上方，在若干块平行板内通入制冷剂作为蒸发器。循环水泵不断将蓄冰槽中的水抽出送到蒸发器的上方

图 12-8 第三种典型的内融冰蓄冰装置

喷洒而下，在平板状蒸发器表面结成一层薄冰，待冰层达到一定厚度（一般在 3~6.5mm 之间）时，制冰设备中的四通换向阀切换，使压缩机的排气直接进入蒸发器而加热板面，使冰脱落。也就是冰的所谓"收获"过程。通过反复的制冰和收冰，蓄冰槽的蓄冰率可以达到 40%~50%。由于板式蒸发器需要一定的安装空间，因此动态制冰不大适合大、中型系统。如图 12-9 所示。

4. 冰球式（Ice Ball）

又称容器式（Encapsulated Ice）蓄冰。

此种类型目前有多种形式，即冰球、冰板和蕊心褶囊冰球。冰球又分为圆形冰球，表面有多处凹凸的冰球和齿形冰球。

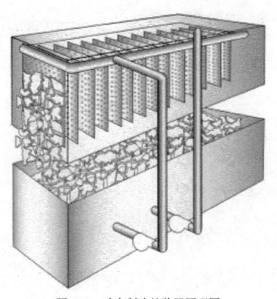

图 12-9 动态制冰的装置原理图

一种典型的冰球式蓄冰系统的蓄冰球外壳是由高密度聚合材料制成，球内充注具有高凝固-融化潜热的溶液。其相变温度为 0°C，分为直径 77mm 和 95mm 两种。以外径 95mm 冰球为例，其换热表面积为 $0.75m^2/kWh$，每立方米空间可堆放 1300 个冰球；外径 77mm 冰球每立方米空间可堆放 2550 个冰球。如图 12-10 所示。

5. 共晶盐（Eutectic Salt）

Eutectic Salt 亦称为 Salt Hydrates，一般译作"共晶盐"，也可取其音译为"优太盐"。共晶盐是一种由无机盐，即以硫酸钠水化合物（Sodium Sulfate Decahydrate）为主要成分，加上水和添加剂调配而成的混合物，充注在高密度聚乙烯板式容器内。

共晶盐具有以下特点：

(1) 不过冷。即准确地在冻结点结晶。

(2) 不层化。通常共晶盐在过饱和状态下溶解时，一部分的无机盐会沉淀在容器底部，而一部分液体则浮在容器的上方，这种现象称为"层化现象"。层化现象若不予消除，将会使共晶盐在经过几千次相态变化之后，损失近 40% 的溶解热，即储冷容量剩下 60% 左右。影响层化的因素很多，例如，盛装共晶盐所用容器的厚度，共晶盐的种类以及核化的方法等。

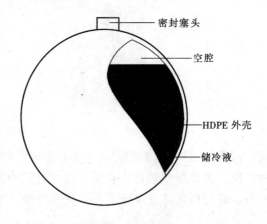

图 12-10 冰球结构图

共晶盐是一种高温相变材料。理论上可以在任何温度下发生相态变化，因此非常适合蓄冷空调系统的应用。但是，实际上如果从可靠性、稳定性、经济性、耐久性等诸多方面来要求的话，适合空调应用的共晶盐配方及设备并不多见。

6. 冰晶或冰泥（Crystal Ice or Ice Slurry）

该系统是将低浓度乙二醇水溶液冷却至冻结点温度，产生千千万万个非常细小均匀的冰晶，其直径约为 100μm。这种冰粒与水的混合物，形成类似泥浆状的液冰，可以用泵输送。如图 12-11 所示。

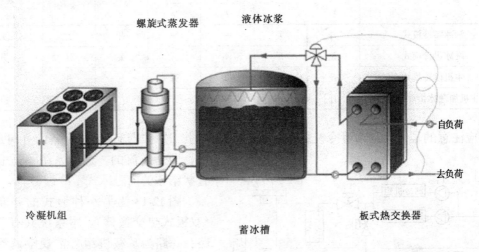

图 12-11　一种典型的冰浆蓄冰系统

三、蓄冰空调的系统配置

蓄冰空调系统的制冷机组与蓄冰装置可以有多种组成。基本上可以分为串联系统和并联系统两种：

(1) 串联系统。机组位于蓄冰装置的上游；
串联系统。机组位于蓄冰装置的下游。
(2) 并联系统。单（板式）换热器系统；
并联系统。双（板式）换热器系统。

在串联系统（机组在上游）中，二次冷媒先流经制冷机组，机组的运行效率较高，蓄冷装置的释冷率较低，对于释冷温度较低的蓄冷装置宜采用此系统；在串联系统（机组在下游）中，二次冷媒先流经蓄冷装置，机组的运行效率相对较低，蓄冷装置的释冷率较高，此种系统适于释冷温度相对较高的蓄冷装置；而并联系统中机组与蓄冷装置的效率位于前两者之间。

冰蓄冷系统一般均采用板式换热器将冷冻水系统与蓄冷系统隔开，二次冷媒一般为乙烯乙二醇水溶液，这样蓄冷装置可以免于承受空调冷冻水系统过高的静压。

1. 并联系统

图 12-12 是并联系统（单板式换热器），适用于采用密闭式蓄冰罐的冰蓄冷系统。此系统也为二次泵系统。密闭式蓄冰罐的流动阻力较小，可不单独设融冰泵。此系统的一次系统为二次冷媒（一般为乙烯乙二醇水溶液）系统（图中虚线框内部分），可进行蓄冷或供冷。其

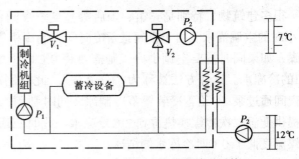

图 12-12　单板式换热器并联系统

二次系统为空调冷冻水系统，介质为水。各种运行工况见表12-3。

单板式换热器并联系统的运行模式　　　　　　　　　　　　　　表12-3

	阀门 V_1	阀门 V_2			泵 P_1	泵 P_2	泵 P_3
		a	b	c			
制冰蓄冷模式	开	关	—	—	开	关	关
融冰供冷模式	关	开	调	开	关	开	开
主机供冷模式	开	开	调	开	开	开	开
主机加融冰供冷模式	开	开	开	开	开	开	开

应注意的是，在制冰蓄冷模式和融冰供冷模式时二次冷媒流经蓄冷设备的方向是相反的，即是逆流的。这种系统不适宜用于管状结冰的内融冰式蓄冷设备。

图12-13为另一种形式的并联系统（双板式热交换器）。本系统共有三个回路：一路为基载机组（常规空调冷水机组）回路，可昼夜供给空调用冷冻水；另一路为来自双工况制冷机组的低温二次冷媒通过板式热交换器冷却空调冷冻水的回路；最后一路为来自蓄冷装置融冰释冷产生的低温二次冷媒通过另一板式热交换器冷却的空调冷冻水。此系统中制冷机组与蓄冷装置更具有独立性。

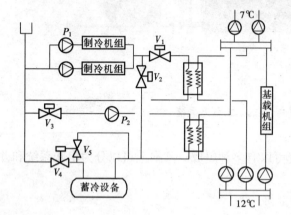

图12-13　双板式换热器并联系统

在制冷机组与蓄冷装置同时供冷时，可启动泵 P_1、P_2 来实现。至于同时供冷时是以主机优先，还是蓄冷装置优先，可根据需要而定，也可通过最优化运行策略来控制。各种运行工况见表12-4。

双板式换热器并联系统的运行模式　　　　　　　　　　　　　　表12-4

	V_1	V_2	V_3	V_4	V_5	P_1	P_2
制冰蓄冷模式	关	开	关	开	关	开	关
融冰供冷模式	关	关	开	调	调	关	开
主机供冷模式	开	关	关	—	—	开	关
主机加融冰供冷模式	开	关	开	调	调	开	开

很多建筑物，特别是宾馆、饭店等，夏季夜间仍需要一定的供冷量，以保证建筑物24小时的空调需求。由于夜间是蓄冷时间，制冷机组需要产生用于蓄冰的0℃以下的二次冷媒，如果同时需要空调供冷，则需要将0℃以下的二次冷媒分流一部分到换热器得到7℃的冷冻水。这种方法被称为"分流法"。此时制冷机组的运行效率较低。如图12-12，在夜间通过泵 P_1 给蓄冷装置蓄冷制冰，同时利用二次泵 P_2，并调节三通阀 V_2，给换热器提供低温二次冷媒换热得到7℃冷冻水。此时三通阀 V_2 的调节很重要，应防止在二次冷媒温度低于0℃时冷冻水侧结冰。

为了提高制冷机组的运行效率，以保证夜间或蓄冷期间建筑物空调所需冷量，一般应设基载机组即常规冷水机组，直接供应7℃的冷冻水。基载机组可全天使用，以减少初投资。如图12-13所示。如果夜间负荷极小，不足以再设一台基载机组时，再考虑采用"分流法"设计。

2. 串联系统

图12-14为串联系统，主机在上游。图中虚线框内部分为二次冷媒系统（一般为乙烯乙二醇水溶液），由双工况制冷机组、蓄冷设备、板式换热器、泵、阀门等串联组成，利用制出的低温二次冷媒，通过板式换热器冷却空调用冷冻水。

图12-14中各种运行模式的阀门状态见表12-5。

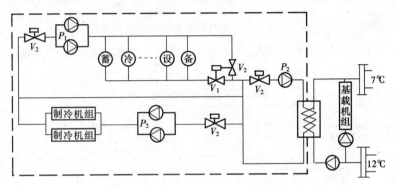

图12-14 主机上游的串联系统

主机上游的串联系统的运行模式 表12-5

	V_1	V_2	V_3	V_4	V_5	P_1	P_2	P_3
制冰蓄冷模式	开	开	关	开	关	开	关	开
融冰供冷模式	开	关	开	调	调	开	开	关
主机供冷模式	关	开	开	—	—	关	开	开
主机加融冰供冷模式	开	开	开	调	调	开	开	开

设计串联系统时，应注意二次冷媒（乙烯乙二醇水溶液）泵的容量确定。制冰蓄冷模式和制冷机组单独供冷模式，泵的流量应按制冷机组空调负荷来确定。但是，当在制冷机组与蓄冷装置同时供冷时，由于负荷增大，二次冷媒系统的供回水温差必将大于5℃，可达7~8℃，因此应适当地提高二次侧空调用冷冻水供回水温差。另外，在制冰蓄冷模式和制冷机组单独供冷模式下，二次冷媒系统阻力较小；而在制冷机组与蓄冷装置同时供冷时，系统阻力最大，因此在选择泵时，应在四种运行模式条件下按最不利工况确定泵的扬程。

如图12-15所示，串联系统在制冰蓄冷模式下，开启泵P_2和P_1调节阀V_3、V_4，利用泵P_2为二次泵，使此系统可在夜间蓄冷时期同时供冷。各种运行模式工况见表12-6。

第二种串联系统的运行工况 表12-6

	V_1	V_2	V_3	V_4	P_1	P_2
制冰蓄冷模式	关	开	开	关	开	关
融冰供冷模式	关	开	关	开	关	开
主机供冷模式	开	关	关	开	开	开
主机加融冰模式	关	开	关	开	开	开
制冰同时供冷模式	关	开	调	调	开	开

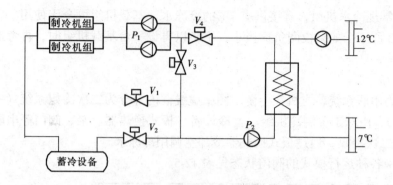

图 12-15 夜间同时蓄冰和供冷的串联系统

图 12-16 所示为又一种串联系统，其原理与图 12-15 基本相同，各种运行模式工况见表 12-7。

第三种串联系统的运行工况　　　　　　　　表 12-7

	V_1	V_2	V_3	V_4	P_1	P_2	P_3
制冰蓄冷模式	关	开	开	关	开	关	关
融冰供冷模式	关	开	关	开	关	开	开
主机供冷模式	开	关	关	开	开	开	开
主机加融冰模式	关	开	调	调	开	开	开
制冰同时供冷模式	关	开	调	调	开	开	开

四、蓄冰空调负荷的确定

蓄冷-放冷的循环周期可分为日循环、周循环等几种。应根据建筑物的使用特性和设计日空调负荷分布来确定。一般的蓄冷系统循环周期为每日循环。

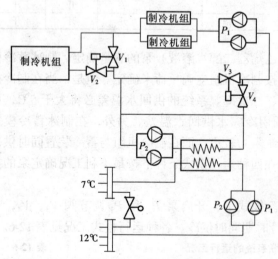

图 12-16 第三种串联系统

设计日负荷是指每日 24 小时的逐时冷负荷。常规空调系统是依据峰值冷负荷选择冷水机组和空调设备；而蓄冷空调系统则需要根据建筑物设计日的总冷负荷（单位为 kWh 或冷吨小时 RTh）、蓄冷模式（全部蓄冷或部分蓄冷）和运行控制策略（主机优先或蓄冷优先）设计。因此，设计蓄冷空调系统时，应比较准确地提供建筑物设计日的逐时负荷图。

设计者在初步设计中很难准确计算出设计日逐时空调负荷，可根据峰值负荷估算设计日的逐时负荷或设计日总冷负荷。空调峰值负荷的估算方法可参见本书的第四章。表 12-8 给出几种类型建筑物的逐时负荷系数，可依此计算出设计日逐时冷负荷。表中以峰值小时的负荷系数为 1。这样，计算或估算出峰值小时负荷以后，就可根据建筑物的类型取表中所列数值得出建筑物设计日逐时冷负荷。但是，影响建筑物设计日逐时冷负荷的因素很多，表中所列数据只能供参考。

各类建筑的负荷系数　　　　　　表 12-8

时间	写字楼	宾馆	商场	餐厅	咖啡厅	夜总会	保龄球馆
1		0.16					
2		0.16					
3		0.25					
4		0.25					
5		0.25					
6		0.50					
7	0.31	0.59					
8	0.43	0.67	0.40	0.34	0.32		
9	0.70	0.67	0.50	0.40	0.37		
10	0.89	0.75	0.76	0.54	0.48		0.30
11	0.91	0.85	0.80	0.72	0.70		0.38
12	0.86	0.90	0.88	0.91	0.86	0.40	0.48
13	0.86	1.00	0.94	1.00	0.97	0.40	0.62
14	0.89	1.00	0.96	0.98	1.00	0.40	0.76
15	1.00	0.92	1.00	0.86	1.00	0.41	0.80
16	1.00	0.84	0.96	0.72	0.96	0.47	0.84
17	0.90	0.84	0.85	0.62	0.87	0.60	0.84
18	0.57	0.74	0.80	0.61	0.81	0.76	0.86
19	0.31	0.74	0.64	0.65	0.75	0.89	0.93
20	0.22	0.50	0.50	0.69	0.65	1.00	1.00
21	0.18	0.50	0.40	0.61	0.48	0.92	0.98
22	0.18	0.33				0.87	0.85
23		0.16				0.78	0.48
24		0.16				0.71	0.30

第三节　水蓄冷空调

一、水蓄冷介绍

以水作为介质来蓄冷（热）是蓄能空调的方式之一。

水蓄冷空调系统可以用于冬季蓄热、夏季蓄冷，大大提高了蓄冷水槽的利用效率。加之其投资和运行费用低，经济性的优势突出。

早在 20 世纪 70 年代，我国就曾经在上海体育馆的建设中采用了水蓄冷空调系统。但由于受常规空调进出水温差只有 5℃的局限，致使蓄冷水池体积庞大，其占地面积、造价和蓄冷过程中的冷损失都相应增大。近年我国的一些水蓄冷空调工程，将工作温差扩大到

255

8～10℃，使蓄冷密度由原来的20930kJ/（m³·h）提高到41860kJ/（m³·h）以上。使蓄冷槽容积大大减少，工程造价、传热损耗、输送功耗都随之减小，从而得以推广使用。

概括起来，水蓄冷技术具有以下特点：

（1）可以使用常规的冷水机组，也可以使用吸收式制冷机组，并使其在经济状态下运行。

（2）适用于常规供冷系统的扩容和改造，可以不增加制冷机组容量而达到增加供冷量的目的。

（3）可以利用消防水池、原有的蓄水设施或建筑物地下室等作为蓄冷容器来降低初投资。

（4）可以实现蓄热和蓄冷的双重用途。

（5）技术要求低，维修方便，无需对运行管理人员进行特殊的技术培训。

（6）水蓄冷系统是一种较为经济的储存大量冷量的方式。蓄冷槽体积越大，单位蓄冷量的投资越低。当蓄冷量大于7000kWh（602万大卡）或蓄冷容积大于760m³时，水蓄冷是最为经济的。

水蓄冷的方式主要有四种：自然分层蓄冷、多罐式蓄冷、迷宫式蓄冷和隔膜式蓄冷。

二、自然分层水蓄冷

自然分层蓄冷是一种结构简单、蓄冷效率较高、经济效益较好的蓄冷方法，目前应用得较为广泛。

水的密度与其温度密切相关，在水温大于4℃时，温度升高密度减小；而在0～4℃范围内，温度升高密度增大，3.98℃时水的密度最大。密度大的水会自然地聚集在蓄冷槽的下部，自然分层蓄冷就是依据这样的原理。在自然分层蓄冷中，温度为4～6℃的冷水聚集在蓄冷槽下部，而温度为10～18℃的温热水自然地聚集在蓄冷槽的上部，形成冷热水的自然分层。

自然分层水蓄冷槽的结构形式如图12-17所示。在蓄冷槽中设置了上下两个均匀分配水流散流器。为了实现自然分层的目的，要求在蓄冷和释冷过程中，热水始终是从上部散流器流入或流出，而冷水是从下部散流器流入或流出，应尽可能形成分层水的上下平移运动。

在自然分层水蓄冷槽中，斜温层是一个影响冷热分层和蓄冷槽蓄冷效果的重要因素。它是由冷热水间的导热作用而形成的一个冷热温度过渡层，如图12-18所示。它会由于通过该水层的导热、水与蓄冷槽壁面的导热，以及储存时间的延长而增厚，从而减少实际可用蓄冷水的体积，减少可用蓄冷量。明确而稳定的斜温层能防止蓄冷槽下部冷水与上部热水的混合，蓄冷槽储存期内斜

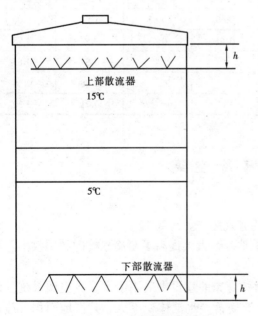

图12-17 蓄冷水槽的构造

温层的变化是衡量蓄冷槽蓄冷效果的主要指标。一般希望斜温层厚度在 0.3~1.0m 之间。为了防止水的流入和流出对储存冷水的影响，在自然分层水蓄冷槽中采用的散流器应使水流以较小的流速均匀地流入蓄冷槽，以减少对蓄冷槽水的扰动和对斜温层的破坏。因此，分配水流的散流器也是影响斜温层厚度变化的重要因素。

在自然分层水蓄冷罐蓄冷循环中，冷水机组送来的冷水由下部散流器进入冷槽，而热水则从上部散流器流出，进入冷水机组降温。随着冷水体积的增加，斜温层将被向上推移，而槽中总水量保持不变。在释冷循环中，水流动方向相反，冷水由下部散流器送至负荷处，而回流热水则从上部散流器进入蓄冷罐。图 12-19 所示为温度分层型蓄冷槽的流程。

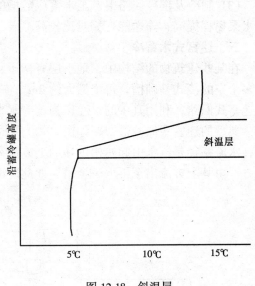

图 12-18 斜温层

自然分层开式流程在空调水蓄冷系统中的应用较为普遍，主要特点是可以直接向用户供冷，具有系统简单、一次投资低、温度梯度损失小等优点，但由于该系统的制冷及供冷回路均为开式流程，存在如下的问题：

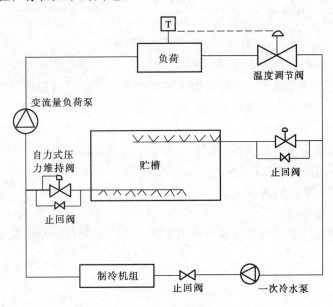

图 12-19 温度分层型蓄冷槽的流程

（1）水蓄冷槽与大气相通，水质易受环境污染，水中含氧量高，容易生长藻类。为防止系统管路、设施的腐蚀及有机物的繁殖，需要设置相应的水处理装置。

（2）整个水蓄冷贮槽为常压运行，必须考虑防止虹吸、倒空而引起运行工况被破坏，应在管路设计中采取相应的措施。

257

（3）制冷及供冷回路中，至水蓄冷贮槽的回水管均处于泄压状态，无法利用静压，致使水泵扬程提高，输送能耗相对比较高。

三、迷宫式水蓄冷

在某些建筑物的结构中，地下层有格子状的筏式基础梁，这些格子状的基础梁就构成了多个空的筏式基础槽，每个槽大约 $2m^3$，施工时将管子预留于基础梁中，将这些槽组合成迷宫式回路，利用其中的空腔作为蓄冷水槽。这种系统尽管效率不高，但经济性较好。

典型的迷宫式储冷槽回路如图 12-20 所示。在蓄冷过程中，冷冻水被泵入其中的一个槽，水流路径是：水由起始槽一端的上方流入，从另一端的下方流出，再流入另一个槽的下方，由其上方流出至再下一个槽，如此冷冻水在槽与槽之间上下交替流通，如走迷宫。

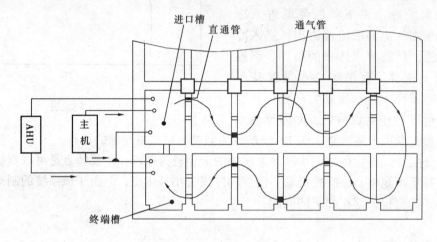

图 12-20 迷宫式蓄冷水槽

迷宫式蓄冷水槽中，冷冻水在不同密度、流速，以及水与槽壁发生碰撞时都会产生混合现象。由于水路上下流动及水本身的温度密度差异，在较冷（较重）的冷冻水被导入温热（较轻）的冷冻水槽时，会引起混合。如果流速太高，蓄冷槽内会产生旋涡；而如果流速太低则会使进出口端发生短路。

尽管存在混合现象，但由于蓄冷槽是由多个小槽组成的，有多道墙体隔离，因此总的来说，迷宫式系统对不同温度的冷冻水分离效果较好，但其槽表面积和容积之比偏高，使热损失增加，造成了蓄冷效率下降。

四、多槽式水蓄冷

多槽式系统的设计思想就是将多个水槽串联起来，最简单的路径是让冷冻水从某一个

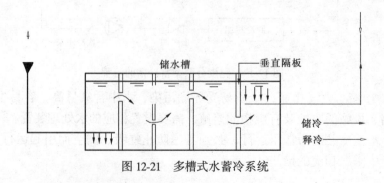

图 12-21 多槽式水蓄冷系统

槽的底部流入，再从顶部流至另一个槽，从其顶部流入，以避免水流"短路"，如图 12-21 所示。这时不必刻意去排除冷冻水的混合问题。从图 12-22 可以看出，当串联槽多达 20 个时，其储冷效率可以超过 90%。当然，在每一个槽中仍然存在有一定程度的温度分层现象。这个系统非常简单，设计上失败的可能性比较小，同时由于施工费用比较省，也没有故障及维修问题，因此得到了普遍使用。尤其在具有筏式基础槽的建筑物中采用这种系统更为经济。串联的槽数最好在 10 个以上，以提高蓄冷效率。

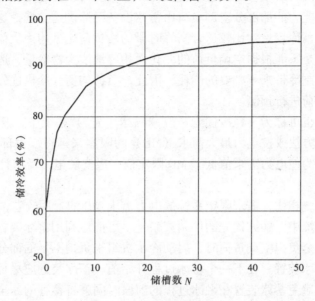

图 12-22　多槽水蓄冷系统中蓄冷槽数与蓄冷效率的关系

在水蓄冷工程中，对蓄冷槽进行保温是提高其蓄冷能力的重要措施。特别要考虑蓄冷槽底部和槽壁的绝热。如果由底部传入的热量大于从侧壁导入的热量，则可能形成水温分布的逆转从而诱发对流，破坏分层效果。对于露天布置的蓄冷槽，在保温层外还需覆盖防潮层和防护层。为减少太阳辐射作用，在防护层外还需施加带有反射效果的涂层。

在进行槽壁的保温层厚度的计算时，可取槽内水温为 4℃，并要求保温层表面温度不低于空气的露点温度。

第四节　蓄冷空调的运行管理

蓄冷运行的策略常分为全蓄冷或部分蓄冷。部分蓄冷系统的运行又可分为负荷均衡运行和需求限定运行。在这些运行策略的基础上，还可引申出多机组中的基载运行或其他程序运行的一些策略。

所谓全蓄冷运行的策略是将高峰时段的冷负荷全部转移到低谷时段。全蓄冷系统的典型运行方式是制冷机组在设计日的所有非峰时段满负荷运行。而在高峰时段制冷机组停止工作，冷负荷全部由蓄冷系统满足。这样的系统相对而言需要较大的制冷量和蓄冷量。全蓄冷运行方式适于电力最大需求（MD）费用很高或高峰时段很短的场合（例如体育馆、剧院、教堂等）。这种运行方式的控制相对较简单。

所谓部分蓄冷系统是指制冷机组在高峰时段仍需要运行，蓄冷量只满足高峰时段的一部分冷负荷，不足部分通过制冷机组的运行来满足。部分蓄冷运行策略还可分为"负荷均衡"和"需求限定"运行。

负荷均衡（也可称为"冷机优先"）系统的典型运行方式是优先启动冷水机组来满足空调负荷要求，当空调负荷小于冷水机组最大的制冷能力时，蓄冷装置不参与供冷，空调负荷完全由冷水机组提供，也可以将多余的冷量蓄存起来；当空调负荷超过冷水机组最大的制冷能力时，则同时启动蓄冷装置参与供冷，空调负荷主要还是由冷水机组提供，超过冷水机组最大供冷能力的那部分空调负荷由蓄冰设备融冰供给。选择这种运行策略可减小所需的制冷容量和蓄冷容量，比较适合高峰时段的冷负荷比平均冷负荷大得很多的应用场合。但其缺点主要是不能根据空调负荷的变化而相应地改变蓄冷量，造成蓄冷设备的使用率较低，夜间盲目制冷带来不必要的能耗。因此，负荷均衡（冷机优先）系统的控制策略需要对未来空调负荷进行预测。

在需求限定（也可称为"释冷优先"或"融冰优先"）系统中，制冷机组在高峰时段采用减小制冷量的方法或按电力最大需求（MD）的限制来运行。大部分空调负荷由蓄冷装置释冷来提供。为使电力需求值低于 MD 限定值，应安装电力需求计量表，并能够与大楼控制系统通信。

与负荷均衡系统相比，需求限定系统的电力需求 MD 的费用较省，但设备费较贵。

在蓄冰空调系统中，融冰优先的控制策略是尽可能地利用蓄冰装置融冰来负担空调负荷。当融冰不能完全负担空调负荷时，启动冷水机组来负担不足的部分。这种控制策略能最大限度地利用蓄冰装置。在下一个蓄冰过程开始前，蓄冰装置应尽可能将蓄存的冰全部融完；但又要尽量避免蓄冰装置在融冰过程的前段时间就将蓄存的冰全部或大部融完，可能会出现这样的情况：在典型设计日或接近典型设计日的工况下，高峰负荷出现在下午时段，从早上起，建筑负荷就比较大，加速了融冰过程，致使蓄冰装置中剩冰量过少，不够支持到下午。因此，必须限制每个时刻的融冰量，以保证峰值空调负荷。

在部分蓄冰空调系统中采用融冰优先控制策略时，为使系统能正常运行，需要对空调负荷进行预测，以决定各时刻的融冰量。因此，融冰优先的控制策略实现起来比较复杂。我国多数城市实行的都是"三段制"分时电价政策，即低谷、平段、高峰三个不同的电价时段，这更增加了融冰优先控制策略控制的复杂性。

在蓄冷系统中，可以用 1 台或多台冷水机组作为"基载"机组，以改善蓄冷系统的经济性，特别是日负荷分布曲线相对较平坦以及冰蓄冷的应用场合这种运行方式的经济性更好。其典型的做法是用 1 台高效冷水机组来满足大楼负荷中的恒定部分，选多台冷量较小的机组用于均衡或转移余下的负荷，专门用来为蓄冷装置充冷。

如上所述，冷负荷预测和电力需求量的控制算法是蓄冷系统优化运行的有力工具。负荷预测的算法有多种。一种简单的预测控制是利用每天气象预报的最高室外温度或在给定钟点时的温度来确定该天的控制策略：例如，一个释冷优先的系统，在早上 8：00 时如果室外温度低于 18℃，冷水机组不运行。但如果 8：00 时的室外温度为 21~24℃，冷水机组则以 50%的容量运行。还有一些预测控制方法，是利用即时的负荷来估算当天余下时间的负荷。这些控制策略需要掌握相当丰富的负荷特性知识。在具体运用时必须确定具体的运行参数。常用算法有：卡尔曼滤波器、神经元网络算法等。

第十三章 绿 色 建 筑

第一节 绿色建筑的概念

回顾人类建筑的发展史,从新石器时代直到工业革命前夕,尽管出现过许多著名的建筑,但其本质上还属于人类遮风避雨和御寒的掩蔽所。那时除了人们为御寒、烹饪和照明消耗少量的天然能源之外,基本上是不耗能的。在生产力低下的条件下,人类改变自然的能力有限,对自然的破坏能力也有限。天然能源再生和生态平衡恢复的速度远远高于人类消耗的速度。

工业革命之后,由于有了动力机械和电力,实现了规模生产,使大量新材料、新设备源源不断地进入建筑业。钢材、水泥等建筑材料的应用,带动了建筑结构理论的发展,使建筑物在高度上已经没有什么技术障碍;而动力机械和电力的应用,锅炉、电气照明、电梯、空调等标志现代文明的设施使西方国家富裕起来的人们有条件去追求建筑的舒适性,进入所谓"舒适建筑"阶段。尤其是二战后,西方国家的"战后复兴"建设规模巨大,对自然资源进行掠夺式开发,对自然界的破坏力也是空前巨大的。到20世纪中叶,都市里大量兴建高层和超高层建筑,出现了全封闭的、完全靠空调和人工照明来维持室内环境而与自然界隔绝的人造生物圈。人类与自然界之间的和谐被打破了。人类由于掌握了现代技术,有恃无恐地试图征服自然、扭转乾坤。而现代技术是建立在大量消耗矿物燃料的基础之上的。科学家估计,即使用最合理、最经济的使用方法,20世纪最后30年所消耗的矿产资源,将比整个文明史以来所消耗的大3~4倍。

20世纪70年代的石油危机,表面上是由于以阿战争的政治原因所引起,实质上反映了发展中国家对发达国家过渡攫取资源的愤懑和不满。中东产油国家联合起来对以美国为首的发达国家实行石油禁运,使得发达国家不得不以牺牲生活质量、降低生活水准为代价,节制使用能源。由此带来的直接影响是建筑室内空气品质的劣化,是员工工作效率的降低和各种"现代病"(如建筑病综合症 SBS,大楼并发症 BRI 和多种化学物过敏症等)的出现。在发达国家特别是在一些经济中心城市中,第三产业无论是在国民经济总产值中还是在就业人口中都占有举足轻重的地位,员工工作效率和出勤率的降低直接影响到经济效益。这一阶段出现的智能建筑,基本上秉承了密闭空间、人工环境的设计思路,而且作为经济、金融企业和制造业企划研发等部门创造产值和利润的主要场所。于是,室内空气品质成为学者们研究的热点。兴建"健康建筑"成为潮流。

石油危机之后,国际油价不断下跌。为了改善室内空气品质、创造健康环境,这一阶段的建筑能耗又有所反弹,甚至超过石油危机之前。特别是在智能建筑里,大量办公设备的采用使得其夏季空调冷负荷为一般办公楼的1.3~1.4倍,而冬季空调热负荷却仅为一般办公楼的50%。冬季在高层办公楼的内区还需要开动制冷机供冷,过渡季节同时供冷供热。特别是新兴的互联网中心和门户网站,每平方米的设备发热量达到了1kW,是普通办公楼的10倍。在这样的建筑里生活和工作，很自然地使人产生"返璞归真"、回归大自然的愿望。森林的树木、花草、苔藓、新鲜空气、土壤岩石、河流小溪乃至动物微生物却是生活在人造生物圈中的人们可望而不可及的。于是，甚至有人在智能化大楼中用人工的办法，模拟森林环境，在混凝土沙漠中人造一小片绿洲，借以保护健康，提高工作效率。可想而知，这种所谓"森林浴"空调要消耗多少能量。日本已经把它作为互联网泡沫时代的愚蠢之举而加以摒弃。

早在100多年前恩格斯就曾指出："人类不能陶醉于对自然的胜利，每次胜利之后，都是自然的报复。"但至今仍有许多人对于征服自然的"壮举"津津乐道。是大自然大规模的报复引发的一系列环境和生态事件，使人类中的有识之士开始觉醒。

进入20世纪90年代，人们发现，酸雨的出现频率和覆盖范围在增加，地球臭氧层空洞在不断扩大，全球温暖化进程在加速，异常气候出现的周期在缩短，微生物的变异使得某些细菌和病毒更具对人类的杀伤力。我们人类的家园——地球已经濒临失衡。严酷的现实使人们认识到，工业革命之后短短一二百年间的建筑发展历程，实际上是人类在以不可再生的资源和能源作为武器试图征服大自然的过程。其结果是人与自然两败俱伤。对于人类来说，自然界所给予的报复和惩罚是毁灭性的。于是，学者们提出"绿色建筑"的概念。图 13-1 所示为建筑理念的发展历程。

1993年，在国际建筑师协会（UIA）和美国建筑师学会（AIA）召开的世界建筑师大会上通过的关系宣言中确认，建筑和建筑环境在人类对自然环境和生活质量的影响中扮演了重要角色。如果将可持续设计的原则结合到建筑项目之中，能够得到包括资源和能源的有效利用、有益健康的建筑物和建筑材料、对生态和社会敏感的土地利用、有效的交通等多方面的效益，并能增强地方经济和社会。

"绿色建筑"概念的提出，说明人类的建设活动进入理性阶段，从"人定胜天"、"征

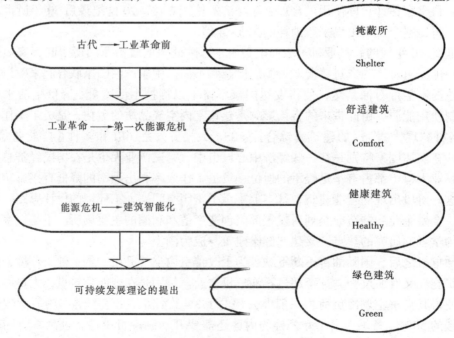

图 13-1　建筑理念的发展历程

服自然"回归到"天人合一"、与自然和谐相处。

绿色建筑就是"资源有效利用（Resource Efficient Buildings）"的建筑。有人把绿色建筑归结为具备4"R"的建筑，即：

（1）"REDUCE"：减少建筑材料的使用、减少对资源和环境的破坏、减少不可再生能源的使用；

（2）"RENEW"：利用可再生能源和未利用能源；对废弃材料、废水和建筑垃圾进行处理，使其再次使用或多次使用；

（3）"RECYCLE"：回收废弃物、余热和排热、废旧材料和废水，重复利用、循环使用；

（4）"REUSE"：重新使用旧材料；对旧建筑进行适当改造、重新利用。

因此，概括地说，绿色建筑就是有效利用资源、节能、环保、舒适、健康、效率、安全的建筑，注重与自然环境的协调和生态平衡。绿色建筑包括各种类型的居住建筑、工业建筑和商业建筑，在其设计、建造、改建和拆毁的过程中，都与环境密切相关。绿色建筑技术是多门技术的集成，它显示了建筑学、环境学、经济学和工程技术所取得的卓越成就。其重要内容包括：建筑节能、能源的有效利用、室内空气品质、资源和材料的有效利用。绿色建筑的概念贯穿于建筑设计、现场施工、建造、使用和拆毁的整个寿命周期。

对绿色建筑，要澄清几个模糊认识：

（1）绿色建筑、生态建筑和可持续建筑。

绿色建筑和生态建筑都属于可持续建筑。生态建筑源于20世纪70年代石油危机之后，它最初的构造特征是：1）用覆土、蓄热体和自然通风技术保持室内环境；2）利用太阳能、生物质能和风能作为建筑的基本能源；3）阳光温室内种植的植物创造室内富氧环境；4）回收雨水经处理后作为生活用水，排出的污水经处理后做浇灌和养殖之用。

生态建筑的基本思想是将建筑（或建筑群、社区）视为一个基本完整的生态圈，努力使其中的满足人的需求的生态环境达到平衡。这种自行循环和自给自足的生态建筑也有很大的局限性，要保证建筑物生态循环的环境容量势必需要较大的占地面积。因此，在城市里要实现真正意义上的生态建筑是十分困难的。

图13-2所示是建于日本寒冷的北海道地区的一幢"零能耗"住宅，体现了生态建筑的思想。该建筑有许多特殊设计：

1）由于北海道地区冬季最低气温可达-41℃，所以这幢建筑加强围护结构保温，用80mm厚的玻璃棉板作外保温，用发泡胶粘剂附着在120mm厚的木板上，再衬以石膏板以增强气密性。传热系数只有0.23W/（m²·K）。屋顶用聚酯泡沫材料保温，传热系数0.16W/（m²·K）。窗户采用双层

图13-2 日本北海道"零能耗"住宅

Low-e玻璃中间充氩气的结构。入口门也采用了防风装置。整个建筑物的当量渗漏面积只有172cm²，最终的热损失系数为161.7W/K，只有当地普通住宅的1/3。

2）通过空气的对流循环为建筑供冷和采暖。冬天，空气经过布置有热水管路的地下室，加热后的空气通过建筑内精心布置的通道为整幢建筑供热。夏季，布置在走廊顶部的

空调器同样通过这些通道为整幢建筑供冷。新风通过设在地下室的集中通风系统送入室内。建筑内的空气分布均匀，几乎没有温差。该建筑能耗只有当地普通住宅的1/5。

3）整个屋面是峰值电量12.5kW的光伏电池板，发出的电力并网。阳台围栏装有5m²的真空管太阳能集热器，用电热热水器作为备用。电热热水器采用廉价的夜间电力。

4）收集雨水作为非饮用水之用（例如，冲洗卫生间）。南向屋面用半透明光伏电池板以利用昼光照明。

该建筑的设备系统示意图见图13-3。

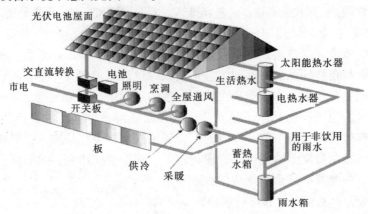

图13-3 零能耗住宅设备系统图

那么，所谓"零能耗"是什么意思呢？该建筑的12.5kW太阳能发电和5m²的太阳能集热全年得到的能量可以满足建筑物的能耗需求。在阳光不足的时间，从市电网得到补充；在自用有余的时间，可以将自发电返送电网，将电力"还"给电网。全年做到"收支平衡"，相当于没有用电网供电。图13-4反映了这一情况。

（2）绿色建筑是复古建筑。有人认为，既然现代建筑是不可持续的，那么就应该回到工业革命前的建筑形式而摒弃一切工业化的设备，特别是空调。这些建筑及环境往往在功

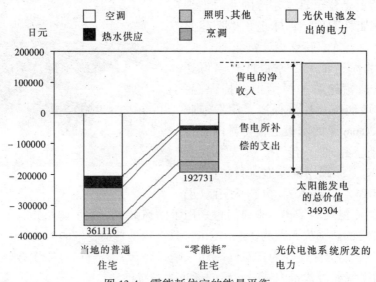

图13-4 零能耗住宅的能量平衡

能和造形上模拟当地的传统民居和古代建筑，用原生态的材料（石块、木料等）。殊不知在现代城市环境中这种建筑恰恰破坏了生态环境。因为这些建筑材料只能靠砍伐森林、开山炸石才能得到，而现在的森林和山系是不可能复原的。这种建筑形式与城市景观格格不入，不能很好地融合到城市生态之中。

绿色建筑实质上是人类世世代代回归自然的理念在今天信息时代的升华。古代人们由于技术手段的落后和对自然界认识的局限，无法解释自然规律，也无法抵御自然界对人类的伤害，只能对自然界顶礼膜拜。如今人们掌握了高新技术，才有了与自然界和睦相处、平衡自然界的供求的条件。因此，人类建筑发展的历史，是螺旋形发展的历史。绿色建筑决不是简单的复古。

正确的绿色建筑观念应是：用高新技术解决人类与自然环境的矛盾，将太阳能、核能、风能、地热能技术引入建筑及城市规划中，将信息技术、自动控制技术与新能源结合，形成与环境协调的新型建筑。正是现代技术使人类掌握了主动式的和被动式的改善室内环境品质的手段。所谓主动式手法，就是利用建筑自身和天然能源来保障室内环境品质。而被动式手法，则是依靠机械、电气等设施，创造一种扬自然环境之长、避自然环境之短的室内环境。在某些气候区，可以以主动式方法为主。而在另一些气候区，则应以主动式与被动式相辅相成。

图 13-5　德国法兰克福商业银行总部大楼

（3）对绿色建筑还有一种误解，认为绿色建筑理念只能在规模不大的实验样板房中实现。在大都市里，要有效利用土地资源、为超密集的人口提供生活和工作场所，不得不建造高层和超高层建筑。而动辄几万甚至几十万平方米的建筑，必然要消耗能源，只能是全密闭的空间。

超高层建筑同样可以实现绿色建筑的设计思想，最典型的例子是德国法兰克福商业银行总部大楼（Commerzbank Headquarters, Frankfurt，图 13-5）。该大楼是一幢超高层绿色建筑，1997 年建成，其高度为 300m，50 层，总建筑面积 120736m^2，是欧洲最高建筑。在其塔楼三角形平面中间有一个直通到顶的中庭。在三角形的每一边上各设计了四个 12 层高的单元，每个单元带有一个 4 层高的共享空间。共享空间里栽种各种植物，形成空中花园。通过中庭和共享空间组织自然通风气流。

通过通风组织，使室内常年得到新鲜空气，有一个良好的环境。如图 13-6 所示。

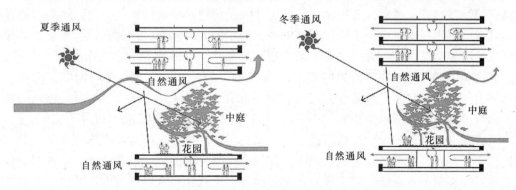

图 13-6　法兰克福商业银行总部大楼夏季和冬季自然通风示意图

(4) 普遍存在于房地产开发商的一种误解认为绿色建筑就是绿化率高、将绿色植物引入室内或内庭园。绿化确是绿色建筑的技术措施之一，但决不是全部。绿色建筑应从资源、能源、环境、自然，甚至人文的角度全面考虑，而不仅仅是绿化。

第二节　绿色建筑的建设

一、绿色建筑的建设原则

绿色建筑的建设过程涵盖了六个方面：

（1）规划选址；
（2）保护水资源；
（3）能源有效利用；
（4）改善室内环境品质；
（5）材料的有效利用；
（6）废弃物处理。

绿色建筑的建造原则是：

（1）最小限度的资源消耗：对非可再生资源，如能源、土地、水和其他建筑材料，减少需求和更有效地利用（其必然结果就是最大限度地有效利用可再生资源以满足建筑的需求）。

（2）尽可能地减少有负面环境影响的大气排放，特别是与温室气体、地球温暖化或酸雨有关的排放。

（3）尽可能减少有害废水和固体废弃物的排放，包括在建筑物寿命终止时拆除所产生的废弃物。

（4）尽可能减少对建造地点生态系统的负面影响。

（5）尽量提高室内环境的质量，包括空气品质、热环境、照明、声学和视觉环境。

在筹划建造绿色建筑时，要从以下几个方面考虑问题：

1. 建筑物的寿命周期成本

一幢建筑物的建造，其主要的直接费用花在建筑施工、修缮、运行和与建筑相关的基础设施上。而其间接费用的花费则涉及与建筑相关的使用者的健康和工作效率问题，以及诸如空气和水污染、废弃物产生和生态环境破坏等外部费用。

建筑物的"寿命"是指从规划、设计，到施工和运行，直至最终拆除的全过程，即从"摇篮"到"坟墓"。通常，负责设计、施工，以及对建筑投资的单位，与建筑运行管理和承担其运行费用、支付雇员工资和利息的单位是不同的。然而，在建筑设计施工的最初阶段所作的决策会显著地影响以后各阶段的费用和效率。从本书第五章的分析中可以看出，初期建设费用只占建筑物寿命周期成本的30%以下。而如果建筑物是自用的，把整个寿命周期内使用者（员工）的劳动力成本加到一起，则在一个30年的周期内，建筑的初投资大约只占寿命周期成本的2%，运行和维护费占6%，人力资源成本却占了92%。因此，在施工或修缮时采取的绿色建筑措施尽管会增加一定的投资，但这些措施能显著地节省建筑运行费，同时提高员工的劳动生产率。相反，为了省钱而降低前期投入，会使得建筑物或设备系统在整个寿命期间的成本高得多。例如，选择初投资最低的空调系统，如果把该系统在整个使用年限里的运行能耗成本作为一个因素加以分析，会被证明是一个不明智的寿命周期决策。

2. 寿命周期环境负荷

人类的建设过程无疑会对地球环境带来破坏。绿色建筑正是为了最大限度地减少这种破坏、降低破坏的程度。

国外学者提出用地球环境负荷对建筑物的环境影响进行寿命周期评价（LCA, Life Cycle Assessment）。用建筑物在其寿命周期内对环境排放的污染，如 CO_2、NO_2 和废热等来定量计算。该评价指标称为寿命周期地球环境负荷 LCGL（Life Cycle Globe Load），见图13-7。

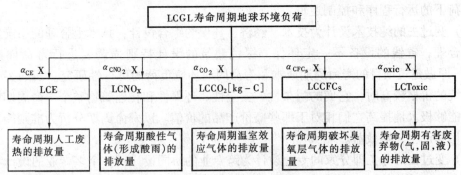

注：α 为对污染物环境影响的加权系数（其大小直接影响人类的持续繁荣发展）

图 13-7 寿命周期地球环境负荷

在 LCGL 中，温室气体对人类生存环境的影响最为显著。用寿命周期内所有与 CO_2 有等温室效应的气体的排放量来衡量建筑对地球环境造成的负荷，称为广义寿命周期 CO_2 评价指标 $LCCO_2^*$（Life Cycle CO_2），见图13-8。它主要指在建筑寿命周期内，消耗各种材料和能源所排放出的温室气体，如 CO_2、CFC_S、NO_X 和 CH_4 等，包括从设备、材料的原材料和能源的开采运输、加工制作、安装，直至最终的消耗使用（如燃料的燃烧）过程中的排放量。$LCCO_2^*$ 的单位是以 CO_2 中所含 C 元素的质量来表示的，称为 CO_2 的碳当量（$12/44 \times CO_2$ 的排放量）。主要温室气体的地球温暖化系数 GWP（Globle Warming Potential）见表1-2。

$$LCCO_2^* \text{（寿命周期温室效应气体的排放量）[kg - C]}$$

$= 1 \times LCCO_2[kg - C]$ 狭义寿命周期二氧化碳排放量

$+ \beta_{CFC_S} \times LCCFC_S[kg - CFC_S]$ 寿命周期氟里昂排放量

$+ \beta_{N_2O} \times LCN_2O[kg - N_2O]$ 寿命周期一氧化二氮排放量

$+ \beta_{CH_4} \times LCCH_4[kg - CH_4]$ 寿命周期甲烷排放量

式中，$\beta =$ 地球温暖化系数 GWP $\times 12/44$（CO_2 中 C 元素的质量比）

图 13-8 广义寿命周期二氧化碳排放量的计算

不同建筑物的寿命周期（使用年限）不同，根据各自寿命周期内所排放的温室效应气体的总量，分别折算为每年的排放量，再求和，就可以得到建筑寿命周期 CO_2 的排放量。

减少温室气体排放量，是绿色建筑的重要目标。

3. 可持续的建筑设计

（1）变过去的静态设计为动态设计：所谓"静态设计"，就是在选择建筑设备时，根据估算的设计负荷，根据产品样本中设备在额定工况下的数据，选择一台台孤立的设备，组合成设备系统。各台设备的特性曲线、工作点和所遵循的标准不一定能很好地匹配。因此，尽管单体设备性能很好，但组合成的系统性能却不一定好。而"动态设计"实际上是系统设计，以保证系统的最高性能为目标，实现系统各组成设备的最佳匹配。

（2）变过去的典型工况设计为全工况设计：建筑系统在一年中的绝大部分时间是在部分负荷状态下运行。部分负荷工况下系统性能会降低。因此，设计的任务就是要将系统全工况下的性能调整到最佳。设计者不仅要考虑系统在设计工况下的效率，还要考虑系统在部分负荷下的运行程序和控制逻辑。

（3）变过去的纯技术设计为技术、经济、环保的综合设计：技术上合理的系统经济上不一定合理；省钱的设备不一定环保。绿色建筑的设计特别强调要进行寿命周期分析（LCA），即做建筑项目的寿命周期成本和寿命周期环境负荷的可行性研究。当购买有些材料或系统的价格较高时，它们的耐久性、安全性、环保性和在建筑物整个寿命周期中的有效性，能够极大地提高它们相对于那些廉价产品的价值。以寿命周期分析为准则能够节约长期费用和产生长期效益。

（4）变过去的分工即分家的专业设计为跨专业的协同设计：一个多专业的设计和施工团队（Team）才能使绿色建筑的设计实现环境和经济的目标。这个跨学科的团队要求其所有的成员——规划师、园林建筑师、建筑师、工程师、承包商、室内设计师、灯光设计师、业主、房客、物业管理公司、公用事业公司、施工人员等等，充分发表意见，相互协调，分享各自的专业才能，创造出功能完善、整体统一的建筑。绿色建筑设计是集成设计，充分考虑了气候与建筑方位、日光的利用、建筑外表面与体系的选择、经济准则和居

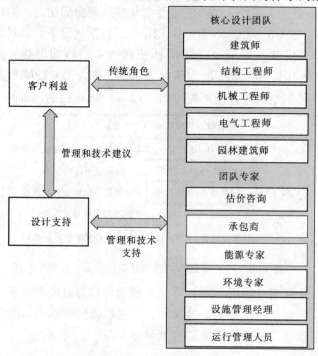

图 13-9　绿色建筑的设计团队

住者的活动等诸多因素，以及这些因素彼此之间的相互作用。集成建筑设计是开发绿色建筑的基础。图 13-9 给出设计团队的构成，可以看出它与我国现行的设计体制有很大不同。图 13-10 给出集成设计的概念，可以看出集成设计贯穿于绿色建筑项目实施的全过程，其中的每一个环节对绿色建筑的成功都是十分重要的。

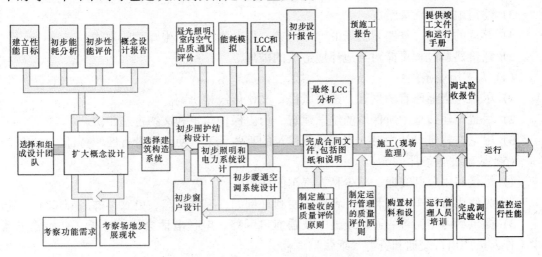

图 13-10　绿色建筑的集成设计过程

二、选址和规划

绿色建筑的建设场地绝不仅是征用或购买一块土地那么简单。每块土地都由相互关联的生态系统构成，而这些系统又全都与建设场地之外的环境联系在一起。这些互相联系的室外空间——花园、广场、绿地、农田、沼泽和荒野——不论在物质方面还是社会方面都与人紧密相联。必须使建筑场地与周围环境保持和谐。这不仅体现环保的理念，而且也体现了建设者的社会责任感。

任何一块土地都可以按照地质学、水文学、地形学、生态学、气候学、流行病学以及文化的特征和体系进行分析和研究。

对绿色建筑的建造场地，必须从以下几个方面进行评估：

（1）自然条件：

1) 当地的气候，特别是对建筑环境和能耗有比较大的影响的气候因素，如气温变化（由长期气象参数得到的全年气温分布和相应的相对湿度；近几年气候变化趋势——由全球变暖或由城市热岛效应引起）、日照（全年日照率和太阳辐射强度分布）、风环境（主导风向和风玫瑰图）。

2) 当地的水环境，如地面水的径流量、水质；地下水的储量、水质等。

3) 当地的暴雨强度。

（2）生态条件：

1) 了解当地的植被，确定需要保留的树木、需要保护的物种，以及适于当地生长的物种。

2) 尽可能保留湿地，并探讨利用雨水径流来调节湿地的可行性。

3) 土地的承载力和渗透率。

(3) 环境条件：

1) 检查建造地的土壤，确定以前的农业活动（农药和化肥）的污染和工业活动（化学残留物）的污染；确定土壤的放射性强度和有害微生物情况。

2) 建造地的大气环境质量、邻近地块的工业污染排放的影响。

3) 建造地的水污染情况。

4) 邻近的公路、铁路、机场的噪声污染，以及噪声源产生噪声的规律。

5) 评价建造过程可能对当地环境造成的破坏。

(4) 人文历史条件：

1) 尽量与当地已有的景观、建筑风格、文化传统相协调。

2) 尽量与建造地中所保留的纪念建筑、历史保护建筑和文物古迹相协调。

3) 尽量在建筑设计中融入当地传统建筑的某些元素，使建筑带有区域特征。

(5) 基础设施条件：

1) 尽量利用公共交通，减少私人汽车的使用。

2) 为使用自行车的人和步行者创造便利（例如，提供停车、更衣、淋浴等条件）。

3) 提供尽可能完善的通信设施，鼓励通过网络、电视电话会议、电子文件传输来减少工作人员的出行交通和资源（纸张）消耗。

4) 利用管线综合、共同沟等技术减少场地占用和反复开挖。

5) 尽量减少铺装地面，增加可渗透地面（多孔沥青、多孔地砖和多孔混凝土），保留熟地（例如原有植被）。

(6) 不适宜建筑的地块：

1) 优质耕地。

2) 低于百年一遇洪水位的低地。

3) 行洪区和蓄洪区。

4) 围湖圈地。

5) 堤坝和防洪平台。

6) 濒危野生动物栖息地。

7) 需要动迁有文物价值的古迹、历史建筑和保护建筑的区域。

8) 公共绿地。

三、水资源保护

任何建筑场地都处于某个天然的水系范围之内。因此，任何建设过程不可避免地会对自然水系带来影响甚至是破坏。这种影响主要表现在：

(1) 建设过程中的废弃物和污染物会污染地面水。

(2) 大量屋面、铺地和土地平整会使土地失去蓄水能力，使大量雨水直接进入河道，增加下游洪水的出现频率；同时，进入河道的雨水中携带了来自工业和交通的油、来自工业材料的金属元素、来自使用化肥的土地的营养元素；以及除草剂、杀虫剂等等。这些物质会危害水生生物，并且会使河道下游水质受到污染。

(3) 建筑物取用地下水会引起地面沉降。而为了避免沉降进行井水回灌则会给地下蓄水层带入溶解氧、微生物、机油等污染，破坏了地下生态。地下水的污染基本上是不可逆的。

（4）土地含水量降低，将失去蒸发水分潜热的能力，从而丧失调节气候的功能，会引发或加剧城市"热岛效应"。

而在一个受到良好保护的建筑场地中，雨水首先被土壤吸收，并成为土壤生态系统的一个组成部分。雨水经过土壤孔隙和腐殖质的过滤，阻留了污染物。经过一段时间以后再渗入河道。因此，建筑物保护水资源的重要措施就是：1）尽量保护建设场地的自然系统，即原生态的土壤和植被；2）恢复已建硬质铺地的可渗透性（用多孔沥青、多孔混凝土、格状地砖和疏松粒料等铺地材料）；3）将屋顶落水管和雨水管引入碎石坑或洼地进行渗透。

收集雨水进行再利用是建筑节水的重要措施。雨水可以用来灌溉小区的园林，可以用来洗车，也可以用来冲厕。

在小区园林绿化中应重视节水。由于非本地物种的植物需要更多的灌溉水，因此在园林设计中应尽量不选用或少采用非本地的和未经驯化的植物物种，同时要考虑为因建设而迁徙的野生动物营造新的栖息地。

绿色建筑水资源保护的另一个重要方面是室内节水。利用高效的节水型洁具和器具不但可以降低水的消费，还可以减少废水排放。室内排放的污水中，一部分是下水，比如冲厕水。这部分下水需经过小区的初步处理后排入城市污水管网。而另一部分如洗浴、清洁等排出的水称为中水。中水经简单处理后可回收用于冲洗厕所、灌溉和道路洒水，使污水处理系统的负荷最小化，并减少总的耗水量。为了利用中水，必须安装双重管道系统，以便将其与下水分离。利用中水的灌溉系统一般设在地表之下，利用加压滴灌和浅沟等方式。在我国利用中水特别要注意我国生产的许多洗涤剂是含磷的，会对某些植物产生不利影响。

四、能源的合理利用

绿色建筑的合理用能分主动式和被动式。

1. 被动式合理用能

所谓被动式合理用能，即通过建筑本体（朝向、形状、布局、围护结构等）实现节能。因此，被动式合理用能的核心是充分利用天然能源和"免费"能源，尽量减少人工能源的使用，主要是做好太阳辐射和自然通风这两篇文章。

太阳辐射对于建筑物是一柄双刃的剑：一方面增加进入室内的太阳辐射可以充分利用昼光照明，减少电气照明的能耗，也减少照明引起的夏季空调冷负荷，减少冬季采暖负荷。另一方面，增加进入室内的太阳辐射又会引起空调日射冷负荷的增加。为解决这一矛盾，可以在窗户上采取节能措施（见第十章）。

同样，自然通风也有其两重性。自然通风的优点很多，在绿色建筑技术中占有重要地位。

（1）夏季，在室外气温低于室内时利用自然通风可以起到降温作用，从而减少空调能耗。在间歇空调建筑中，夜间自然通风可以将围护结构和室内家具的蓄存热量排出室外，从而降低第二天空调的启动负荷。

（2）无论哪个季节，自然通风都可以为室内提供新鲜空气，改善室内空气品质。

（3）自然通风可以满足人们亲近自然的心理。在外窗能够开启的空调建筑里，自然通风能提高人们对室内环境品质的主观评价满意率。

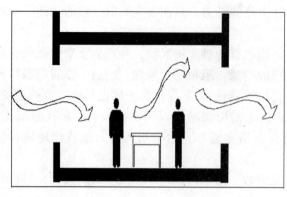

图 13-11　风压引起的穿堂风

(4) 自然风与机械风在频谱、湍流度等物理特性上有很大差别。自然风的这种物理特性对人的生理和心理刺激所产生的舒适感无法替代。

(5) 根据清华大学在全国的一项调查，80%以上的人喜欢自然风。他们宁可待在有点热但有自然通风的环境中。

自然通风的动力是风压和热压，以及二者的共同作用。

在图 13-11 中可以看出，建筑迎风面形成正压、背风面形成负压，如果在迎风面和背风面上分别开窗，就会形成所谓穿堂风。

在图 13-12 中可以看出，如果仅在迎风面墙上单侧开窗，则在风压作用下较凉的空气将由窗的下部开口进入室内，受热以后在热压作用下通过窗的上部开口排到室外。在理想条件下这种方法可以有效地改善距窗 6～7m 范围内的环境状况。窗的尺寸应该比较高，上下均有开口。如果室外风速比较大（风压比较大），则仅靠热压作用很难将空气从上部排出。自然通风的换气作用也就减弱。

我们可以利用建筑物的中庭甚至专门的通风烟囱增强热压作用（如图 13-13）。

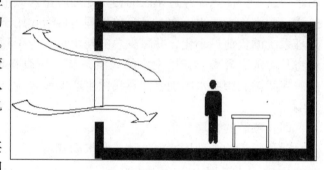

图 13-12　热压和风压共同作用下的单边自然通风

但是，自然通风远不是开窗那么简单。尤其是在建筑密集的大城市中，利用自然通风要很好地分析其风险：

(1) "城市风"问题：在"9.11"之前，有人做过测试，发现 411.5m 高的纽约世界贸易中心的两座大厦之间有一条狭窄的通道，风从中穿过，会形成时速高达 120km 的旋风，

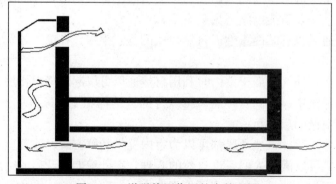

图 13-13　增强热压作用的自然通风

相当于12级台风的威力。而且，高层建筑前的涡流区和绕大楼两侧的角流区等处风速都要比地面风速大30%左右。这样大的风速和强烈的涡流会造成安全问题。

(2) 城市里自然通风的净化作用减弱：城市地表是一个凹凸不平的人工地物组合体，从郊外吹来的清洁空气受到地物阻力，降低了吹刷作用。由于城市热岛效应的存在，市中心的空气温度比较高，形成低压，并出现上升气流，使郊区工厂排放的污染物会聚到城市中心，反而可能加重城区的污染。城区地物的阻力会增强局部湍流，加快污染物的扩散，并可能使污染物集聚在某一涡流区间。在我国城市，室外污染比较严重，有近2/3的城市还没有达到国家二级大气质量标准。以煤为主的能源结构、大部分汽车还没有达到欧洲2号排放标准、大量的建筑工地，以及近年来频繁出现的沙尘暴等因素，使得自然通风会将室内所没有的室外污染物（例如可吸入颗粒物、一氧化碳、二氧化硫等）引进室内。这已经被测试所证明。

从表13-1可以看出，我国的环境空气质量标准（GB 3095—1996）的几项主要指标相对于世界卫生组织的指导标准并不是很先进的，但即便如此，2002年在监测的343个市（县）中，只有117个城市空气质量达到或优于国家空气质量二级标准，占34.1%，其中海口等11个城市空气质量达到一级标准；119个城市空气质量为三级，占34.7%；107个城市空气质量劣于三级，占31.2%。空气质量达标城市的人口比例仅占统计城市人口总数的26.3%；暴露于未达标空气质量的城市人口占统计城市人口的近3/4。因此，在我国多数城市，很难实现利用自然通风引进清洁新鲜空气的初衷。

我国环境空气质量标准的主要指标与 WHO 指导标准的比较　　　　表 13-1

污染物	平均周期	中国国家标准（mg/m³）			世界卫生组织 WHO（mg/m³）
		一级	二级	三级	
CO_2	全年平均	0.02	0.06	0.10	0.04~0.06
TSP	日平均	0.12	0.30	0.50	0.15~0.23
PM10	日平均	0.05	0.15	0.25	0.07
CO	日平均	4	4	6	10（8小时平均）
NO_x	日平均	0.10	0.10	0.15	0.15

(3) 我国的气候特点决定了多数地区自然通风的可利用程度较低。与世界同纬度地区1月份的平均温度相比，大体上我国东北地区气温偏低14~18℃；黄河中下游偏低10~14℃；长江南岸偏低8~10℃；东南沿海偏低5℃左右。而与世界同纬度地区7月份的平均温度相比，各地平均温度大体要高1.3~2.5℃。

根据美国麻省理工学院（MIT）的一项研究，在北京利用自然通风能够达到室内舒适标准的时间为1750小时（全年的20%），如果自然通风风速提高到2m/s，则舒适时间可以增加到2427小时（全年的27.7%）。而在上海，自然通风的舒适时间只有1381小时（全年的15.8%），风速提高，舒适时间增加到2175小时（全年的24.8%）。因此，在中国大多数城市，指望像欧洲那样靠自然通风来提供室内舒适环境是不现实的。麻省理工学院的研究结论是：在上海，自然通风被动供冷技术不能发挥作用；白天通风对改善室内舒适条件的作用极其有限。

另一方面，在我国夏热冬冷地区都有一个梅雨季节，这时的气温在30℃左右，但相对湿度则在80%以上。自然通风将高湿度空气引入室内，反而有利于细菌和真菌的繁殖。按照美国ASHRAE的通风标准，如果建筑物室内连续24小时以上维持70%以上的相对湿度，则这样的建筑就应被视为"病态建筑（Sick building）"

由此可见，对自然通风的利用要趋利避害。自然通风也绝非开窗那么简单。在实施自然通风时应采取以下步骤：

1）了解建筑物所在地的气候特点、主导风向和环境状况。有必要对建筑物或小区进行风环境研究，借助计算流体力学（CFD）软件，设计合理的建筑布局、形状。

2）根据建筑功能，以及通风的目的（比如，通风用来降温还是用来稀释污染物），确定所需要的通风量。根据这一通风量，决定建筑物的开口面积以及建筑物内的气流通道。

3）设计合理的气流通道，确定入口形式（窗和门的开启关闭方式和尺寸）、内部流道形式（中庭、走廊，或室内开放空间）、排风口形式（中庭顶窗开闭方式、气楼开口面积、排风烟囱形式和尺寸等）。在此过程中也可以借助CFD模拟工具。

4）必要时可以考虑自然通风结合机械通风的混合通风方式、自然通风通道的自动控制和调节装置等设施。

2. 主动式合理用能

建筑设备系统所采用的各种节能措施，在绿色建筑中都可以应用。如果说绿色建筑节能有什么特殊之处的话，那就是在考虑建筑节能的同时还要考虑保持良好的室内环境，特别是室内空气品质。近年来开发出多种节能和环保的系统，可以因地制宜选用。

（1）置换通风系统。

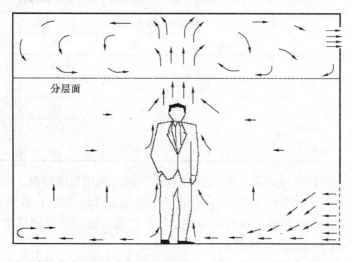

图13-14 置换通风系统的原理图

如图13-14，空调送风以较低的风速（一般在0.5m/s以下）从下部空间送入室内。由于送风温度比室内温度低，因此送风空气密度较大。由于风速小，离开送风口的气流基本呈层流状态，沿地板面逐渐漫延到整个房间，形成所谓"空气湖"。当气流遇到室内热源（人体或设备）时，温度升高、密度变小、气流沿热源表面上升，形成所谓"空气羽"。这一股浮升气流不断卷吸周围的空气，同时将底部空间的排热和污染物推向上部空间。排风口设在吊顶或靠近顶棚的墙上，将热的和污染的空气排走。在房间下部，气流速度低，以类似层流的活塞流的状态缓慢向上移动，到达一定高度后，在热源和排风的共同影响下，出现紊流，形成紊流区。气流产生热力分层，形成两个区域，即下部单向流动区和上部混合区。因此，从理论上讲，只要保证分层高度在工作区以上，就可以保证人体处于一个相对清洁和舒适的空气环境中，从而有效地提高了工作区的空气品质。

在置换通风方式中，新鲜和清洁的空气直接送入工作区，先经过人体，在人体周围形成一个局部的清洁区。而在传统的混合通风中，送风口安装在吊顶或侧墙上，以较高的风速把气流送入室内。由于强烈的诱导作用，室内空气会被大量卷吸进送风气流中，污染物也会随着送风气流扩散。在理想状态下，送风气流与室内空气混合得很均匀，因此室内温度和污染物浓度基本相同，房间里找不到一方净"气"。另一方面，由于分层作用，空调只需满足人员工作区（高度2m以下）的温湿度环境，而空间上部的冷负荷可以不予考虑。因此置换通风具有很大的节能潜力，空间越是高大，节能效果就越显著。

从以上的分析可知，置换通风的特点是：
1) 低风速低紊流度；
2) 送风温差小（≤6K）；
3) 室内有上升气流；
4) 室内产生热分层，保证工作区处于清洁区；
5) 工作区存在温度梯度。

置换通风的优点是：
1) 工作区有良好的空气品质；
2) 工作区有良好的热舒适性；
3) 送风温差小、送风温度高，可以降低新风处理能耗约20%；
4) 送风温度高，在过渡季节利用新风免费供冷的时段可以增加约50%，使全年供冷能耗降低约10%；
5) 由于送风温度高，冷水机组的蒸发温度可提高，冷水机组的能耗可降低约3%；
6) 由于只考虑工作区负荷，因此设计计算负荷可减少10%～40%。

因此，置换通风可以比传统空调送风方式节能20%～30%。

但是，置换通风在我国应用还存在一些障碍。尤其对地板送风的应用更有一些疑虑。很多人认为地板送风口易被污染，在中国城市室外环境不甚清洁的条件下，进入室内的人们的鞋底比较脏。其实这只是一个管理问题，对于一个规范化管理的物业公司来说很容易解决。另外，很多人认为地板送风会牺牲层高。对智能建筑来说，本来就需要地板下的布线空间，地板送风完全可以结合布线来布置。如图13-15、图13-16所示。

除了地板送风，还有一些置换通风的送风风口形式，如送风柱，比较适合在高大空间建筑中安装，如图13-17所示。

置换通风也可以结合办公家具，如围挡，实现个人空调（见图13-18）。

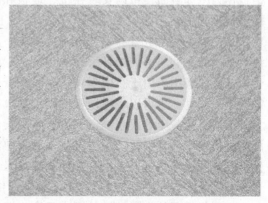

图13-15 地板送风口的安装实景

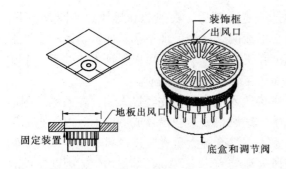

图 13-16 地板送风口的结构图

（2）辐射供冷。

辐射供冷方式最早出现在欧洲，近年来逐渐应用到美国、日本，甚至新加坡等地区。我国也有个别建筑尝试采用了辐射供冷方式。

在办公建筑中，空调冷负荷主要是显热负荷。在室内发热量中，除了人体和个别设备（如咖啡炉）产生潜热外，几乎都是显热散热。而在显热量中，一半以上是辐射形式。因此用辐射供冷形式可以有效地平衡掉这部分热量。

人体以三种方式散热：辐射、对流和蒸发（出汗和通过嘴的呼吸）。当这三个因素达到所谓"热中和"状态时，便实现人的热舒适。人体这三种传热方式各自所占的比例为：辐射 50%、对流 30%、蒸发 20%。

图 13-17 各种置换通风风口形式

普通空调系统通过空气供冷，因此人体散发的热量实际只带走一半。另一半（辐射部分）则要在室内表面通过对流换热降低了表面温度之后再与人体进行辐射热交换。如果我们用辐射供冷系统直接处理人体辐射放热，而另外用新风系统提供新风和处理对流换热，便可以使人很快地达到热舒适。

辐射供冷系统属于空气-水系统，目前常用的有三种形式：最常用的是平板式系统，用铝板作为冷却表面，可以安装在墙、地板和吊顶。在工程中使用的主要是冷吊顶（见图 13-19）。第二种形式是管排式（见图 13-20）系统，是一组排列紧密的细管束埋入塑料板、石膏板或屋顶板中。由于管束多和密，因此有较好的吸热特性，也可以将屋顶板做得很薄。第三种形式是混凝土芯式系统，即将管路敷设在混凝土楼板里或墙板里。由于混凝土的蓄热特性，在连续供冷情况下可以有效地削除高峰负荷。

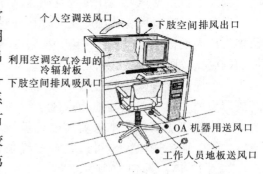

图 13-18 个人空调示意图

从图 13-21 中可以看出这三种形式辐射供冷系统安装之后的冷量分配。

辐射供冷系统中最关键的因素是防止辐射表面结露并产生凝结水。假定房间夏季空调

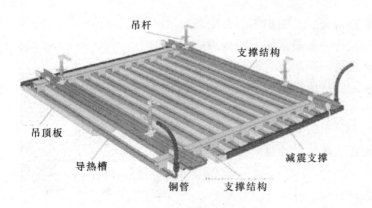

图 13-19 辐射冷吊顶结构示意图

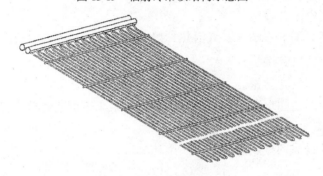

图 13-20 冷排管

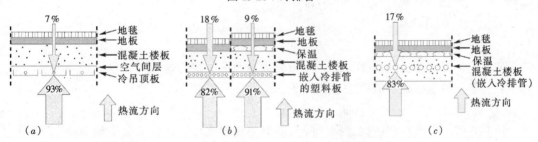

图 13-21 三种辐射供冷形式的能量分配
(a) 辐射吊顶；(b) 辐射顶板；(c) 混凝土嵌入冷排管

设定状态是 24℃，50%，其露点温度是 13℃。因此供冷水温度应为 14~16℃，比室内空气露点温度高 1~3℃。为确保这一点，必须从水系统和风系统两方面采取措施。

1) 水系统：可以在制冷机侧和盘管侧之间加入过渡水箱，加大水系统的热容量，减少制冷机的启停次数。采用两级泵系统，将制冷机侧与盘管侧的水系统分离。用三通阀调节供回水的混合量。也可以将风系统空调盘管（供冷水温度 6~7℃）的回水引入顶棚供冷盘管，并设三通调节阀调节供回水混合量。国外的工程实践证明，前一种方法比较可靠。

2) 风系统：风系统主要承担室内潜热负荷，为了确定维持室内安全（不结露）的相对湿度的送风量，必须仔细分析潜热负荷。同时，这一送风量又必须满足室内空气品质所要求的换气量。

另外，如果室内日射得热比较大（有较大的无遮阳的玻璃窗）、室内有较大的发湿源，或外窗外门需要经常开启，则都不适合用辐射供冷方式。

辐射供冷的设计一般根据如下的步骤进行：

第一步，确定每一房间逐时的显热和潜热负荷。

第二步，确定供冷所需要的平均水温，即比室内空气露点温度高 1～3℃，假定进出水温差为 2.5℃。

第三步，确定每个房间的最小送风量。

第四步，确定送风的潜冷量。可以用下述公式：

$$q_L = Q\rho h_{fg}(d_{room} - d_{supp})$$

式中　q_L——潜热负荷，kJ；

　　　Q——送风量，m³/h；

　　　ρ——空气密度，kg/m³；

　　　h_{fg}——在适当温度下的水蒸气潜热，kJ/kg；

　　　d_{room}——房间空气含湿量；

　　　d_{supp}——送风空气含湿量。

将得到的结果与房间潜热得热量进行比较，如果小于房间潜热，则调整送风量直到满足要求。

第五步，确定送风的显热量。可以用下述公式：

$$q_S = Q\rho C_P(t_{room} - t_{supp})$$

式中　C_P——空气比热，kJ/(kg·℃)；

　　　t_{room}——室温，℃；

　　　t_{supp}——送风温度，℃。

第六步，确定冷板的显冷负荷。冷板的显冷负荷 = 房间显热得热量 − 送风的显冷量。

第七步，确定房间所需要的冷板面积。

(3) 除湿供冷（desiccant cooling）。

夏季空调的空气冷却过程，除了降温的显热过程之外，很大部分能量消耗在除湿所需的潜热过程之中。高湿度空气还会引起室内空气品质问题，例如引起室内物体的霉变和细菌真菌的滋生。根据美国 ASHRAE 标准，如果建筑室内相对湿度连续 24 小时维持在 70% 以上，则该建筑就将被视为"病态建筑（Sick Building）"。因此，解决空气的除湿问题，既涉及节能，也关系到室内环境。

一般而言，有三种从空气中除湿的方法：

1) 冷却空气使其中的水蒸气凝结析出；

2) 压缩空气，增加空气的全压，使其中的水蒸气冷凝；

3) 使用吸湿剂除湿。

可以吸收气体或液体中的水分的材料称为吸湿剂。材料在吸收水分之后变成饱和状态，经过加热排出水分（称为"再生"）可以重复使用。常用的固体吸湿剂包括硅胶、活性氧化铝、氯化锂盐和分子筛。硅酸钛和高分子聚合物是新的吸湿材料，在空调应用中更为有效。液体吸湿剂包括氯化锂溶液、溴化锂、氯化钙和三乙基乙醇溶液。图 13-22 所示为除湿空调系统。

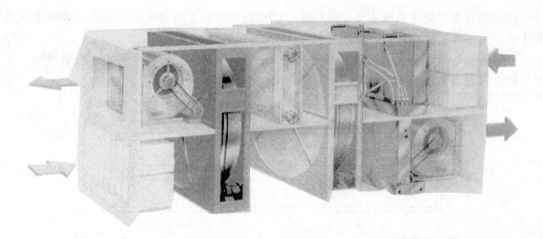

图 13-22 除湿空调系统

除湿空调用固体吸湿剂去除新风中的水分,从而减少了空调系统处理潜热的冷量,可以实现节能。但是,除湿剂的再生(干燥)过程需要耗费能量。这部分能量可以用可再生能源(例如太阳能)、工艺过程的废热等"免费"能源;也可以用天然气燃烧加热,减少空调系统的耗电,从而大大降低夏季高峰用电。尽管没有节能,但使电力负荷"平整化"也是非常有意义的。

图 13-23 是有回风的除湿空调原理图。室外新风先经过除湿转轮去湿,然后经过一个热回收装置与室内排风进行显热交换降温,再经过冷盘管与来自制冷机的冷水进行热交换,进一步除湿、降温,达到所需要的露点送风状态。为了保证一定的送风量,再经过再热,控制到需要的送风状态。

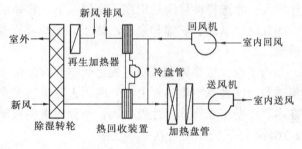

图 13-23 除湿空调原理图(有回风)

3. 利用可再生能源

太阳能在建筑中的应用是绿色建筑的重要技术措施之一。太阳能利用有以下几种方式:

1)太阳能热水系统;
2)太阳能制冷和采暖;
3)太阳能电池;
4)日光照明;
5)辅助热源。

(1)太阳能热水系统。

太阳能热水系统是可再生能源技术领域商业化程度最高、推广应用最普遍的技术之一。我国已成为世界上生产太阳热水器最多的国家,2001 年的年产量达 822.2m^2。同时我国也是世界上最大的太阳热水器市场,2001 年总保有量 3231.6m^2,相当于有 3.5 亿个家庭拥有太阳能热水器。

建筑物的太阳热水系统主要由集热器、贮水箱和冷热水管道系统等组成。其流动方式大体可分为三类：循环式、宜流式和整体式。

平板集热器是建筑太阳能热水系统的关键部件。平板集热器由吸热体、透明盖层、背部与侧面保温层和框架构成（见图13-24）。

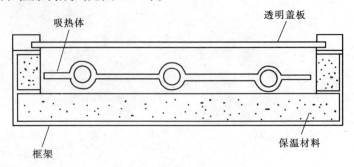

图13-24 太阳能平板集热器示意图

常用吸热体并不像图13-24这么简单，有用压延胀管工艺制成的铜铝复合管板式、紫铜管板式、不锈钢冲压成型焊接而成的扁盒式等结构形式。吸热体表面涂有选择性或非选择性涂层。所谓选择性涂层是对太阳的短波辐射具有较高的吸收率，但在环境温度下的长波发射率却比较低。它可以使吸热面板吸收更多的太阳辐射能，同时减少向环境的辐射散热损失。非选择性涂层是指在一定温度下，物体的吸收率等于发射率。集热器的保温材料常用发泡聚氨酯、矿棉和聚苯乙烯板。集热器框架多用铝型材，透明盖板多用5mm平板玻璃。

为了减少吸热体和透明盖板之间空气对流带来的热损失，可以用抽成真空的玻璃管做集热器。这种真空集热管由内外两同心圆玻璃管制成。两玻璃管之间的夹层抽成高真空。在内管外壁沉积有选择性吸收膜，外管为透明玻璃。真空集热管的热损系数小（$U=0.55\sim1.2W/m^2℃$），特别适合在冬季使用。

自然循环太阳能热水系统的循环动力来自集热器与贮水箱中水的温差。运行中，水在集热器中受热之后从上循环管流入贮水箱，而冷水从贮水箱底部经下循环管进入集热器加热。为防止夜间集热器温度低而引起倒虹吸作用，贮水箱一般安装位置要高于集热器。

强制循环太阳能热水系统利用水泵的动力使水循环。如果系统中没有中间热交换器，由于水泵的作用，系统以固定水量循环，从而破坏了水箱中的温度分层，反而使其效率低于自然循环系统。因此，强制循环系统一般要加上中间换热器。

太阳能热水系统除了节能之外，其经济效益也十分客观，表13-2是太阳能热水器与电热水器和燃气热水器的经济比较。

北京地区太阳能热水器与电热水器、燃气热水器的经济比较[*]　　表13-2

比较项目	太阳能热水器	电热水器	燃气热水器
投　资	4800～6000元（4m²）	1000元	1000元
寿　命	10年	10年	10年

[*] 引自王长贵、郑瑞澄主编：新能源在建筑中的应用，中国电力出版社，ISBN 7-5083-1615-0，2003年7月

续表

比较项目	太阳能热水器	电热水器	燃气热水器
每年使用天数	300天	300天	300天
每天消耗燃料量	0	10.5kWh	1.05m³
每年消耗燃料量	0	3150kWh	315m³
每年燃料费	0	1386元	540元
增加投资	3800~5000元	—	—
相对投资回收年限	—	3~4年	7~9年

(2) 太阳能制冷空调。

太阳能制冷空调主要通过两种途径：实现光-电转换，产生电力驱动电动制冷机；利用太阳热的热力制冷。由于在当前技术条件下太阳能利用效率还比较低，因此总体上太阳能制冷的效率也很低。这使太阳能制冷空调的应用受到局限。国内外应用最多的是热力制冷。

在太阳能热力制冷技术中，现在应用最广的是吸收式制冷，研究最多的是吸附式制冷。

图13-25是太阳能吸收式制冷的原理图。吸收式制冷是利用二元溶液作为冷媒实现制冷的。溶液在发生器里受到来自太阳能集热器的热水加热，溶液中的水不断蒸发，水蒸气进入冷凝器被冷却水降温后凝结。凝结下来的水经过膨胀阀进入蒸发器，水急剧降压迅速膨胀而汽化，在蒸发器中吸收热量。另一方面，由于发生器不断蒸发，使得发生器中溶液浓度提高，这部分高浓度溶液进入吸收器；同时蒸发器的低温水蒸气也不断进入吸收器，被高浓度溶液所吸收，使溶液浓度降低。溶液经溶液泵重新送回发生器，形成完整的热力制冷循环。

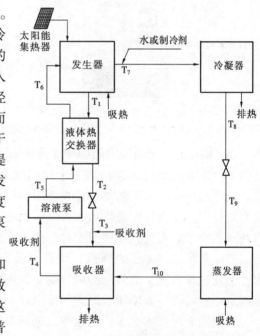

图13-25 太阳能吸收式制冷原理

目前常用的吸收式制冷有氨-水工质对和溴化锂-水工质对。可以将市场上热水型单效溴化锂吸收式制冷机改成太阳能制冷。由于这种制冷机要求热源热水温度在88℃以上，普通的太阳能热水器不能满足要求，需要配合真空管型集热器。如果日照不足、热源温度降低而冷却水温度较高，它的效率将大大下降，甚至不能正常制冷。另外，这种制冷机的热源利用温差小，只有6~8℃。如果输入制冷机的热水温度为90℃，那么经过制冷以后输出的热水仍有82℃以上。如此高温的热水送到太阳能集热器去加热升温，就要求太阳能热水系统的平均工作温度一直要维持在很高的水平，使得其效率大大降低。

对于太阳能吸收式制冷机的要求是：1) 对热源温度有较宽的适应范围，使制冷机在较低的太阳辐照度和比较不稳定的太阳能输入情况下,实现稳定的运行。2)降低运行温度。这能显著提高太阳能集热器的工作效率,充分利用低强度太阳辐射热来制冷。此外,较低的运行温度使得有可能采用造价较低的太阳能集热器,可以降低成本,提高经济性。

太阳能固体吸附式制冷是利用固体吸附剂(例如沸石分子筛、硅胶、活性炭、氯化钙等)对制冷剂(水、甲醇、氨等)的吸附(或化学吸收)和解吸作用实现制冷循环的。固体吸附剂对某种制冷剂气体具有吸附作用。吸附能力随吸附温度的不同而不同。周期性地冷却和加热吸附剂,使之交替吸附和解析。解析时,释放出制冷剂气体,并使之凝结为液体;吸附时,制冷剂液体蒸发,产生制冷作用。吸附制冷的工作介质是吸附剂-制冷剂工质对,工质对有多种,按吸附的机理说,有物理吸附与化学吸附的区别。

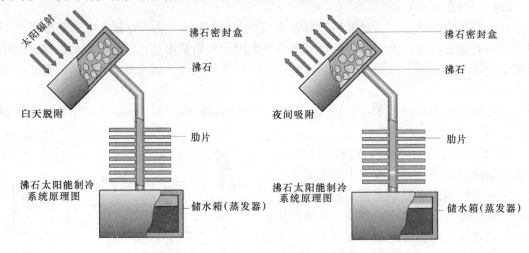

图 13-26　太阳能吸附式制冷原理图*

图 13-26 是一个利用太阳能驱动的沸石-水吸附制冷系统的原理图。它包括吸附床、冷凝器和蒸发器,用管道连接成一个封闭的系统。吸附床是充装了吸附剂(沸石)的金属盒;制冷剂液体(水)贮集在蒸发器中。白天,吸附床受到日照加热,沸石温度升高,产生解吸作用。从沸石中脱附出水蒸气。水蒸气在冷凝器中凝结,同时放出潜热,凝结水贮存在蒸发器中。夜间,环境温度将吸附床冷却,沸石温度降低,吸附水蒸气的能力逐步提高,造成系统内气体压力降低,使蒸发器中的水不断蒸发,用以补充沸石对水蒸气的吸附。蒸发过程吸热,达到制冷的目的。太阳能吸附式制冷系统结构简单、没有运动部件,能制成小型装置。太阳能吸附式制冷循环为间歇性运行,多用于制冰工况。

太阳能制冷技术(无论是吸收式还是吸附式)的优势很明显:

1)太阳能辐射越强烈、环境气温越高,也正是空调需求最大的时候,而此时太阳能空调的制冷能力越强。这是一种"顺应"自然规律的技术,是其他机械制冷技术所无法比拟的。

2)使用太阳能空调可以降低城市热岛效应。

3)无论是吸收式还是吸附式,都采用不破坏臭氧层的工质。

---

*引自西安交通大学网站

4）节能节电，实现"免费制冷（Free Cooling）"。

当然，目前太阳能制冷技术的效率比较低，因此投资成本还比较高，还不可能完全替代机械制冷。

（3）太阳能电池。

常用的太阳能电池是用硅片制成的。在硅片的一面均匀地掺进一些硼，另一面均匀地掺进一些磷，然后在硅片的两面蒸镀金属电极，这就成了硅太阳电池。

由于硼原子的外层比硅少一个电子，掺有硼的硅带入许多带正电的空穴，导电类型是空穴导电，称为"P型硅"。而磷原子的外层比硅多一个电子，掺有磷的硅就带入许多带负电的电子，是电子导电，称为"N型硅"。P型层与N型层相连接就成为"PN结"。N型硅里的多余电子会向P区扩散。N区便多了一些固定不动的正电荷；而P型硅里多余的空穴也会向N区扩散，P区就等于多了一些固定的负电荷。这些电荷在P-N两区交界处形成电场。当太阳光照射到PN结的一面时，光的能量不断地传给PN结上的电子，使它们挣脱原子核的约束，离开原来的位置并产生空穴。在PN区交界面两边电场的作用下，将不断产生的电子赶到了N区，将空穴赶到P区。这种电子的运动便形成了电流。由于太阳能电池利用了光电转换原理，所以它的学名称为"光伏电池（Photovoltaic）"（简称PV）。单个光伏电池的电流电压都比较小，需要把许多电池组合成电池板（Panel）或光伏电池阵（Array）以便满足建筑物电力需求。

根据现在的技术，PV电池的转换效率最高可达到24%。商业化电池的效率约为13%~15%。效率越高，自然价格越贵。目前我国电池组件成本约30元/W，平均售价42元/W，成本和售价都高于国外产品。由于光伏电池寿命可达30年，在整个寿命周期内不需要添加燃料，免维护。因此只要转换效率和生产规模提高，降低生产成本，光伏电池就会有很好的市场前景。根据联合国专家的分析和预测，到2015年，光伏电池的发电成本可以降至0.045~0.091美元/kWh，在相当大的市场上开始具有竞争力；2015年后，发电成本将低于0.045美元/kWh，则在几乎整个电力市场具有竞争力。

光伏电池在建筑中应用有三种方式（图13-27）：

1）独立运行系统：不使用市电，不与市电并网；必须有蓄电池以备在没有阳光的时段使用。

2）联网系统：在有需要的时候用市电；在光伏电池产电有富余的时候返送进电网。这无疑是最理想的使用方式。但必须接受电力公司严格的管理和监督。

3）市电联合供电系统：通过一个转换开关，可以在光伏电池和市电之间切换。将市电作为光伏电池的补充电源。

（4）日光照明。

利用光导管技术，将室外昼光引进建筑物的内区和暗室中；也可以利用外墙面上的光电池，为建筑内区和暗室的电气照明提供电力。

（5）辅助热源。

在除湿供冷中，用太阳能作为除湿剂再生加热的热源。

普通的空气源热泵也可以用太阳能作为辅助热源，以改善其性能。图13-28是日本研制的太阳能-空气源热泵（Sol-Air heat pump system）的流程图。太阳能-空气源热泵由室外排管、压缩机和蓄热装置组成。在制冷循环中，室外排管作为冷凝器，经压缩的冷媒气体

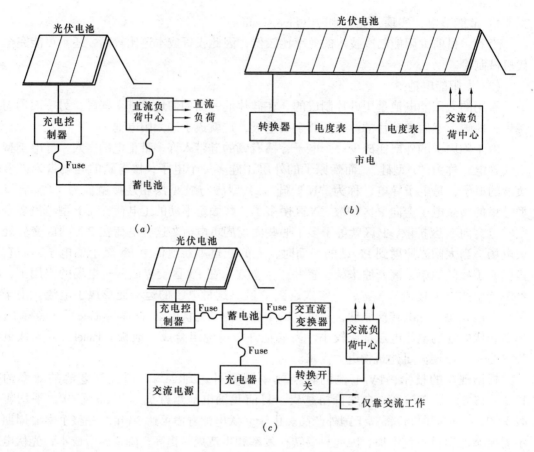

图 13-27 光伏电池作为建筑供电系统的三种方式
(a) 独立供电系统；(b) 联网系统；(c) 市电联合供电系统

以自然对流方式向室外环境散热；同时也可以通过长波辐射和下雨时蒸发冷却的方式散热。压力降低的冷媒液体在蓄热槽中的盘管（蒸发器）中蒸发，并在管外制冰。在制热循环中，室外排管吸收太阳热、环境空气中的热量和红外辐射能量，液态冷媒在管内蒸发。经压缩的冷媒气体在蓄热槽的盘管内冷凝，加热了蓄热槽中的水。

太阳能-空气源热泵系统为了增强热工性能，采用了两种形式的室外排管。空气源排管在管子两边有具有延展表面的翅片，以强化散热能力。翅片管的断面是交叉型（180mm 长和 100mm 宽）的，表面周长达到 1480mm。太阳热源排管在向阳的一面是平板型的，并涂黑，以吸收太阳能。另一面有类似空气源排管的延展翅片。

蓄热槽中的盘管排列成三角形断面，使制冰率达到 50%。空调时，将蓄热槽上部 3℃ 的冷水

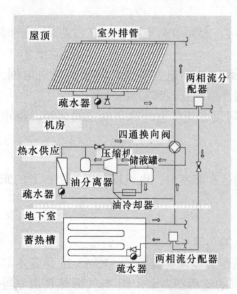

图 13-28 太阳能-空气源热泵系统示意

送到空气处理装置,从而可以节省水泵的功耗。

根据运行实际,这种太阳能-空气源热泵系统在制冷季的平均 COP 可以达到 3.5,压缩机主要消耗夜间低谷电力;采暖季的平均 COP 达到 3.4。即使在 0~2℃ 的低温和下雪时,热泵也能连续供热,不需要除霜,此时的 COP 也能维持在 2.7~3 之间。

五、室内环境品质

室内环境,包括室内声环境、光环境、热环境和室内空气品质,有时还将室内色彩和室内布局也包括进来;是当今国内外研究的热点之一。读者可以参考相关的专门著作。本书只就与建筑节能有关的室内环境问题做简要的概述。

1. 室内环境品质与工作效率

室内环境品质关注在建筑物内部环境中建立的环境条件,这些环境条件为居住者提供舒适和健康的体验、改善人的生理和心理状况、提高工作效率。

表 13-3 给出楼宇设备系统对室内环境品质的主要影响。

楼宇设备系统对室内环境品质的影响 表 13-3

楼宇设备系统	环境因素	对工作效率的影响(降低工作效率)
暖通空调系统	热舒适	过冷和过热
	室内空气品质	室内空气污染
	背景噪声	扰人的噪声
	机械振动	振动
	个人控制	个人无法控制
照明系统	照度水平和分布	过亮或过暗
	眩光	过度眩光
	背景照明和工作照明	不能满足工作任务的需要和用户年龄需求
	色彩	与环境不协调
	阴影	破坏视觉和人员间相互交流
	个人控制	个人无法控制
音响调节系统和声学设计	背景噪声	吵闹的和扰人的噪声
	谈话的私密性和可理解性	相互干扰,私密性差
	噪声强度	噪声过强
	个人控制	个人无法控制

根据芬兰学者的一项研究,如果办公楼中每个人增加新风量 $18m^3/h$,则每年增加能源费用约 11.7 欧元,而由于提高工作效率每年能增加产值 135 欧元,投入产出比是 1:11.5。而根据丹麦学者的另一项研究,如果改进 HVAC 系统使楼内居住者对环境的不满意率从 50% 降低到 10%,对一个变风量(VAV)系统而言,需要增加设备改造的投资和能源费用约 47 欧元/m^2,提高工作效率所产生的效益是 114.3 欧元/m^2。

可见,在设施管理中,建筑能源管理属于"节流",而建筑环境管理则是"开源"。有的时候,为了得到更大利益,节能要让位于环境需求。任何时候,节能都不能以降低室内环境品质、牺牲居住者健康为代价。另一方面,室内环境需求也应建立在科学的和合理的基础上,以最小的能源代价,创造最好的室内环境。这就是建筑能效管理与建筑环境管理的辩证关系。

2. 通风效率

改善室内空气品质最根本的办法是控制室内污染源,即禁用散发污染物的建筑材料、装饰材料、清洁剂和消毒剂等。另外,还应该阻断污染物传播的渠道,例如在提高通风空调系统的净化过滤能力、采用安全可靠的生物化学空气处理装置等。在适当时机开窗通风，利用自然通风或夜间"吹刷"式通风也是既节能又有效的改善室内环境的措施。在这些办法不能实现或无法奏效时，可采取机械通风办法，增加室内新风供给。

但是，把改善室内空气品质的措施完全归结于增加新风量、把"建筑病综合症（Sick Building Syndrom）"的症状出现原因完全归咎于新风量不足，也是有失偏颇的。多项研究证明，增加新风量对改善室内空气品质的作用有限，有时甚至会增加某些室内污染物（例如挥发性有机物 VOCs）的散发。增加了能耗却没有预期的效果，甚至出现负面效果。

根据美国劳工部的调查，室内空气品质问题的主要根源分别是：
1) 不恰当的通风　　　　占 52%
2) 室内污染物　　　　　占 16%
3) 室外污染物　　　　　占 10%
4) 微生物引起的污染　　占 5%
5) 建筑结构引起的污染　占 4%

因此，改善室内空气品质除了关注新风的"量"以外，还应该关注新风的"质"。如何能用少量新风实现消除室内污染的作用，成为建筑能效管理的重要课题。

(1) 通风效率。

通风效率的计算可以从图 13-29 中典型的空调系统推导出来。

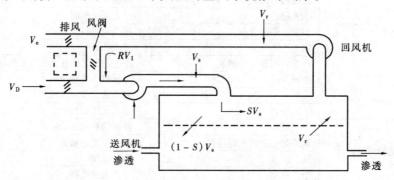

图 13-29　通风效率计算模型

在图 13-29 中，假定房间送风量为 V_s，其中比例为 S 的部分由于热分层作用而没有进入工作区（虚线以下部分）而直接"短路"进了回风口，也就是说这部分送风空气没有发挥其作用。在送风中的总新风量是 V_{os}，空调系统的回风比例是 R。

因此，送入房间工作区的新风量是：

$$V_{os} = V_o + R \times S \times V_{os} \tag{13-1}$$

没有发挥作用而被排出室外的新风量是：

$$V_{oe} = (1-R)SV_{os} \tag{13-2}$$

可以定义通风效率为：

$$E_v = [V_o - V_{oe}]/V_o \tag{13-3}$$

将上述三式结合，可以得到

$$E_v = [1 - S]/[1 - RS] \tag{13-4}$$

式（11-4）用系数 S（称为热分层系数或混合系数）和 R（称为再循环系数）定义了通风效率。从式中可以看出，如果房间的空气分布良好，空气充分混合，则 $S=0$，此时通风效率 $E_V = 100\%$。

影响通风效率的因素主要有：

1）空调送回风形式，即室内气流组织。研究表明，下送上回即置换通风的送回风方式通风效率最高；上送上回即现在国内多数办公楼建筑所采用的送回风方式通风效率最低。

2）污染物散发量与通风效率近似呈反比关系，即通风效率降低，污染物散发量增大。

3）通风效率随房间送风量的增加而提高。但空调送风量还必须根据房间热湿负荷确定。

4）低送风温度有利于污染空气的自然对流上升，可以提高通风效率。

5）通风最好直接送到室内人员身边，而不是仅仅送入房间。

(2) 空气年龄和换气效率。

仔细分析式（11-4）可以发现，如果再循环系数 $R=1$，即房间没有排风，此时 $E_V = 100\%$。这就出现了有悖常理的情况，不管房间气流组织如何地不合理，只要关闭排风，通风效率也可以很高。

没有排风的房间有较高的正压，因此实际上新风也送不进来。另一方面，比例为 S 的新风尽管得到充分利用，但它的"质地"，即新风的"新鲜"程度将大打折扣，排污能力下降。针对这种情况，欧洲学者提出了空气年龄（Age of Air）和换气效率（Air Exchange Efficiency）的概念。

1) 空气年龄：

空气年龄的概念是换气效率定义的基础。空气质点的空气年龄是指空气质点自进入房间起至到达房间某点位置所经历的时间。局部平均空气年龄是指同时到达房间某一点的所有空气质点的空气年龄的平均值。

空气质点在室内运动过程中，不断吸收污染物，新鲜程度下降，逐渐"衰老"。因此，局部空气年龄比较小（比较"年轻"）的位置点，空气比较新鲜，稀释污染物的能力强。

局部平均空气年龄的概念比较抽象，一般以示踪气体（常用六氟化硫 SF_6）进行间接测量，即测得空间某点的示踪气体浓度，计算出局部平均空气年龄。具体方法是：

以恒定流量向送风风管或新风风管中送入 SF_6 气体，每隔 4 分钟在房间测点测量 SF_6 浓度，用下式计算空气年龄：

$$\tau = \frac{1}{C(t_{end})} \int_0^{t_{end}} [C(t_{end}) - C(t)] dt$$

式中　τ——测点的局部平均空气年龄；

　　　t——从开始喷入示踪气体开始计算的时间；

　$C(t)$——在房间测点测得的 SF_6 浓度的平均值；

$C(t_{end})$——测试结束时的 SF_6 浓度。

同样，还可以定义全室平均空气年龄 τ_r

$$\tau_r = \left(\frac{1}{V}\right) \cdot \int \tau \cdot dV$$

式中 V——房间容积，m^3。

从改善室内空气品质的角度出发，可以定义"入室新风年龄"，即将室外空气从新风取入口输送到房间送风口所需要的时间。入室新风年龄越小，新风品质越高，对人的有益作用越大。因此，新风取入口附近室外环境品质的保障、加强空气过滤、缩短新风入室距离、减少新风系统沿途的二次污染等措施都是既有利于室内空气品质又有利于节能的技术措施。

2) 换气效率

换气效率用来衡量换气效果的好坏。它表明通风空气稀释和排除室内污染物的能力。在空调房间可以用下式定义换气效率：

$$\varepsilon = \tau_{\text{return}}/\tau_{bl}$$

式中 τ_{return}——回风口或排风口处的空气年龄；

τ_{bl}——房间工作区测点呼吸线处的平均空气年龄。

从上式可以看出，在送风空气混合比较均匀的房间里，换气效率应是大于 1 的数字。吸收了比较多的污染物的回风空气年龄 τ_{return} 大于工作区的空气年龄 τ_{bl}。但如果房间气流组织不好，部分送风短路直接进入回风口，会导致回风空气年龄比较小，使换气效率小于 1。

我们还可以定义空气的排污效率。它是用排风中示踪气体的时间平均浓度除以工作区呼吸线高度的示踪气体时间平均浓度。显然，排污效率是测点位置与污染源的距离的函数。在气流组织较好、新风量充足的房间，排污效率也会大于 1。

(3) 全新风"免费供冷"和新风需求控制。

在密闭建筑中，为了保证室内空气品质，需要引入新风。在采暖和供冷季节，按改善空气品质的最小需要引入新风。每个人所需要的新风量可按下式计算：

$$V_o = \frac{14280 \times m}{C_r - C_o} \quad (m^3/h)$$

式中 m——人的新陈代谢率，单位是 met，$1\text{met} = 58.2\text{W/m}^2$（人体表面积）；

C_r, C_o——分别为室内和室外的 CO_2 浓度，ppm。

办公室工作者的新陈代谢率约为 1.2met。如果室外 CO_2 浓度为 350ppm，各国的卫生标准和空气品质标准都规定室内 CO_2 浓度为 1000ppm，则由上式可以计算出每人新风量大约是 $27m^3/h$。许多研究表明，$27m^3/(h·人)$ 是冲淡由人体散发的体味所需要的最小新风量。在过渡季节或夜间，不需要对新风进行热湿处理，可以采用全新风运行。这时不仅不需要消耗能量，还可以利用焓值低于室内状态的新风实现对房间的"免费供冷（Free Cooling）"。因此，在空调系统中利用全新风的装置被称为"节约装置（Economizer）"。

当室外焓值低于室内焓值时，节约装置自动关闭回风阀、将新风阀开大，同时 BA 系统关闭制冷机。这时完全利用新风来消除室内人体、照明和设备所产生的热量。

节约装置最好用焓值控制器（即分别用温度传感器和湿度传感器进行检测，利用控制器中的计算器计算出焓值）进行控制。当然也可以只用温度控制器控制。但可能把低温高湿的新风引入室内（尤其在夜间或雨后），使居住者产生"湿冷"的不舒适感，湿度过高也会导致室内滋生霉菌，使空气品质恶化。

一般空调系统的新风量是根据室内最大人员数确定的。但如果按全年平均，每小时

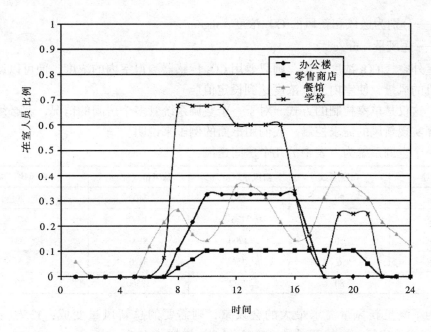

图 13-30 各类建筑中平均在室人员数占设计人员数的比例

的在室人员都达不到设计人数。图 13-30 是美国劳伦斯伯克利国家实验室在各类建筑中调查研究的结果。

因此,按照设计新风量运行,绝大多数时间内送入过量新风,浪费了能量。在湿热地区,每个办公室在室人员的最小新风量需要 0.4kW 的冷量进行除湿冷却。在寒冷地区,如果空调系统没有加湿装置,则过量新风会使室内相对湿度过低,空气干燥。

采用新风量需求控制(DCV,Demand Control Ventilation),使新风量恰到好处地满足实际在室人员的需求,也是既节能又能保证室内空气品质的技术措施。

对空调区域提供的新风量有以下几种模式:

1)全新风(实行免费供冷)。
2)冬季利用新回风混合对建筑物内区进行冷却所需要的新风量。
3)满足空调房间设计人数所需要的最小新风量。
4)按照空调房间实际人数所需要的最小新风量。
5)基本新风量。用来:①保持房间的微正压(5~10Pa);②稀释建筑材料、装饰材料和家具等散发的有害气体;③提供卫生间、厨房等所需要的排风量。基本新风量一般为最小新风量的 20%~50%。

一般用室内空气中的 CO_2 浓度作为新风量需求控制的调节对象。因为每个人在相同的活动(新陈代谢率相同)状态下由呼吸产生的 CO_2 量是基本相等的,房间空气中 CO_2 浓度越高,说明人员数越多。CO_2 浓度可以表明室内人体散发的有害气体(体味)被稀释的程度。所以,用 CO_2 浓度作为控制对象,来调节新风量,是一种直接的方法。

室内 CO_2 浓度(C_r)与新风量(V_O)之间的关系可以用下式表示:

$$V_O = \frac{G}{C_r - C_O} = \frac{C_r - C_S}{C_r - C_O} \cdot V_S$$

式中　G——室内 CO_2 发生量,mg/s;

C_S,C_O——分别为送风和新风的 CO_2 浓度,mg/m^3;

V_S——送风量,m^3/s。

如果室外空气 CO_2 浓度一定,则只要用 CO_2 传感器测得室内的浓度,便可以调节新风机和送风机的风量,使室内 CO_2 浓度达到设定值。

不过,这仅是单室控制的方式。对于一个空调系统管多个房间的情况,就必须经过控制器的计算实现新风的需求控制。我们用下面的例子来说明。

假定一个空调系统为下表中的几个房间送风:

房间用途	在室人数	新风量(m^3/h)	总风量(m^3/h)	新风比(%)
办公室	20	680	3400	20
办公室	4	136	1940	7
会议室	50	1700	5100	33
接待室	6	156	3120	5
合计	80	2672	13560	20

如果为了满足新风量需求最大的会议室,则需要的总新风量变成:$13560 \times 33\% = 4475$(m^3/h),比实际需要的新风量(2672 m^3/h)增加了 67%。

美国 ASHRAE 标准中介绍了下述算法,用来控制总新风量。

$$Y = \frac{X}{1 + X - Z}$$

式中 $Y = V_{ot}/V_{st}$——修正后的系统新风量在送风量中的比例;

V_{ot}——修正后的总新风量,m^3/h;

V_{st}——总送风量,即系统中所有房间送风量之和,m^3/h;

$X = V_{on}/V_{st}$——未修正的系统新风量在送风量中的比例;

V_{on}——系统中所有分支的新风量之和,m^3/h;

$Z = V_{oc}/V_{sc}$——在需求最大的房间的新风比;

V_{oc}——需求最大的房间的新风量,m^3/h;

V_{sc}——需求最大的房间的送风量,m^3/h。

在上面的例子中,V_{ot} = 未知;V_{st} = 13560m^3/h;V_{on} = 2672m^3/h;V_{oc} = 1700m^3/h;V_{sc} = 5100m^3/h。因此可以计算得到:

$$Y = V_{ot}/V_{st} = V_{ot}/13560$$

$$X = V_{on}/V_{st} = 2672/13560 = 19.7\%$$

$$Z = V_{oc}/V_{sc} = 1700/5100 = 33.3\%$$

代入方程 $Y = \frac{X}{1 + X - Z}$ 中,得到

$$V_{ot}/13560 = 0.197/(1 + 0.197 - 0.333) = 0.228$$

可以得出 $V_{ot} = 3092m^3/h$。

图 13-31 是新风需求控制实现的节能的示意。

3. 协调节能与环境需求的空调技术

建筑节能和保证室内环境品质看似一对矛盾。在有严格环境要求的场合,似乎可以不

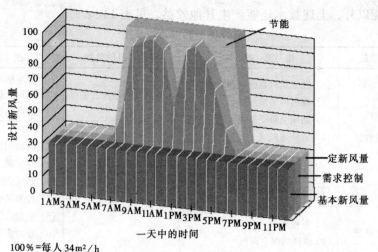

图 13-31 新风需求控制所能实现的节能效果示意

顾能耗、不惜代价。例如在 2003 年夏季 SARS 传播期间，空调系统成为 SARS 的"疑似"传播渠道。于是，各种专家建议和应急措施几乎都是"加大新风、全新风、自然通风、开窗"。姑且不谈其防止 SARS 病毒传播的效果和在我国应用这些技术措施的局限性（见本章），如果都照此办理，2003 年夏季全国的电力紧缺恐怕就不会轻易地度过了，有可能会造成比 SARS 影响面和波及面更大的后果。

但是，这也从另一方面提醒我们，建筑节能措施一定要兼顾室内环境品质，做到"既节能、又环保"。这也是绿色建筑建设的要义。

美国能源部（DOE）委托数位专家，在 55 项空调节能技术中筛选出 15 项作为发展的重点，见表 13-4。

美国 15 项重点发展的室内环境节能新技术　　　　表 13-4

节 能 技 术	技术现状	节能潜力（TWh）	简单投资回收年限
自适应/模糊逻辑控制	新	87	—
独立新风系统（DOAS）	推广	132	0
置换通风	推广	59	7.5
电子整流永磁电机	推广	44	3
新风全热交换器	推广	161	2
寒冷气候下工作的热泵（零度热泵）	超前	29	4.5
改善风管密封性	推广/新	67	10
液体除湿空调机	超前	59	5.5
微通道换热器	新	32	2
个人微环境控制	推广	21	—
高温相变蓄冷技术	推广	59	
辐射冷吊顶/冷梁	推广	176	0
小型离心压缩机	超前	44	1
系统/设备诊断技术	新	132	2
变冷媒体积/流量	推广	88	—

注：1. 表中，技术现状一栏中，"推广"表示现在已得到应用，正在推广之中；"新"表示该技术具有商业应用价值，但尚未得到应用；"超前"表示该项技术还需要进一步研究和开发。

2. 节能潜力一栏是指如果在美国所有的暖通空调系统中全面应用该项技术所能节约的一次能源。

除了节能以外，上述技术还能产生其他效益，见表 13-5：

共同的节能以外的效益　　　　　　　　　　　　　　　　　表 13-5

节能以外的效益	相 关 技 术	节能以外的效益	相 关 技 术
减小空调设备容量	(1) 独立新风系统（DOAS） (2) 辐射冷吊顶/冷梁 (3) 新风全热交换器 (4) 置换通风 (5) 高温相变蓄冷技术 (6) 液体除湿空调机 (7) 变冷媒体积/流量	改善室内湿度控制	(1) 独立新风系统（DOAS） (2) 新风全热交换器 (3) 液体除湿空调机
		显著降低高峰电力需求	(1) 高温相变蓄冷技术 (2) 独立新风系统（DOAS） (3) 新风全热交换器 (4) 改善风管密封性 (5) 辐射冷吊顶/冷梁 (6) 变冷媒体积/流量
提高室内空气品质	(1) 置换通风 (2) 液体除湿空调机		

上述技术中，有多项都是兼顾了节能与室内环境品质。这也是当前建筑节能技术和绿色建筑技术发展的重点。

近年由于不断增加的环境需求，发展最快的是独立新风系统（Dedicated Outdoor Air System，DOAS）。DOAS 系统不是什么新的发明，它只是原有技术的整合。

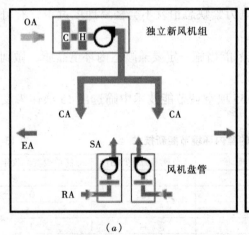
(a)

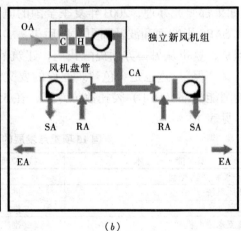
(b)

图 13-32　独立新风系统与传统空调系统的比较

图 13-32（b）是传统空调系统的示意。在传统空调系统中，经新风机组处理后的新风（CA）首先与室内回风（RA）混合，然后经风机盘管机组处理，再送入室内。图 13-32（a）是常用于旅馆的风机盘管系统，经新风机组处理后的新风直接送入室内，而风机盘管机组只处理室内循环空气。由于新风量是根据室内空气品质的需求确定的，应随着在室人数的变化而变化；风机盘管提供的冷（热）量是根据房间负荷确定的，应随着负荷的变化而变化。为了用同一个系统来满足两个不同的需求，一般都是根据房间最大可能人数固定一个新风量，在部分负荷时和在部分人数时，就会造成能量的浪费。例如，变风量空调系统被认为是节能系统，因为从理论上说，变风量系统可以随着负荷变化而改变风量。但是，变风量末端装置的最小风量的设置必须同时考虑房间的送风量、新风量和系统的新风

比。例如，某房间的新风量为342m³/h，系统新风比为40%，那么变风量末端装置的最小风量必须为855m³/h（342/0.4），当房间空调负荷减少，实际需要的送风量低于变风量末端装置的最小风量时，房间温度将继续下降，为了防止过冷，就必须启动末端再热装置，造成明显的能源浪费。

所谓独立新风系统（DOAS），就是指新风系统独立、将处理新风和处理负荷的任务分别交由两个独立的系统完成（见图13-33）。

DOAS系统具备以下特点：

(1) 新风机组可以采用低温送风机组，使新风出风温度低于7℃。这样，新风机组除了承担新风负荷外，还可以承担室内全部潜热负荷；

(2) 室内剩余显热负荷由其他显冷设备承担，这些显冷设备，可以是辐射冷吊顶、风机盘管机组、变风量末端等；

(3) 由于采用独立新风系统时，室内温度和湿度明显低于室外，因此新风和排风之间采用全热交换器，进一步降低能耗；

(4) 由于送入的新风温度等于或低于7℃，因此为了防止送风口表面凝露，同时保证室内合理的换气次数，需要采用诱导比较大的诱导风口。

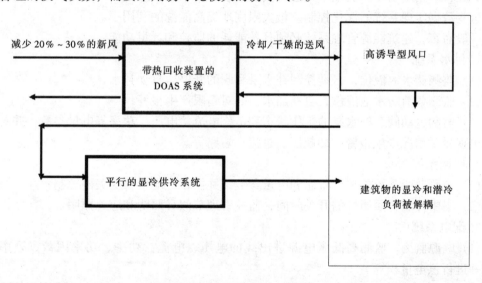

图13-33 独立新风系统（DOAS）

图13-33是独立新风系统的系统构成示意图。DOAS是传统技术的重新集成、形成新概念和新技术。DOAS系统采用独立的低温送风新风系统，让新风系统承担建筑物全部的新风负荷、室内全部的潜热负荷，以及一部分显热负荷，这样不但解决了保证室内空气品质所必需的新风问题和室内相对湿度问题，而且由于空调系统无需回风，因此大大增强了建筑环境的安全性和舒适性，同时可以实现节能。另一方面，DOAS良好的经济性，使得这项技术有可能大面积推广。

第十四章 建筑能效管理的智能系统

节能、提高能效，从而降低建筑物的寿命周期成本；改善室内环境品质从而提高用户的工作效率和保证居住者的健康。这两条是设施管理人员的主要职责。同时也对传统的暖通空调系统和照明系统的功能提出了挑战。现代楼宇智能化系统为优化管理提供了平台。

建筑自动化系统（BAS，Building Automation System）中有专用的建筑能源管理系统（EMS，Energy Management System），也就是说，建筑能源管理系统是建立在建筑自动化系统的平台之上的。能源管理系统是以节能和能源的有效利用为目标来控制建筑设备。

建筑能源管理系统针对现代楼宇能源管理的需要，通过现场总线把大楼中的电压、功率因数、温度、湿度、压力、流量等能耗数据采集到上位管理系统，将全楼的水、蒸汽、电力、燃料的用量由计算机集中处理，实现动态显示、报表生成和打印等一系列功能。并根据这些数据实现系统的优化控制，最大限度地提高能源的利用率。

一般而言，建筑能源管理系统必须具备能耗的监控和计量功能：

1. 供水系统

（1）监测储水池液位，自动控制补水泵和阀的开停，自动补水；

（2）监测各消防水池液位，自动加水，并对超限产生报警；

（3）监测电动阀、补水泵的工作状态和工作电流、电压、功率等电量参数，并对这些参数出现异常情况产生报警，如超压、过流、短路等。

2. 照明系统

（1）监测照明系统的运行状态和电量参数，并做相应的报警与关停控制；

（2）集中控制各照明灯的开关时间，监控管理节假日照明和应急照明。

3. 配电系统

（1）电源监测。监测高低压电源进出线的电压、电流、功率、功率因数、频率的状态，并进行供电量积算。

（2）变压器监测。监测变压器输入、输出端的电压、电流、功率、功率因素等电量参数，并对其超限产生报警。监测变压器温度、风冷变压器通风机运行情况、油冷变压器的油温和油位监测。

（3）负荷监测。监测各级负荷的电压、电流和功率，当超负荷时系统停止低优先级的负荷。

（4）线路状态监测。监测高压进线、出线、二路进线的联络线的断路器状态；监测各主线路的跳闸故障，及时报警并记录相应参数。

（5）电源控制。在主要电源供电中断时自动启动应急发电机组，在恢复供电时停止备用电源，并进行倒闸操作。通过对高低压控制柜自动的切换，对系统进行节能控制；通过对交连开关的切换，实现动力设备联动控制；对租户的用电量进行自动统计计量。

（6）供电恢复控制。当供电恢复时，按照设定的优先程序，启动各个设备电机，迅速恢复运行,避免同时启动各个设备导致供电系统跳闸。

(7) 监测配电室环境的温度、湿度以及积水情况,并做相应报警。

(8) 通过摄像监视器,在远程直接观察现场设备的运行状态。

4. 空调系统

(1) 监测水冷机组压缩机、冷却水泵等设备的运行状态和电量参数,并对过流、过压等故障报警,并及时关停压缩机。

(2) 监测冷却塔水位,并自动补水;

(3) 监测冷冻水、冷却水进出口水温,做相应调节控制;

(4) 监测各楼层末端温度,控制各楼层、各区域冷冻水量的合理分配;

(5) 远程监测各设备的主要运行数据,直观了解设备运行状态。

5. 能耗计量

(1) 计量耗水量;

(2) 计量各区域的供冷量和供热量,合理收取空调和采暖费用;

(3) 计量楼内各系统(例如,空调系统、电梯系统、热水系统等)的耗电量和耗能(燃气、燃油、蒸汽)量;

(4) 计量楼内各区域或各用户的耗电量和实际使用的冷热量;

(5) 形成相应的能耗月报表和收费单据等文件。

6. 能耗分析

(1) 能源基础历史数据的存储、查询、分析、统计功能;

(2) 生成各种形式的统计报表和曲线图;

(3) 能耗的趋势分析和能耗的比较(例如,与历史数据的比较和与相同建筑的标准比较);

(4) 一定的计算功能。

以上这些监控和计量功能,是建筑能源管理系统最基本的功能。现在市场上有的建筑能源管理系统,并不完全具备上述功能,特别是计量功能。计量是能源管理的基础。不具备计量功能的监控系统不能称其为能源管理系统。还有的建筑能源管理系统,没有分系统计量的能力,"眉毛胡子一把抓",只是记录全楼总能耗,对能源审计工作极为不利。

除了基本功能之外,一个理想的建筑能源管理系统还应具有能效优化的功能。这主要指的是设备与设备之间的权衡(Tradeoff)和优化(Optimization)、不同系统(例如,照明和空调)之间的权衡和优化。举例来说:

(1) 最优启停功能,可根据室内设定温度和湿度提前或滞后启停设备,根据建筑结构的蓄热特性和室内室温变位,确定最佳启动时间,使建筑物在开始新一天使用(例如,上班)时,室温恰好达到设定值。

(2) 室温回设功能,在房间无人使用情况下自动调整恒温器的设定温度。

(3) 利用焓值控制新风的节约装置(Economizer),当新风状态可被利用时实现"免费供冷(Free Cooling)",同时避免将高湿度空气引入室内。

(4) 送风温度重设,减少空调系统过量供冷和供热。

(5) 采暖热水温度重设,根据室外气温重新设定采暖水温。

(6) 冷冻水温度重设,根据回水温度重新设定供冷水温。

（7）冷水机组运行优化，根据负荷需求变化，用台数控制等方法，使冷水机组始终处于高效率区运行。

（8）锅炉运行优化，根据负荷需求变化，用控制燃烧空气量等方法，使锅炉出力与负荷平衡。

（9）电力系统的最大需求控制，减少高峰电力负荷。用户根据大楼装机功率和设备运行的同时系数，向电力公司申请最大需量（MD，Maximum Demand）并每月缴纳基本电费。例如在上海，从2004年起按最大需量交付的基本电费是30元/（月·kW）。而供电公司不间断地监测每幢大楼的电力负荷在一个月中有哪个15分钟超过MD。如果在15分钟内的负荷高于MD，那么用户必须以数倍的电价额外交费，甚至被拉闸。

（10）工作循环控制，根据事先确定的时间表，每小时有一定比例的时间段关闭设备，即所谓"计划停机"，以降低负荷、减少能耗。

（11）根据设定的电力功率因数进行自动补偿。

（12）蓄热空调系统的负荷预测和运行策略的优化控制。

随着建筑物的控制和管理需求、计算机技术的进步和网络通信技术的发展，使所有自控设备可相互传送信息，形成统一系统来进行建筑能源的综合控制和管理。即分散监控和集中管理。因此，新一代建筑能源管理系统应具有以下的功能：

（1）网络化。互联网技术在建筑能源管理系统中的应用有：1）采用开放的网络传输协议TCP/HTTP，用浏览器服务器体系结构取代客户/服务器模式。2）通过网络实现远程监控和操作，以及对综合信息数据库的访问。3）增强系统之间的信息与数据交换能力，并与Internet通过防火墙实现无缝连接。4）直接使用建筑物中的综合布线系统，很容易实现网络的互联与扩展，维护和培训的工作量小。5）网络的分布式和嵌入式智能化技术为建筑能源管理系统提供了新的管理模式。通过远程电脑，甚至电话、手机便可以查询到能源系统的工作状态，进行远程故障诊断和识别。

（2）系统的开放性和互操作性。为改善开放性和互操作性，国际上已经建立了一些标准通信协议。标准网络通信协议一般是开放的，能够将不同厂商制造的各种设备连接在一起。其中有代表性的现场总线有美国采暖制冷空调工程师学会（ASHRAE）的BACNet和Echelon公司的LonWorks，这两种现场总线已经成为国际标准。

（3）优化控制。能源管理系统与设备控制系统的不同之处就在于，设备控制系统实现常规控制，而能源管理系统应从系统层面上对能耗进行诊断、识别、预测和优化。其关键技术是各种预测和优化算法。例如，卡尔曼滤波器算法和神经元网络算法。